高等院校石油天然气类规划教材

地震勘探概论

(第二版·富媒体)

刘文革　赵　虎　杨　巍　编著

石油工业出版社

内 容 提 要

本书系统介绍了地震勘探的主要内容和方法,包括地震波的传播原理、时距曲线方程的性质和地质意义、频谱分析、地震记录的分辨率、地震资料采集方式、地震波速度、地震资料数字处理的基本流程及常用方法、地质解释工作流程等。全书深入浅出,结构系统完整,着重突出基本概念、原理和方法的介绍,并在传统出版的基础上,以二维码为纽带,加入了富媒体教学资源,为读者提供更为丰富和便利的学习环境。

本书可作为高等院校资源勘查工程及相关专业的教材,也可供从事地震勘探的技术人员参考。

图书在版编目(CIP)数据

地震勘探概论:富媒体 / 刘文革,赵虎,杨巍编著. 2版. -- 北京:石油工业出版社,2025.6. --(高等院校石油天然气类规划教材). -- ISBN 978-7-5183-7587-5

Ⅰ. P631.4

中国国家版本馆 CIP 数据核字第 20253QM040 号

出版发行:石油工业出版社
（北京市朝阳区安华里二区 1 号楼　100011）
网　　址:www.petropub.com
编辑部:(010)64523697
图书营销中心:(010)64523633

经　销:全国新华书店
排　版:三河市聚拓图文制作有限公司
印　刷:北京中石油彩色印刷有限责任公司

2025 年 6 月第 2 版　2025 年 6 月第 1 次印刷
787 毫米×1092 毫米　开本:1/16　印张:14.25
字数:365 千字
定价:35.00 元
(如发现印装质量问题,我社图书营销中心负责调换)
版权所有,翻印必究

第二版前言

地震勘探是利用地下介质的物性差异，通过观测和分析大地对人工激发地震波的响应，推断地下岩层的形态和性质的地球物理勘查方法。地震勘探是勘查石油、天然气资源、固体矿藏的重要手段，此外在煤层勘探和工程地质勘查、区域地质研究和地壳研究等方面也有非常广泛的应用。

2017年，西南石油大学地球科学与技术学院物探教研室的数位教师为资源勘查工程专业编写了教材《地震勘探概论》，因其内容在选材上照顾了学科的系统性和完整性，且具有结构合理、浅显易懂的特点，所以受到石油院校相关专业师生的欢迎。该教材在2019年获得中国石油和化学工业联合会优秀出版物奖·教材奖一等奖。经过多年的教学实践，发现教材中存在一些错误及疏漏之处，为了让高校学生和专业技术人员更好地学习和了解当前技术发展的现状，在教材再版之际对部分内容进行了补充和完善。在重新编写过程中，一方面尽量保留原书的主体结构和特色，仅对教材的不当之处加以修正；另一方面根据教育部的指导方针政策和多年地震勘探教学的积累，特意在绪论中增加了近20年中国油气勘探领域在陆上钻探、海上钻采平台等方面的成就介绍，并对地震观测中节点采集、地震解释中的特殊地质现象进行了补充。

本教材注重基本概念、基本方法的介绍，注重各章节内容的逻辑性和连贯性。在绪论中主要概述油气勘探的基本方法、地震勘探方法的分类、原理和实现流程，以及地震勘探发展的概况。第1章介绍地震波运动学的一些基本概念、地震波的传播规律，并对各种地震波的时距曲线方程进行推导，说明其性质和地质意义。第2章介绍与地震波动力学有关的一些概念，说明如何利用傅里叶变换对地震信号进行频谱分析，分析地震波在传播过程中影响振幅的主要因素，最后讨论地震记录的分辨率。第3章对地震资料的采集方式和方法进行了说明，其内容涉及地震测线的布设、地震观测系统、地震激发与接收。第4章介绍地震勘探的重要参数——地震波速度，讨论影响地震波速度的有关因素及常用的速度概念。第5章简述地震资料数字处理的基本流程及常用方法，如数字滤波、速度分析、水平叠加和偏移。第6章介绍与地震资料解释有关的一般概念和工作流程，说明地震资料的地质解释方法、成果图件的绘制及地震属性解释。

本书由西南石油大学地球科学与技术学院物探教研室承担编写。全书共分为6章，其中前言、绪论、第1章、第2章、第5章由刘文革编写，第3章、第4章、第6章中6.4和6.6由赵虎编写，第6章中6.1、6.3和6.5由杨巍编写。全书由刘文革统稿审核。

在教材编写过程中，曾得到西南石油大学地球科学与技术学院的资助和众多同事的协助，在此对物探教研室的聂荔、朱仕军、尹成等教师所给予的支持和帮助表示感谢。另外，感谢西南石油大学研究生覃灏赜、李浩协助资料的搜集整理和图件绘制。

由于在理论和经验上的不足，书中可能存在疏漏之处，恳请读者批评指正。

编著者
2025年2月

第一版前言

地震勘探是利用地下介质的物性差异，通过观测和分析大地对人工激发地震波的响应，推断地下岩层的形态和性质的地球物理勘探方法。地震勘探是勘探石油、天然气资源、固体矿藏的重要手段，此外在煤层勘探和工程地质勘查、区域地质研究和地壳研究等方面也有非常广泛的应用。

2002年，西南石油大学的聂荔和周洁玲为高校资源勘查工程专业编写了教材《地震勘探——原理和构造解释方法》，其内容在选材上充分体现了学科的系统性和完整性，且结构合理、浅显易懂，受到石油院校非物探专业师生的好评。如今，距该教材出版已经过去了十多年，在此期间国内外的地震勘探技术有了很大的进步。为了适应形势的发展，让高校学生和专业技术人员充分了解当前技术发展的现状，有必要对教材进行重新编写。在编写过程中，我们一方面在保留原书主体结构和特色的同时，根据多年地震勘探教学经验，对原书中的不当之处加以修正；另一方面借鉴国内外地震勘探领域新的理论方法和技术，参考有关文献和专著，对地震勘探的相关知识内容进行了补充和完善。

本教材注重基本概念、基本方法的介绍，注重各章节内容的逻辑性和连贯性。在绪论中主要概述油气勘探的基本方法、地震勘探方法的分类、原理和实现流程，以及地震勘探发展的概况。第1章介绍地震波运动学的一些基本概念、地震波的传播规律，并对各种地震波的时距曲线方程进行推导，说明其性质和地质意义。第2章介绍与地震波动力学有关的一些概念，说明如何利用傅里叶变换对地震信号进行频谱分析，分析地震波在传播过程中影响振幅的主要因素，最后讨论地震记录的分辨率。第3章对地震资料的采集方式和方法进行了说明，其内容涉及地震测线的布设、观测系统、地震激发与接收。第4章介绍地震勘探的重要参数——地震波速度，讨论影响地震波速度的有关因素以及常用的速度概念。第5章是简述地震资料数字处理的基本流程及常用方法，如数字滤波、速度分析、水平叠加和偏移。第6章介绍与地震资料地质解释有关的一般概念和工作流程，说明地震资料的地质解释方法、成果图件的绘制及地震属性解释。

本书由西南石油大学地球科学与技术学院物探教研室承担编写。具体编写分工为：前言、绪论、第1章、第2章和第5章由刘文革博士编写；第3章、第4章、第6章的6.4和6.6由赵虎博士编写；第6章的6.1-6.3和6.5由杨巍博士编写。全书由刘文革博士统稿，聂荔教授审核。在本书编写过程中，物探教研室的朱仕军教授、尹成教授、周路教授给予了大力支持并提出了宝贵的建议，本校研究生何永川、武泗海协助了资料的搜集整理和图件绘制等工作，在此一并感谢。

由于在理论和经验上的不足，书中难免存在疏漏之处，恳请读者批评指正。

编著者
2017年1月

目 录

绪 论 ·· 1
   0.1 油气勘探方法概述 ·· 1
   0.2 地震勘探方法简介 ·· 2
   0.3 地震勘探发展概况 ·· 6
   思考题 ·· 12

第1章 地震波的运动学基础 ··· 13
   1.1 地震波的基本概念 ··· 13
   1.2 地震波的传播规律 ··· 22
   1.3 地震反射波的时距曲线 ·· 31
   1.4 折射波的时距曲线 ··· 39
   1.5 多次波的时距曲线 ··· 40
   1.6 绕射波的时距曲线 ··· 43
   1.7 地震波的垂直时距曲线 ·· 46
   思考题 ·· 49

第2章 地震波的动力学特征 ··· 50
   2.1 地震波的频谱 ·· 50
   2.2 影响反射波振幅的主要因素 ·· 59
   2.3 地震记录的分辨率 ··· 64
   思考题 ·· 67

第3章 地震资料采集 ··· 68
   3.1 地震测线布置 ·· 68
   3.2 地震观测系统 ·· 70
   3.3 地震激发与接收 ··· 79
   思考题 ·· 93

第4章 地震波的速度 ··· 94
   4.1 地震波在岩层中的传播速度 ·· 94
   4.2 几种速度概念 ·· 97
   思考题 ·· 109

第5章 地震资料数字处理 ·· 111
   5.1 地震资料处理基本流程 ·· 111
   5.2 地震资料的数字滤波 ··· 119
   5.3 地震资料的静校正 ··· 128
   5.4 速度分析 ··· 133
   5.5 地震资料的动校正和叠加 ·· 142

 5.6 地震偏移 ·· 148
 5.7 地震数值模拟 ·· 156
 思考题 ··· 160

第6章 地震资料解释 ·· 161
 6.1 地震资料解释概述 ·· 161
 6.2 地震资料解释的主要内容 ··· 164
 6.3 地震资料的地质解释 ··· 170
 6.4 地震解释假象 ·· 188
 6.5 地震构造图的绘制及解释 ··· 191
 6.6 地震属性解释及储层预测 ··· 205
 思考题 ··· 218

参考文献 ··· 219

富媒体资源目录

序号	名称	页码
1	动态图 1　端点固定时脉冲沿细绳的传播过程	18
2	彩图 1.1.10　均匀介质中的波场快照	18
3	动态图 2　点源所产生的球面波二维动画	18
4	动态图 3　点源所产生的球面波三维剖视动画	19
5	彩图 1.1.12　从 A 到 B 的射线路径与波前相垂直	19
6	动态图 4　惠更斯原理——当切口宽度等于波长时,平面波所产生的衍射	23
7	视频 1　地震转换波的形成过程	27
8	动态图 5　平面纵波	28
9	动态图 6　二维网格内纵波的传播	28
10	动态图 7　平面横波	28
11	动态图 8　二维网格内球面横波的传播	28
12	动态图 9　通过傅里叶级数由谐波合成锯齿波	51
13	动态图 10　通过傅里叶级数由谐波合成方波	51
14	彩图 3.1.1　复杂工区地震测网布设示意图	69
15	彩图 3.1.2　野外地震采集示意图	69
16	动态图 11　共中心点观测方法	72
17	彩图 3.2.8　野外三维观测系统示意图	76
18	彩图 3.2.9　海上拖缆观测系统示意图	77
19	彩图 3.2.10　多船宽方位观测系统示意图	77
20	彩图 3.2.11　海上环形拖缆观测系统示意图	77
21	彩图 3.3.20　塔里木盆地秋里塔格构造带高陡山体区	91
22	彩图 3.3.21　Geospace 公司研制的 GSR 节点仪器	91
23	彩图 3.3.23　陆上节点采集系统	92
24	彩图 3.3.24　节点仪器采集工作流程示意图	92
25	动态图 12　对 4 个波形用 6 种不同的速率采样,两个波形在稀疏采样时会出现扭曲变形	113
26	彩图 5.1.8　速度分析过程	116
27	彩图 5.4.8　井间层析试验	140
28	彩图 5.4.9　SMAART Pluto 1.5 速度模型反演	141
29	彩图 5.6.6　地质目标精确成像	153
30	视频 2　复杂模型的地震正演	158

续表

序号	名称	页码
31	彩图 6.1.1 地震剖面的不同显示类型	162
32	彩图 6.3.12 相干体层切片	178
33	彩图 6.3.18 生物礁地震反射剖面	183
34	彩图 6.5.8 某探区的构造图	197
35	彩图 6.5.18 某区块的等 t_0 构造图(软件截图)	204
36	彩图 6.5.19 某区块变速成图所使用的平均速度场(软件截图)	204
37	彩图 6.6.1 鲕滩储层地震属性特征(软件截图)	210
38	彩图 6.6.2 地震属性应用于砂层百分比预测(软件截图)	212
39	彩图 6.6.3 地震属性应用于含油饱和度预测(软件截图)	212
40	彩图 6.6.4 地震属性应用于剩余油分布预测(软件截图)	213
41	彩图 6.6.5 振幅类属性差异剖面在剩余油分布预测中的应用(软件截图)	213
42	彩图 6.6.6 波形聚类和相干属性在储层及裂缝识别中应用(西部某气田)(软件截图)	214
43	彩图 6.6.7 地震属性在砂体厚度预测中的应用(东部某油田)(软件截图)	215
44	彩图 6.6.8 基于阻光体素成像方法的砂砾岩储层空间雕刻(东部某油田)(软件截图)	217

本教材富媒体资源均由作者刘文革提供。

绪论

0.1 油气勘探方法概述

当今,90%的运输动力来源于石油。石油因其具有运输方便、能量密度高的特点,成为最重要的运输驱动能源。此外,作为许多工业化学产品的原料,石油是世界上最重要的商品之一。

勘探石油的方法主要有地质法、物探法、钻探法3类。

0.1.1 地质法

地质法是通过观察、研究出露在地面的地层、岩石,并对地质资料进行综合分析,了解一个地区有无生产石油和储存石油的条件,最后提出对该地区的含油气远景评价。有时在岩石出露的地区,可能会直接发现油气藏。

0.1.2 物探法

物探法(即地球物理勘探方法)是根据地质学和物理学原理,利用电子仪器和信息处理等多领域的技术,建立起来的一种勘探石油的方法。物探法使用仪器在地面观测地壳上的各种物理现象,从而推断、了解地下的地质构造和岩性分布特征,最后确定可能的含油气构造和有利区带,它是一种间接找油的方法。

物探法之所以能用来查明地下的地质构造,主要是因为组成地壳的各种岩石或组成地质构造的各岩层具有不同的物理性质,因而对地面上的物理仪器就有不同的响应。根据物理仪器的测量结果,经过分析可以推断地质构造的特征。应用于石油勘探的主要方法有:重力勘探(利用岩石的密度差异)、磁法勘探(利用岩石的磁性差异)、电法勘探(利用岩石的电性差异)和地震勘探(利用岩石的弹性差异)。物探法特别适用于海洋、沙漠和地表较为松散的沉积地区,因为在这些地区的表面看不到岩石,地质法受到限制,而用钻探法成本高、效率低,所以一般采用物探法。

0.1.3 钻探法

使用物探法可以了解地下地质构造的特征,找到适合于储集油气的地质构造。但是,这些构造是否存储油气,通过物探法还不能确定,最终还是需要通过钻探法来实现。钻探法就是根据物探法提供的井位信息进行钻探,直接取得地下的地质资料,从而确定地下构造及含油气情况。

由此可见,油气勘探是一件很复杂的工作,需要地质学家和地球物理学家紧密配合、综合分析。勘探工程师只有具备良好的地球物理和地质知识,才能对地球物理资料做出正确的地质解释。地震勘探与其他物探方法相比,其主要特点是精度高、分辨率高和探测深度大。地震勘探方法与地质法相比适应面更广,与钻探法相比成本更低,并且它的勘探面积相对更大。目前,地震勘探已成为寻找油气最重要的地球物理方法,并且世界各地油气勘探总投资的90%以上用于地震勘探。此外,地震勘探在寻找地下水资源、地热以及工程勘探和地壳测深中也有着重要作用。因此,掌握地震勘探的基础知识对于非物探专业的学生也是非常必要的。

0.2 地震勘探方法简介

地震勘探是利用人工方法(如爆炸、撞击等)激发的地震波,通过研究振动在地下的传播规律,来定位矿藏(包括油气、矿石、水和地热资源等)、确定考古位置和获得工程地质信息。地震勘探所获得的资料,通常与其他的地球物理资料、钻井资料及地质资料联合使用,并根据相应的物理与地质知识,得到有关构造及岩石分布的信息。

地震勘探是一门较为年轻的学科,它诞生于20世纪20年代,是最重要的地球物理方法之一。几乎所有的石油公司都依赖地震解释来确定勘探井位。在我国,自大庆油田发现以来,95%的新油田发现都是靠地震勘探确定含油气构造。世界上的墨西哥湾油田、中东油田以及北海油田等大型油田的发现也是如此。地震勘探是一种间接的方法,其主要工作在于探测地下的地质构造,而不是直接寻找油气。但是,随着三维地震勘探技术的进步,通过这种技术能提供丰富的地质信息,极大地发掘油藏工程的潜力。由于金属矿体和围岩之间界面的不规则性,地震勘探很少应用于金属矿藏勘探。

与地震勘探有关的理论是由天然地震学发展而来。发生天然地震时,地壳产生断裂,裂缝两边的岩石会相对移动,从而产生由断裂面向外传播的地震波。在不同地点用地震仪器记录这些地震波,随后地震学家利用这些资料可以推断地震波穿过岩石的性质。

现代地震勘探使用与天然地震学相似的测量方法。不同的是,现代地震勘探所采用的震源可以控制、移动,震源到接收点的距离相对较小。多数地震勘探是采用连续覆盖方法,并且沿着地表连续采样。在炸药或其他类型的震源激发地震波后,用检波器接收地下介质对地震波的响应。接收到的信号一般以数字形式记录到磁带上,然后利用计算机处理以提高信噪比,从噪声背景中提取有效信号,并绘制成有利于地质解释的图件。

0.2.1 地震勘探方法的分类

当地震波在介质中传播时,其路径、振动强度和波形会随介质的弹性性质及结构的不同而发生变化,所以根据地震波的变化规律,如波的旅行时间和速度信息,可推断波的传播路径和介质的结构。另外,根据波的振幅、频率及地层速度等参数,有可能推断岩石的性质。地震勘探根据其利用地震波的类型可分为3种:反射波勘探方法、折射波勘探方法和透射波勘探方法。

1. 反射波勘探方法

反射波勘探方法简称反射波法,是在离震源较近的若干位置上,测定地震波从震源传播到不同弹性地层分界面并反射回地面的旅行时间,测线不同位置上地震波反射时间的变化将会反映出地下介质的构造特征。在大多数地区,这种方法能确定测线范围内的地质构造,特别是与油气储集有关的背斜、断层和礁体等构造。在理想条件下它能够以较高的精度确定构造的起伏。根据地震波的速度、频率和吸收特性,反射波法也可以用来判别岩性。

假定陆上勘探使用的是炸药震源。实际施工中在选定合适的炮点后,先是在该位置垂直向下打一口浅井,井眼直径为 10~12cm,井深通常为 6~30m。炸药震源的药量为 1~25kg,装入电雷管,然后放到井底。电雷管上有两根引线接到地面的爆炸机上,爆炸机通过引线将电脉冲发送到电雷管,电雷管爆炸后接着引爆炸药。在野外,这个过程称为放炮。

如果是二维情形,在炮点附近会以直线方式在左右两侧各摆放一条 2~6km 长的大线,每条大线内包含有许多对传输线。另外,在大线上有一系列抽头,抽头之间的间隔为 25~100m。每一大线抽头通常连接多个检波器,传回记录仪器的信号是检波器组合的整体输出。炸药震源激发时,每一检波器组合都会输出一个信号,该信号依赖于检波器周围地面的振动。最终得到的地震道记录即是经过炮点的测线上一系列规则点位上所产生的信号。

来自各检波器组合的电信号会被送至相应的放大器。放大器能增强信号的强度,并部分滤除信号中的非期望成分。放大后的信号连同精确的计时信号一起记录到磁带上,从而得到观测记录。每一炮记录包含很多道的数据,分别记录检波器组合在震源激发后随时间变化的振动过程。

一般情况下,数据需要进行去噪处理,即衰减信号中的噪声,突出有效反射能量。去噪后的数据将以便于解释的形式显示出来。根据地震波的到达时间能计算地下界面的深度和产状,最后将所有的结果综合起来便可绘制地质解释所需要的剖面图和等值线图。

2. 折射波勘探方法

折射波勘探方法简称折射波法,是研究在速度分界面(界面下层的传播速度 v_2 大于上层的传播速度 v_1)上滑行波所引起的振动。当地震射线以临界角入射时,透射角为 90°,射线以速度 v_2 沿界面滑行,从而引起上层介质中的质点发生振动并传播至地表,这种波也称为首波或折射波。这种波不同于光学中的折射波,与炮弹以超音速飞行时在空气中所引起的弹道声波相似。首波到达不同观测点的时间包含速度界面的深度和地层速度信息,虽然不能得到像反射波法那样丰富的信息,但它的速度资料更易于解释。

反射波法和折射波法的主要差异是:折射波会存在一个盲区(小于折射波临界角的区域),因此观测折射波所需要的炮检距(震源到接收点的距离)在很大程度上依赖于探测界面的深度。折射波法中波的传播路径是水平的,而反射波法则是垂向路径占优势。在临界角处,首波或折射波进入高速层,然后以同样的角度离开高速层。只有在介质传播速度比上覆地层大的情形才能用折射波法来探测。因此,在应用折射波法时所受到的限制将比反射波法大。

3. 透射波勘探方法

透射波勘探方法简称透射波法,是研究穿透不同弹性分界面的地震波,它与光学中的折射波相同。该方法要求激发点和接收点分别位于地下弹性分界面或地质体的两侧,大多在有坑道或钻井时才可使用这种方法。根据透射波的传播时间,可以求得波在该层中的传播速度,进而确定地质异常体的形态,并能计算出岩层或地质体的弹性模量等参数。

透射波法和反射波法、折射波法不同,它是观测和研究通过岩层的直达透射波。在实际工作中,透射波法主要是跨孔法和垂直地震剖面(VSP)法。前者激发点和接收点均在井中,应用得较少;后者则是速度测井的延伸,在井与地面之间激发并接收,应用较为广泛。上述3种方法中,反射波法在油气勘探中应用较多,而透射波法和折射波法因条件限制其适用范围较小。但是因为它们各具特色,所以在解决实际地质问题时需要根据情况选择相应的方法或互相配合。本书主要讨论反射波法。

0.2.2 地震勘探原理

首先,举一个日常生活中的实例。如果人在山谷中或大厅里大喊一声,那么他能听到回声,这是因为声波在空气中传播时遇到墙壁等障碍物后会发生反射。利用声波反射现象可以测量出障碍物的距离。已知声波在空气中传播的速度是 $v=340\mathrm{m/s}$,若测量出从呼喊到听见回声的时间是 $t=4\mathrm{s}$,那么能计算出障碍物的距离 $s=\frac{1}{2}vt=680\mathrm{m}$。

地震勘探的基本原理与上例类似。如图0.2.1所示,在地面的一条测线上打井放炮,于是就产生向地下传播的地震波。地震波遇到地层的分界面1(假设为砂岩和页岩的分界面)就会产生反射。再向下传播又会遇到岩石的分界面2(假设为页岩和石灰岩的分界面),同样能产生反射。在放炮的同时,地面用仪器将来自各地层分界面的反射波所引起的地面振动情况记录下来。根据地震波在地面开始向下传播的时刻(即爆炸时刻)和反射波到达地面的时刻,可以得出地震波从地面向下传播到达地层分界面又反射回地面的时间 t,再利用其他方法推断出地震波在岩层中传播的速度 v,即可利用 $s=\frac{1}{2}vt$ 计算出地层分界面的埋藏深度。如果在一条测线上观测,并对记录信号进行数字处理,可以得到反映地下岩层分界面埋藏深度的资料——地震剖面图。再结合其他物探方法和地质、钻井等方面的资料,对地震剖面进行解释,便会查明地下可能含油的构造。

总之,地震勘探的原理是利用地震波从地下地层界面反射至地面时所具有的旅行时间和波形变化信息,推断地下的地质构造形态和岩性。

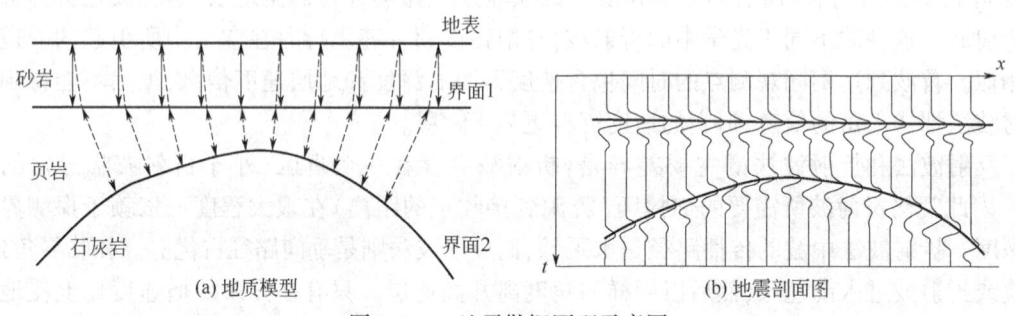

图 0.2.1 地震勘探原理示意图

0.2.3 地震勘探的生产流程

反射波勘探方法的基本流程如图0.2.2所示。首先用人工方法使地下质点产生振动,振动在向外传播时会形成地震波,地震波遇到岩层分界面会产生反射返回到地面。反射波到达地面时,又会引起地表质点的振动,检波器将地表质点的振动转变成电信号。电信号输送到地震仪器后被放大,然后通过模数转换器将电信号转变成数字并记录在磁带上,成为地震记录。利用计算机可以对地震记录进行数字处理,提取用于构造、岩性解释的资料和信息。对处理后的地震资料进行地质解释,制作出地震构造图,并且划分有利油气聚集的相带,最后进行油气资源的综合评价,这就是反射波地震勘探方法的全过程。由此可见,地震勘探的生产工作基本上可分为三个阶段。

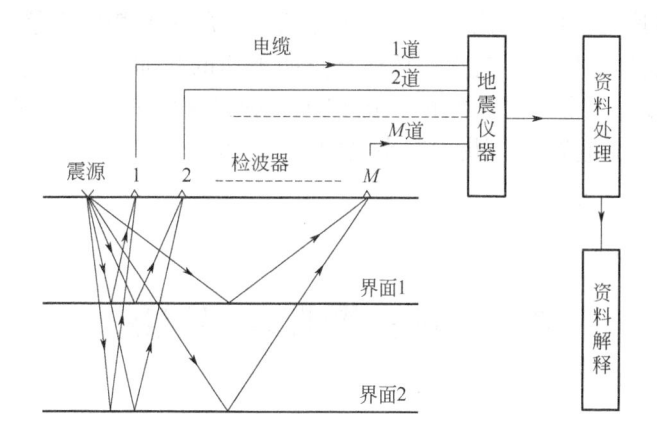

图 0.2.2　反射波勘探方法流程图

1. 野外资料采集

这个阶段的任务是在地质以及其他物探工作初步确定的可能含油气区域内布置测线,人工激发地震波,并用地震仪器把地震波传播的情况记录下来。野外生产工作的组织形式是地震队,其最终成果是记录有地面振动情况的地震数据磁带。

2. 室内资料处理

这个阶段的任务是根据地震波的传播理论,利用计算机对野外获得的原始资料进行"去粗取精、去伪存真"的处理工作,并且求取地震波在地层内传播的速度等资料。这一阶段的成果是地震剖面图和地震波速度等。资料处理工作在配备有计算机和专用设备的计算中心完成。

3. 地震资料解释

经过计算机处理得到的地震剖面,虽然在一定程度上能反映地下地质构造的特征,但是地下的情况是复杂多变的。地震剖面上的一些现象,既可能反映地下的真实情况,也可能是假象。如果是二维情形,在地震剖面上只能看到地层沿剖面方向的变化,而没有一个完整的空间概念。地震资料的解释工作是运用地震波的传播理论和地质学原理,综合地质、钻井和其他资料,对地震剖面进行深入的分析研究。总之,该阶段可以对产生地震反射的地质层位给出解释,并对地质构造作出说明,最终查明可能的含油气构造。

随着地震勘探技术的发展,地震资料解释可以分为 3 个阶段,即地震构造解释、地层岩性解释和开发地震解释。

20 世纪 70 年代以前,主要是地震构造解释,即在构造地质学和地震成像原理的基础上,确定地下反射界面的埋藏深度,落实和描述地下岩层的构造形态特征。此阶段的主要目的是为钻探提供有利的构造圈闭。

20 世纪 70—90 年代,随着数字地震技术的发展,地震剖面的质量有明显提高,解释人员根据地震剖面特征和结构划分沉积层序,分析沉积相和沉积环境,预测沉积盆地的有利油气聚集带。地层岩性解释是通过提取地震属性参数,综合利用地质、钻井和测井资料,研究特定地层的岩性、厚度、孔隙度和流体性质等,为部署探井提供地质依据。

20世纪90年代至今,开发地震解释是油田进入开发阶段之后,以地震资料为基础,综合利用可能获得的其他资料,采用可行的方法和手段,合理判断地震信息所代表的地质含义,为油田勘探开发提供依据。其主要任务是查明确切的含油气范围,估算含油气储量,提供油藏模型等。总之,开发地震解释的目的在于明确发现井所揭示的油气藏细节,包括油藏精细描述、油藏动态监测等,为指导剩余油的开采、调整开发井的部署和提高采收率提供地质依据。

0.3 地震勘探发展概况

地震勘探作为一门科学,是地震学的产物。地震是地球上经常发生的一种自然现象,我国在公元前1177年(商朝)就有关于地震的记载。此外,我国是第一个设计观测地震仪器的国家。公元132年东汉时期的科学家张衡发明世界上第一台观测地震的仪器——候风地动仪[图0.3.1(a)]。该仪器原先设置在洛阳,曾记录到发生在千里之外的甘肃地震,还能测定发生地震的方向,其原理如图0.3.1(b)所示。仪器中间有一个倒立摆,重心很高,当某方向发生地震并且有地震波传来时,摆由于惯性就会倒向波传来的方向,敲击杠杆连动机构,使波传来方向龙嘴里的小球掉出来,指示发生地震的方向。

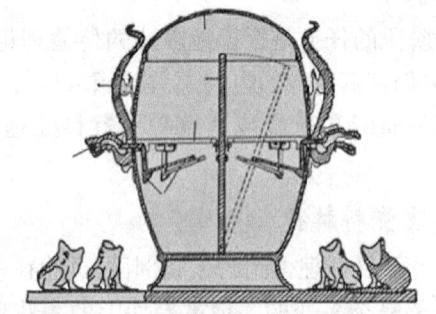

(a) 地动仪模型　　　　　　(b) 仪器的内部结构

图 0.3.1　观测地震的候风地动仪

0.3.1 近代地震勘探发展概况

关于地震波的理论能追溯到1678年Robert Hooke所发表的胡克定律。但是,在19世纪以前,大部分的地震波弹性理论还没有发展起来。1818年,Cauthy发表了关于波传播的论文,并因此获得法国学会大奖。1828年,Poisson在理论上指出纵波(P波)和横波(S波)的独立存在。1899年Knott发表论文讨论地震波的传播及其反射和折射。Rayleigh(1885)、Love(1927)和Stoneley(1924)则分别对面波理论进行了研究。

地震波的实验最早出现于19世纪初,但进入20世纪才开始进行地震勘探。1848年Mallet首先从事地震波的实验。他使用黑炸药作为震源,并在碗中盛入水银以探测地表的振动,从而计算得到地震波的速度。1885年Milne使用下落的重物作为震源,并在一条直线上摆放两个检波器,随后他进行了一系列的地震波研究,这算得上是最早的地震排列。1900年Hecker在测线上用9个机械式的水平检波器同时记录到了P波和S波。1914年Mintrop在德国设计出一种地震仪,可以观测炸药震源所产生的波,其测量精度使地震勘探成为可能。

1921年,最早的地震公司在美国成立,开始从事地球物理勘探,当时主要采用折射波法勘探。在得克萨斯州作业期间,地震公司发现了休斯敦西北部的Orchard穹窿,人们一般认为这是利用地震勘探方法(折射波法)的第一个油气发现。1927年在美国科罗拉多矿业大学首次开设地球物理勘探课程。

1930年,勘探地球物理学家学会(SEG)在美国休斯敦成立,并于1936年开始出版期刊《地球物理学》(*Geophysics*)。欧洲地质学家与工程师学会(EAGE)成立于1951年,1953年出版专业期刊《地球物理勘探》(*Geophysical Prospecting*)。上述两个学会还分别出版有另外两本杂志《前缘》(*The Leading Edge*)和《初至》(*First Break*),主要提供勘探实例以及技术发展的最新动态。

1937年,反射波法采用6~8道仪器进行接收,在第二次世界大战后增加到24道。1950年发明地震勘探多次覆盖技术。在随后的油气勘探中,围绕怎样突出有效波和压制干扰波等一系列问题,地震勘探的基本理论、仪器设备、野外工作方法、处理技术和综合解释等方面得到全面发展。地震勘探的发展过程大致可以分为四个阶段。

第一阶段(1927—1952年):该阶段的特点是光点记录,利用人工进行资料整理。所谓光点记录,就是采用电子管元件,把地面振动的情况用照相方法记录下来。该记录是"死"的,不能重新处理,更不能做多次叠加,并且动态范围小。因此,原始资料质量低、频带窄。资料由人工整理,所以效率低且结果不便于保存。

第二阶段(1953—1963年):该阶段的特点是模拟磁带记录,并使用模拟电子计算机整理资料,在野外采用多次覆盖的工作方法。模拟磁带记录是采用晶体管元件,把地面振动情况以模拟的方式录制在磁带上。在室内可以使用模拟磁带回放仪反复处理,也就是初始的"死"记录,在回放处理时可以变"活",从而使资料整理工作实现了半自动化,资料整理的质量有较大的提高,可以得到反映地下地质构造的地震剖面。多次覆盖方法是指适当地布置多个激发点和接收点,使得各激发点和接收点组合能得到来自地下同一点的反射。这种方法能大幅提高地震资料的质量,但是由于地震剖面叠加次数少,干扰波得不到应有的压制,所以地震资料质量不够高,影响地震解释的精度。

第三阶段(1964—1979年):该阶段的特点是数字磁带记录,采用高次覆盖观测,并用数字计算机整理资料。所谓数字磁带记录,是指野外记录的是地震波振幅的离散值,而不是记录连续波形。高次覆盖是指对地下的同一反射点进行很多次观测,并且每次的激发点与接收点并不相同。由于采用数字磁带记录和高次覆盖,所以能极大地提高原始资料的质量。此外,使用数字计算机后,资料处理方法更加灵活、精确,资料整理的自动化程度和工作效率都得到提高,成果资料也更加丰富。

第四阶段(1980年至今):该阶段的特点是从数据采集、资料处理和资料解释到地震勘探设备研制等方面都形成一套成熟的技术系列。

地震勘探技术同时也在不断创新和发展(表0.3.1),已形成一个复杂、庞大并且完整的科学体系。从起初研究地下的地质构造特征,发展到能了解地层岩性圈闭、提供储层内部参数、进行储层横向预测和开发地震解释等方面。

表 0.3.1 地震勘探技术的发展历程

阶段	代表技术	数据维数	主要解决的问题
20世纪20年代	折射波地震法	1D	落实构造单元、有利盆地以及查明区域构造特征
20世纪30年代	反射波地震法		
20世纪50年代	多次覆盖	2D	
20世纪60年代	数字处理技术		
20世纪70年代	偏移成像技术		预测和识别油气圈闭
20世纪80年代	三维地震勘探技术	3D	查明复杂构造、隐蔽油气藏
20世纪90年代	深度偏移	3D/3C	
21世纪	各向异性技术	4D/9C	精细油藏描述

0.3.2 我国物探技术发展概况

我国的石油物探技术从1939年起步,物探界的前辈翁文波最先在国内大学开设地球物理勘探课程,1945年创建了我国第一个重力勘探队。1951年我国成立第一个地震队。20世纪60年代后期,我国成功研制模拟磁带地震仪,实现模拟记录磁带化,并推广应用多次覆盖技术。70年代初,我国设计的第一台百万次数字计算机及地震资料处理的专用外围设备开始投产,为海洋石油勘探、古潜山高产油气田的勘探提供了支撑。80年代数字磁带地震仪正式投产,并研制成可控震源,陆续建成20多个计算站进行地震资料数字处理,使地震勘探成果质量有显著提高。90年代之后,物探仪器厂商开始推出遥测地震数字采集系统,其性能更加完备可靠。遥测数字地震仪具有以下特点:(1)检波器接收到的模拟信号直接转化成数字信号,避免模拟信号在电缆传输中的衰减,也免除传输过程中的各种干扰;(2)遥测地震仪的采集能力,如记录道数和时间采样间隔较常规数字地震仪提高1~2个数量级。

进入21世纪之后,中国在油气勘探领域取得了飞速发展。以下将从3个方面进行简单介绍:

1. 地震勘探软件系统

中国石油集团东方地球物理勘探有限责任公司(简称"东方物探",英文缩写BGP),公司总部位于河北省涿州市,现以地球物理方法勘探油气资源为核心业务,集陆上、海上地震和非地震采集,处理解释,软件研发,装备制造等业务于一体,是全球物探行业唯一的全产业链技术服务公司。在地震采集方面,东方物探公司有地震作业队伍123支,VSP队8支,综合物化探队21支。国际勘探业务遍布全球50多个国家,服务于200多家油公司。在地震数据处理方面,拥有8710个CPU(65996核)、1084个GPU的PC机群用于地震资料处理,计算机浮点运算速度达到2487万亿次/s,位居亚洲同行业之首,以及拥有自主知识产权的GeoEast处理解释一体化系统。公司具备年处理能力二维 $30×10^4$ km,三维 $20×10^4$ km^2。在地震资料解释方面,拥有数百台套解释工作站和多套虚拟现实系统,并且有盆地评价与区带优选、复杂构造精细解释、地层岩性圈闭地震识别、潜山及内幕圈闭地震识别、火山岩识别及评价等解释技术系列。作为中国石油找油找气的主力军,东方物探公司勘探足迹遍及国内主要含油气盆地,先后参与大庆、华北、胜利、四川、辽河和塔里木等石油勘探会战,配合油田取得了一系列重大油气勘探发现,累计探明油气地质储量当量超过 $300×10^8$ t。

下面以 GeoEast 软件为例进行介绍。GeoEast 软件是中国石油历时近 20 年研发的超大型地震数据处理解释一体化软件系统,拥有完全自主知识产权,并被誉为物探中国"芯"。GeoEast 软件具备从陆地到海洋、从常规到非常规、从地面到井中、从纵波到多波、从地震到重磁电震综合处理解释的能力,现已发展成为全球三大主流地震资料处理解释软件之一,软件界面如图 0.3.2 所示。

图 0.3.2 地震勘探 GeoEast 软件系统

GeoEast 软件具备多种功能模块,包括 GeoEast-PRO 处理系统、GeoEast-INT 解释系统和 GeoEast-iEco 软件平台。GeoEast-PRO 处理系统提供了高精度地震成像、炮检距向量片(OVT)、海底节点(OBN)等技术系列,适用于各种地表地质条件下的地震资料处理。GeoEast-INT 解释系统集成了构造解释、储层预测、油气检测等功能,实现了叠前叠后一体化、地震地质一体化的综合解释。GeoEast-iEco 平台则是一个多学科一体化开放式软件平台,支持云计算服务、多数据源访问和并行计算,为物探软件发展提供了平台支撑。

目前,GeoEast 软件在石油勘探和开发中有着广泛的应用,可以帮助勘探人员进行有利区域确定和方案制定,以及储层预测和评价、优化开发方案。此外,该软件还能用于地质灾害预测和地质环境评价等领域,并被 30 多所高校作为教学和科研平台。

2. 陆上深层钻探

2010 年以来,中国油气勘探开发主战场逐步向深地、深水、非常规和老油气田,即"两深一非一老"领域拓展。我国陆上超深层油气资源丰富,达 $671×10^8$ t 油当量,塔里木、四川盆地深层超深层油气探明储量分别达到了 $37×10^8$ t 和 $25.5×10^8$ t 油当量。

截至 2022 年 8 月,在塔里木盆地顺北油气田钻探垂直深度超过 8000m 的油气井超 40 口,已落实四个亿吨级油气区,标志着全球埋藏最深的油田被成功勘探开发,这对我国深地矿产资源的勘探具有较强的指导意义,为保障国家能源安全贡献了重要力量。2024 年新疆深地塔科 1 井钻探突破万米,成为陆地第二、亚洲第一垂深井,钻井现场如图 0.3.3 所示。此次钻探旨在深入探索地球内部结构和演化规律,完善万米深层油气成藏理论,其重要意义堪比"嫦娥"登月、"蛟龙"下海,也意味着中国油气工程技术发展进入了一个崭新的阶段。

图0.3.3 塔里木盆地深地塔科1井

3. 海上大型钻采平台

中国海洋油气资源丰富,但总体勘探程度相对较低,海洋油气是国内长期、大幅增产的重要领域。目前,全球70%的重大油气发现来自水深超过1000m的海域。2024年中国自主设计并建造的首个海上智能钻采平台——惠州26-6完成海上安装作业(图0.3.4),其所在海域已探明的地质储量高达$5000×10^4m^3$油当量。

中国海上勘探的发展历程可以追溯到20世纪60年代,当时在渤海歧口凹陷构造带建立了第一座海上钻井平台——海一井,它成为中国第一口海上见工业油气流井。此后,中国逐步开始自主设计和建造自升式钻井船,并在1972年建成"渤海一号"。进入21世纪后,中国的海上钻井平台技术取得了显著进步,2004年中国石油集团海洋工程有限公司成立,此后国内制造的首座深水半潜式钻井平台交付使用,以及超深水双钻塔半潜式钻井平台用于海底可燃冰的试采工作。随着中国设计和制造的崛起,在深水钻井平台方面持续取得重大突破,如"海洋石油981"号是第六代3000m深水半潜式钻井平台,代表了当今世界海洋石油钻井平台技术的最高水平。

由此可见,我国目前已成为世界范围内石油地球物理勘探的大国,地震勘探技术也进入世界的先进行列。在野外数据采集方面则形成一整套成熟方法,包括计算机野外采集参数设计、GPS数据无线传输技术、可控震源非线性扫描技术和障碍区的三维采集技术等。在地震资料处理技术上也已达到非常高的水平,主要体现在处理方法和处理软件的发展。地震资料解释则进入数字化和自动化时代。现代化的解释工作主要表现在以下两个方面:

(1)人机联作解释工作站的广泛应用。人机联作解释工作站的应用是地震勘探技术的一项重要突破。人机联作解释不仅大大提高了解释工作的效率,而且能提高资料的分辨率和可

图0.3.4 中国南海深水钻井平台

解释性,使地震资料解释从过去以人工为主的单一构造解释,向应用现代地质构造理论和层序地层学原理,利用人机联作技术综合地质、地震、测井和测试等信息,进行构造精细解释、储层横向预测等深层次发展。

(2)储层横向预测技术的推广应用。实际应用的技术包括:①地震资料的精细处理技术;②薄互层精细标定技术;③人机联作解释技术;④地震反演技术;⑤储层孔隙度、渗透率和含油饱和度的预测技术。

如今,地震勘探以数字化技术为标志迅速发展。在仪器方面正向遥控遥测、高采样率和多道发展。在野外工作方面则是发展非炸药震源,用更高的覆盖次数观测,发展高分辨率勘探、横波勘探和垂直地震剖面以解决复杂构造、地层岩性圈闭和直接找油气等地质问题。在数据处理方面,为了适应地震数据采集量激增的需要,正大力提升计算机的处理能力和扩展专用设备。另外,为了充分利用地震波的动力学信息,正在发展精确求解波动方程的计算方法及处理技术。总之,地震勘探已从构造成像向层序成像和岩石物理成像发展,从油气勘探向油藏描述和油藏监测发展,从油气间接检测和监测向直接检测和监测发展;物探理论基础则正在实现由声波向弹性波的转变,由单相介质到多相介质的转变,由只考虑各向同性到考虑介质各向异性的转变。

拓展阅读

中国工程院院士李庆忠从事石油勘探工作60余年,首先提出三维地震勘探方法及原理、积分法绕射波叠加成像技术,并出版专著《走向精确勘探的道路》,同时也为新疆克拉玛依油田、大庆油田和胜利油田的探明做出了卓越贡献(图0.3.5)。中国科学院院士马在田则是在20世纪五六十年代提出以"突出地震反射标准层方法"为代表的一系列地震方法,为华北盆地找到油田发挥了重要作用。20世纪80年代他从事地震偏移成像和三维地震勘探方法的研究,在偏移成像原理和方法的研究方面取得重要成果,并在反射地震学方面提出过许多独创性的原理和技术,对发展中国地震勘探事业具有重要作用。中国科学院院士刘光鼎在20世纪50年代曾前往苏联考察海洋物探工作,参与苏联黑海海洋物探工作,并于60年代初在国内组建了海洋地球物理勘探队伍。1982年他完成中国海洋地质构造及含油气研究,在中国近海大陆架地区发现六大新生代沉积盆地及一系列含油气构造。他强调地球物理与地质相结合,并亲自领导陆相薄互层油储地球物理学理论与方法研究,提出浅层地球物理工程,涉及地矿、石油、煤炭、水电等行业。

图0.3.5 物探领域代表人物(从左到右:李庆忠、马在田、刘光鼎)

思 考 题

1. 全球油气资源的现状如何？
2. 油气资源勘探的基本方法有哪些？
3. 地球物理勘探方法有哪些？
4. 简述地震勘探的基本原理。
5. 地震勘探包括哪些生产环节？
6. 石油地震勘探与天然地震研究有何异同？

第1章
地震波的运动学基础

地震勘探的基本内容是通过研究地震波的运动形式及变化规律,推断地下介质的地质构造以及相关属性。地震波的运动规律与传播介质之间有着密切的联系。为了探测地下构造的形态、了解地层结构及其性质,研究地震波在弹性介质中的传播规律是必要的。具体研究内容包括地震波的产生、性质、传播、分裂、转换和旅行时间等方面的特点,这些能为正确地运用地震资料解释地下的地质现象奠定必要的理论基础。

在这一章中,首先讨论地震波的基本概念以及地震波的传播规律。其次,研究地震波在时间—空间中的运动规律,即地震波运动学理论。时间、空间以及传播介质之间的关系是不可分的,因此根据地震波运动的时间和空间关系,可以推断介质结构。另外,地震波的时距曲线是地震波的运动学特征之一,研究时距关系可以为地震资料的定量解释奠定基础。

1.1 地震波的基本概念

1.1.1 地震波的性质

1. 地震波的概念

波是一种常见的物理现象,如声波、水波和地震波等。敲鼓时因鼓面振动会带动周围的空气振动,该振动通过空气向外传播形成声波。石子投入水中,水面质点发生振动,并且振动沿着水面由近及远向外传播形成水波。在地震勘探中,当炸药在岩层中激发时,岩层质点也会产生振动,此时振动通过岩层传播出去便形成地震波。

综上所述,可以得出一个概念:波就是振动在介质(空气、水和岩层等)中的传播过程。没有振动就谈不上振动的传播,波也就不存在,所以首先要有激发振动的震源存在。在地震勘探中,人工激发地震波的形式有多种(图1.1.1),主要有炸药震源、落锤式震源、横向力震源、水枪震源和气枪震源。在陆地勘探时一般使用炸药震源。非炸药震源包括可控震源、蒸气枪和电火花震源等。虽然震源的激发形式不同,但其目的都是引发岩层质点的振动,从而产生地震波。

2. 弹性和塑性

物体在外力作用下会发生形变,当外力去掉以后,物体能立刻恢复原状,这样的特性称为弹性。具有这种性质的物体称为弹性体,如皮球、弹簧等物体。在外力作用下弹性体所发生的体积或形状的变化称为弹性形变。如果去掉外力作用后,物体仍旧保持受外力时的形状,这种

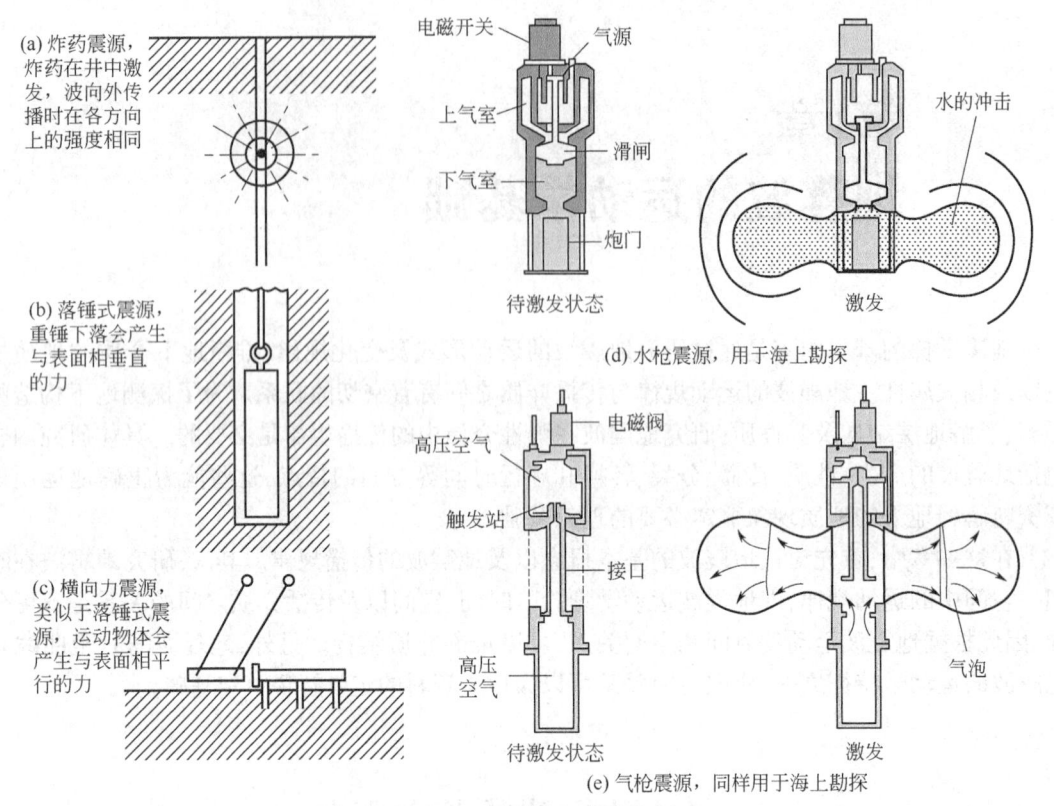

图 1.1.1 地震勘探震源实例

物体称为塑性体，它所发生的形变称为塑性形变或永久形变。弹性和塑性是物体所具有的两种互相对立的特性。自然界的大多数物质，一般都同时具有这两种特性。图 1.1.2 描述了固体介质的应力—应变关系，图中应力是指单位面积上的力，而应变是指受力物体的大小和形状的相对变化。在外力作用下物体既能产生弹性形变，也可能会产生塑性形变。但是，物体表现为弹性形变还是塑性形变将取决于物质本身的物理性质，作用在其上的外力大小和特点（作用力、延续时间的长短和变化快慢等），以及物质所处的外界条件（温度、压力）等。当外力很小并且作用时间很短时，大部分物质主要表现为弹性性质。如木板在作用力很小、作用时间很短的条件下会表现为弹性性质。当作用力大并且作用时间长时，物体则会表现为塑性。如弹簧在作用力大、作用时间较长时，在外力去掉以后它不能恢复原状，而是保持其受力下的形状，这时弹簧会表现为塑性。因此，物体的弹性和塑性是相对的，在一定的条件下可以互相转化。

弹性理论已经证明，许多固体包括岩石在内，当受力和形变较小，并且作用时间较短时，均可近似地看作弹性体。所以，固体的弹性理论可用于地震勘探。

3. 地震波的形成

此处以炸药震源激发地震波为例。在岩层中用炸药爆炸激发地震波时，大概会出现这样的情形，在炸药附近爆炸产生的强大压力远超岩石的极限强度，岩石遭到破坏并形成一个破坏圈，有时会炸成空洞（图 1.1.3）。随着离开震源距离的增大，压力将会减小，但依然超过岩石的弹性限度。此时岩石虽没有破碎，但是会发生塑性形变，出现一些辐射状裂隙。在塑性带以外，随着离开震源距离的进一步增大，压力将会降低到弹性限度以内。因为炸药爆炸产生的是一个延续时间很短的作用力，所以在这一区域内的岩石会发生弹性形变。由上述分析可知，地

· 14 ·

震波实质上是一种在岩层中传播的弹性波。

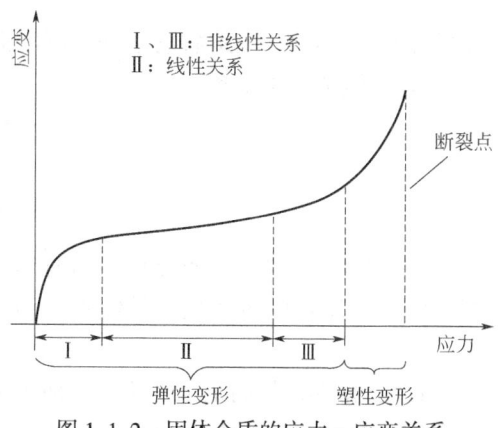

图 1.1.2　固体介质的应力—应变关系

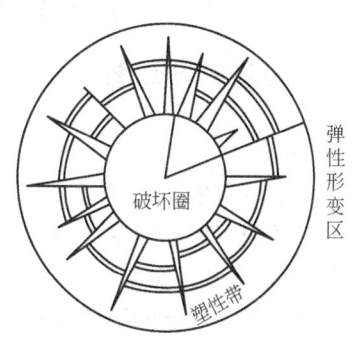

图 1.1.3　爆炸对岩石的影响

4. 地震信号的特征

在上述的分析中,不难看出地震波的形成过程与一般弹性波的形成过程是相同的。但是,地震波的运动形式与一般弹性波的运动形式是有区别的。在地震勘探中,人工激发(炸药、可控震源等)的地震波就其形状而言,不同于一般的简谐波,它不具有固定的频率、稳定的振幅以及在时间上的无限性(图 1.1.4)。

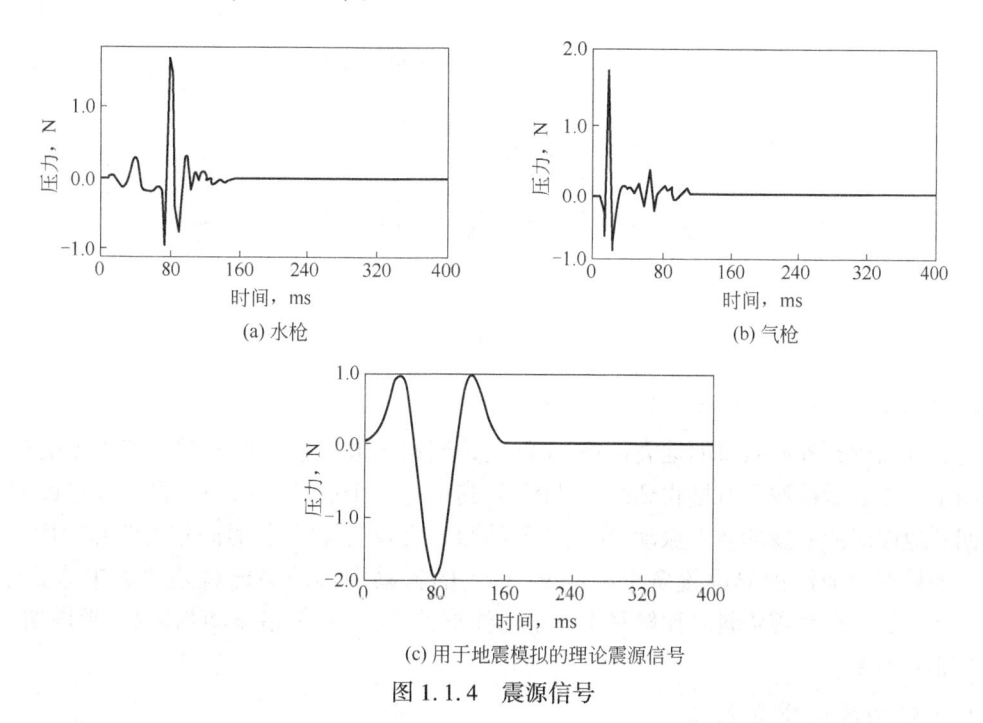

(a) 水枪

(b) 气枪

(c) 用于地震模拟的理论震源信号

图 1.1.4　震源信号

就介质而言,实际的地下介质与理想的弹性介质不同。由于摩擦阻尼的作用,岩石中质点振动的机械能将逐渐转变为热能。因此,地下介质中的质点不会形成稳定的周期性振动。从波源上看,爆炸时作用于岩石的外力是非周期性的,不足以补偿质点振动因阻尼所耗损的能量,因而岩石中质点的振动是不稳定的。由于爆炸产生的振动具有脉冲的性质,只在一段时间内延续,所以由振动所引发的地震波具有非周期的脉冲性质。也就是说,地震波属于脉冲振动。

地震勘探正是利用这种非周期性的脉冲波进行油气勘探,对于详细地划分地层剖面是必要的、有利的。另外,对地震波性质的认识将有助于弹性波方法的研究。

1.1.2 地震波的振动图

1. 振动图概念

波在传播过程中,某一质点的位移 u 是随时间 t 变化的,描述某一质点位移与时间关系的图形称为振动图。振动图反映地震波在传播过程中,某一质点随时间振动的特点。利用振动的视周期、视频率和视振幅可以区分不同的振动。

以介质中某一质点的振动为例,可以绘制出它的振动图形,如图 1.1.5 所示。横坐标表示质点振动的时间 t,纵坐标表示质点对应某一时刻的位移 u,坐标原点表示质点振动开始计时的位置,此时 $t=0$,t_1 表示质点刚刚开始振动的时间(初至),t_2 表示质点最终停止振动的时间,$\Delta t=t_2-t_1$ 表示该质点振动的延续时间。位移量 $u(t)$ 一般以 mm 或 μm 为单位。通常将振动离开平衡位置的最大位移称为视振幅,记为 A^*。将相邻两个振幅极大或极小位置之间的时间间隔称为视周期,记为 T^*,其单位为 ms 或 s。将视周期的倒数称为视频率 f^*,以 Hz 为单位。如果振动图形的视周期为 0.02s,则其视频率为 50Hz。习惯上将振动的正向极值或负向极值的个数称为相位数,如第一正向极值称为第一相位。

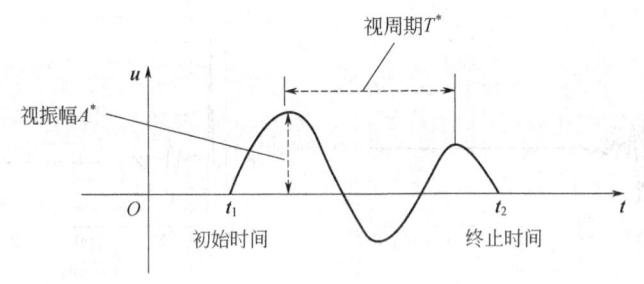

图 1.1.5 质点振动图

2. 地震记录与振动曲线之间的关系

地震勘探中野外所获得的地震记录,实际上是当地震波传播到地表时地表质点的振动图形。图 1.1.6 表示检波器所接收到的振动图形,其中每一个脉冲表示一个岩层分界面的反射波返回到地面时所引发的质点振动,靠近前面的脉冲代表浅层反射,时间较大的脉冲代表深层反射。如果在地面沿测线设置多个检波器,得到的振动图形的集合就是地震单炮记录,如图 1.1.7 所示。在地震资料对比解释中所说的波形特征,一般是指振动相位数、视周期、视振幅及其相互关系。

3. 振动图的地质意义

对于同一波来说,彼此相距不远的两个质点的振动状态是相似的,只有到达时刻前后的差别。但对于不同的波,其质点的振动状态是彼此不同的。在实际工作中,利用这个特点并结合地震记录的波形曲线可以了解介质中波在不同时刻的传播位置,另外还可以用来识别和分辨不同类型的波形,以便解决与波传播有关的地质问题。

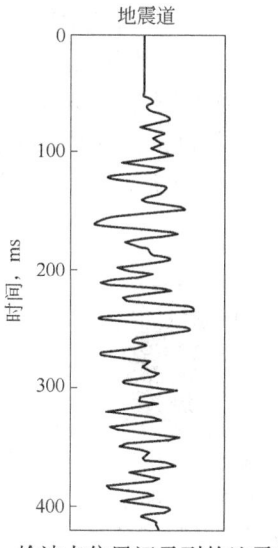

图 1.1.6 检波点位置记录到的地震信号 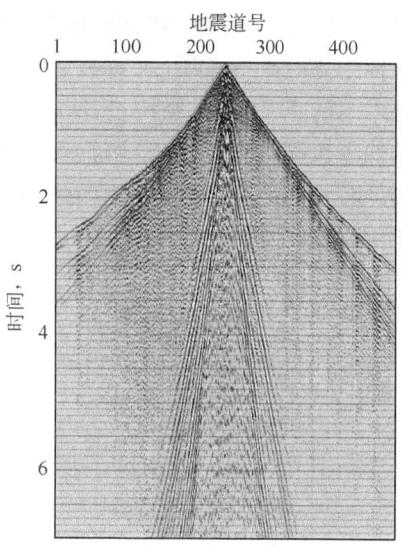　　　　图 1.1.7 在某一位置的地震单炮记录

1.1.3 地震波的波剖面

1. 波剖面概念

波在传播过程中,介质中各质点的振动是有相位差的,并且在同一时刻各个质点的位移是不同的,即位移 u 是距离 x 的函数。在同一时刻,沿某一直线上各振动质点的位移分布所构成的图形,称为波剖面。

和波的振动图一样,波剖面也可以用图形表示,如图 1.1.8 所示。横坐标 x 表示波在某一直线上各质点的平衡位置,纵坐标 u 表示在某一时刻 t 各质点的位移。在波剖面中,最大的正位移所在位置称为波峰,最大的负位移处称作波谷。两个相邻波峰或波谷之间的距离称作视波长,记为 λ^*。视波长的倒数称为视波数,记为 k^*,有 $\lambda^* = 1/k^*$。对于同一个波来说,在不同时刻波剖面的形态是相似的,只是整个波形向前推移了一段距离。

2. 波面与射线

波在空间中传播时,许多质点的振动状态是类似的,如图 1.1.9 所示。将图中某一时刻介

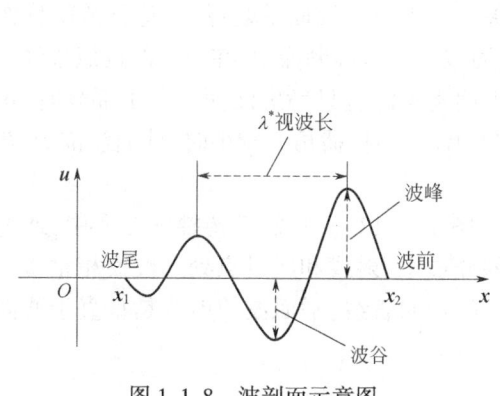

图 1.1.8 波剖面示意图 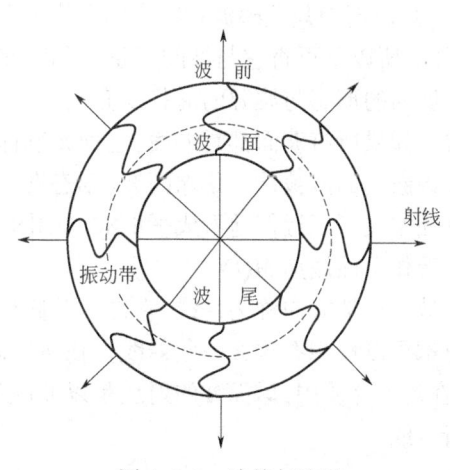　　　　图 1.1.9 波前与波尾

质刚刚开始振动的点连接成的曲面,称为该时刻的波前。将某一时刻刚刚停止振动的点连接成的曲面,称为该时刻的波尾(又称波后)。在波前以外的点,因波还未到达,所以处于静止状态;在波尾以内的点,因波已经传过,所以恢复为静止状态(动态图1)。只有在波前和波尾之间的点,是处于振动状态,但各振动质点的相位彼此不同,将振动质点相位相同的点连接成的曲面,称为该时刻的波面。在地震数值模拟中,显示某一时刻整个波场特征的图像称为波场快照(图1.1.10,动态图2)。

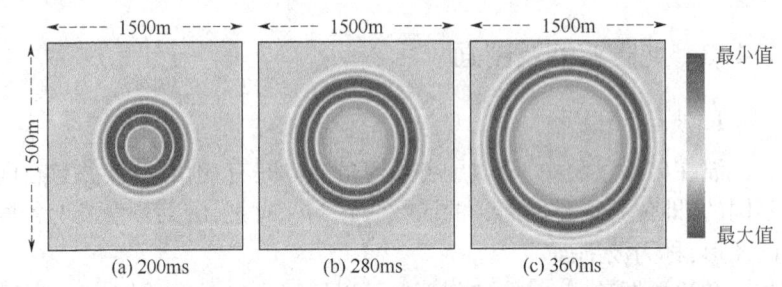

动态图1 端点固定时脉冲沿细绳的传播过程

动态图2 点源所产生的球面波二维动画

彩图1.1.10

图1.1.10 均匀介质中的波场快照(震源在模型的中央)

对于波面的认识,需要注意以下几点:

(1)波是不断向外传播的,波前和波尾两个曲面也是不断向外推移的,所以波前和波尾是相对某一给定时刻而言的。

(2)波面与波前在概念上是不同的。波前随时间推移,它的位置总是变化的。而波面对于给定时刻,其位置是固定不变的。波面可以说是波前的"遗迹"。

(3)波剖面只反映波在特定时刻沿着某一方向的"形象",而不是波在时间和空间中的全面反映,所以不可将它与波的真正"形状"混为一谈。

波面的形态与波源的形状及介质的性质有关。如果所有波面都是球面,这种波就称作球面波。如果所有波面都是平面,这种波就称作平面波。在地震勘探中,在一定的近似条件下由点震源激发的波被认为是球面波(动态图3)。当远离震源且只考虑波面上一小部分时,这部分球面波又可以近似地看成平面波。如图1.1.11所示,当传播角θ较小时,球面波前PQR可近似看作平面波前MQN。

波的传播方向称为射线,它是一条假想路径(图1.1.12)。在波动传播的介质中,通过每一点都可以设想有这么一条射线。在各向同性的介质中,射线和所过点处的波面相垂直。例如,在均匀介质中,球面波的射线是以波源为中心的径向直线,平面波的射线是垂直于波面的平行直线。

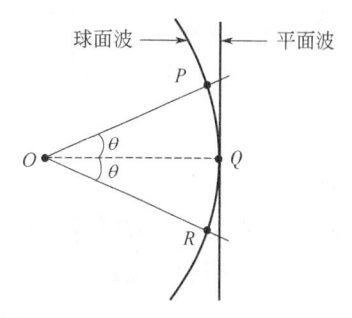

动态图3　点源所产生的球面波三维剖视动画

图 1.1.11　球面波和平面波的关系

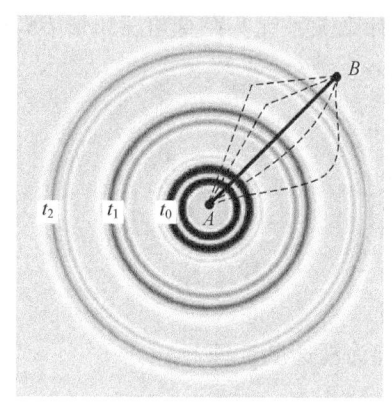

彩图 1.1.12

图 1.1.12　从 A 到 B 的射线路径与波前相垂直
$t_0 = 200\text{ms}; t_1 = 400\text{ms}; t_2 = 600\text{ms}$

3. 波剖面的地质意义

波在介质中传播时,随着时间的持续,波前面逐渐扩大,射线路径不断延长。在条件适当时,利用射线的概念可以将波的传播问题简化,这时所得到的结果与实际情况相符或相近。这是一种用几何作图来反映物理过程的简单方法。利用这种方法来研究地震波的传播规律,就称作几何地震学。根据波前和射线的几何图形,可以研究波在介质空间中的具体位置,从而有利于确定地质界面的空间分布。

1.1.4　视速度

1. 视速度概念

根据物理定义,波长应是波速与周期的乘积。但是测定波长和地震波的传播速度,都需要沿特定的观测方向进行。因此,沿测线观测到的速度与地震波的出射角(即射线与地平面法线之间的夹角 α)有关。一般说来,视速度 v^* 并不等于介质的地震波传播速度 v,它是地震波沿非射线传播方向的速度。

2. 视速度定理

如图 1.1.13 所示,假设在地面上沿直线 AB 观测地震波,S_1 和 S_2 为 AB 直线上的两个观测点,由深部到达地面的波前可以近似看作平面波前。设平面波前在 t 时刻到达 S_1 点,$t+\Delta t$ 时刻到达 S_2 点,波前和测线夹角为

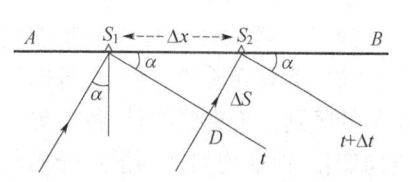

图 1.1.13　视速度定理示意图

α。如果不考虑波从哪里来,只是从测线上观察,波好像是沿测线 AB 传播,经过时间间隔 Δt,所走过的路程 $\Delta x = S_2 - S_1$,波沿测线传播的速度为

$$v^* = \frac{\Delta x}{\Delta t} \tag{1.1.1}$$

式中,v^* 称为视速度。

实际上,波并不是沿测线 AB 传播的,而是沿垂直于波前的方向以真速度 v 传播,在 Δt 时间间隔内,传播了 ΔS 的距离,因此

$$v = \frac{\Delta S}{\Delta t} \tag{1.1.2}$$

由此可见,真速度和视速度是不同的。两者有什么关系呢?在直角三角形 DS_1S_2 中,有

$$\Delta S = \Delta x \sin\alpha \tag{1.1.3}$$

上式两边同除以 Δt,有

$$\frac{\Delta S}{\Delta t} = \frac{\Delta x}{\Delta t}\sin\alpha \tag{1.1.4}$$

再代入式(1.1.1)和式(1.1.2),得到

$$v^* = \frac{v}{\sin\alpha} \tag{1.1.5}$$

式(1.1.5)表示视速度与真速度之间的关系,它也称为视速度定理。

3. 视速度的地质意义

由视速度定理可以看出,一般情况下波沿测线传播的视速度大于真速度。当 $\alpha = 90°$ 时,即波前垂直测线,这时波沿测线传播的视速度等于真速度,即 $v^* = v$。当 $\alpha = 0°$ 时,即波前平行于测线,这时地震波沿测线传播的视速度为无穷大。由此可见,视速度一方面取决于真速度,但更重要的是它还取决于波到达地面的出射角。研究视速度的变化,对于区分不同类型的波具有一定的实际意义。

1.1.5 地震介质的近似简化

在连续介质假设下,岩层可以表征为均匀的或非均匀的。如果岩石的物理性质不随空间和时间变化,那么它被定义为均匀的,如图 1.1.14(a)所示;否则岩层是非均匀的,如图 1.1.14(b)~(d)所示。在地震学研究中一般采用 4 类非均匀介质:

(1)一维情形,其物理属性沿 x 和 y 轴以及随时间不发生变化,但是沿着 z 轴存在变化,如图 1.1.14(b)所示;

(2)二维情形,其物理属性沿 y 轴以及随时间不发生变化,但是沿着 x 和 z 轴物理性质存在变化,如图 1.1.14(c)所示;

(3)三维情形,其物理属性随时间不发生变化,但是沿着 x,y 和 z 轴物理性质存在变化,如图 1.1.14(d)所示;

(4)四维情形,物理属性随时间及空间位置变化。

描述地震介质的过程中,各向异性与非均匀性有时非常容易混淆。但是,两者的性质有着明显的区别。最重要的是,各向异性描述介质在给定的点(该点表示一个质点)物理性质会随方向变化,而非均匀性则描述介质的物理性质在两点或更多点之间的变化。因此,各向异性描述介质特定点的物理性质,而非均匀性用于描述几何形状或物理性质点对点的变化。

(a) 均匀介质　　　　　(b) 一维情形

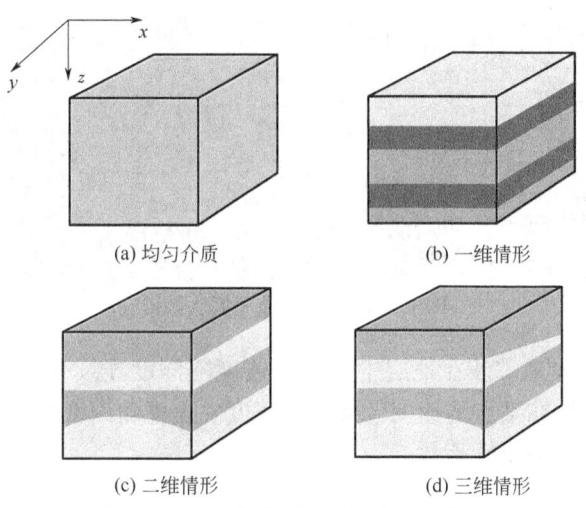

(c) 二维情形　　　　　(d) 三维情形

图 1.1.14　均匀介质和非均匀介质模型

一般情况下,各向异性和非均匀性共存。可能出现的四种情形包括:均匀的各向同性介质、非均匀的各向同性介质、均匀的各向异性介质和非均匀的各向异性介质(图 1.1.15)。第(4)种情形即非均匀的各向异性介质在地震学研究中相当普遍,具体的实例是岩床的声学速度在任意给定点会随方向变化,因为介质是各向异性的。如果在不同的点观察到不同的各向异性,那么岩床是非均匀的各向异性介质。

(a) 均匀的各向同性介质　　　　(b) 非均匀的各向同性介质

(c) 均匀的各向异性介质　　　　(d) 非均匀的各向异性介质

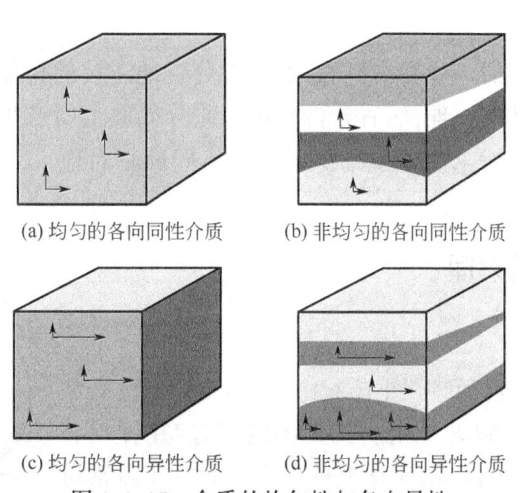

图 1.1.15　介质的均匀性与各向异性

在地震勘探中,地震波在岩层中的传播速度是一个很难确定的物理量。在不同的地区,速度分布规律是复杂多变的(图 1.1.16)。地震速度分布规律的多变性会使地震波传播呈现复杂的波场特征,从而给地质问题分析带来困难。为了使所讨论的问题简单化,结合实际的地层性质,按照地层的速度分布可以作几种不同近似程度的简化。

(1)均匀介质。假设地震波在地层中的传播速度都相同,这种地层介质叫均匀介质。均匀介质中地震波的速度又叫均匀速度。

(2)层状介质。假设地层是成层分布,地震波在某一层中的传播速度相同,而在各层之间速度不同,这种地层介质叫层状介质。层状介质中地震波在某一层中的速度又叫该层的层速度。

· 21 ·

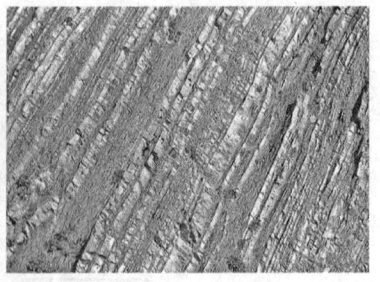

图1.1.16 野外地质露头剖面

（3）连续介质。假设地震波在地层中的传播速度随深度连续变化，这种地层介质叫连续介质，连续介质中地震波在某点的速度又称瞬时速度。速度随深度变化的函数关系，一般根据勘探区域具体情况而定，如线性函数

$$v = v_0(1+\beta z) \tag{1.1.6}$$

式中，v_0为起始速度；β为速度随深度变化的系数；z是深度。这种介质又称线性连续介质。如果地层介质的结构不同，地震波的传播规律也不一样。

1.2 地震波的传播规律

前一节讨论了地震波的一些基本概念，本节将分析地震波的传播规律。首先介绍地震波在传播过程中所遵循的基本原理，然后分析波在介质分界面上所产生的反射波、透射波、转换波、折射波和全反射，最后讨论在地震勘探中根据不同原则对地震波的分类。

1.2.1 地震波的传播原理

1. 惠更斯原理

惠更斯原理又称为波前原理（图1.2.1），它给出根据已知波前来确定其他时刻波前位置的准则。其具体内容是：在弹性介质中，若已知任一时刻t_0的波前，则该波前面上的每一个点都可以看作是新的震源（子波源），并各自发出子波（由子波源向各方向发出的波）。所有这些子波以介质的波速v往各方向传播，经过Δt时间间隔，它们的包络面则是$t_0+\Delta t$时刻的波前，如图1.2.2(a)所示。根据该准则还可以确定$t_0+2\Delta t$，……，以及$t_0-\Delta t$，$t_0-2\Delta t$时刻的波前。图1.2.2(b)中的箭头和波前正交，表示波的传播方向（动态图4）。当波遇到另一种介质时，利用该原理可以揭示波的反射、透射和折射等现象。

如图1.2.2所示，由点震源发出的球面波，在均匀介质中t_0时刻的波前位置是S_1，如果要确定$t_0+\Delta t$时刻的波前位置，就以

图1.2.1 图解惠更斯原理
（据Huygens，1990）
光源中的每一元素，会像太阳、蜡烛或者发光的木炭一样，以该元素为中心形成波动
A、B、C—子光源

S_1 面上的各点为圆心，以 $\Delta t \times v = r$ 为半径（v 是波的传播速度），做出一系列的半圆形子波，再做共切于各子波的包络线 S_2，它就是 $t_0 + \Delta t$ 时刻的新波前。所以，波在均匀介质中传播时，它的波前是以点震源为中心的球面，射线是从点震源发出的一簇放射状的直线。

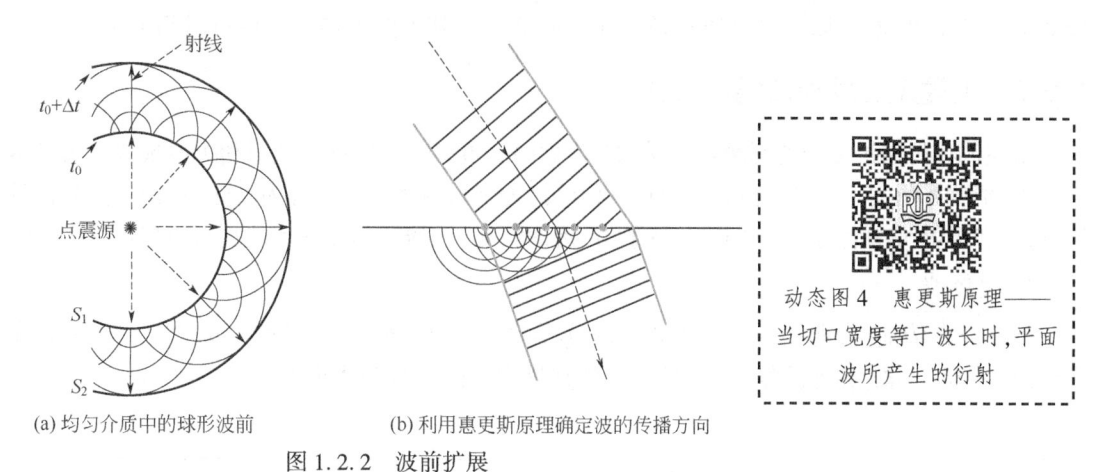

(a) 均匀介质中的球形波前　　(b) 利用惠更斯原理确定波的传播方向

动态图4　惠更斯原理——当切口宽度等于波长时，平面波所产生的衍射

图 1.2.2　波前扩展

2. 惠更斯—菲涅耳原理

虽然惠更斯原理可以描述波的传播特点，但是这种描述是不完整的。因为它只给出波前的几何形态，而不能给出波沿不同方向传播时的振幅。惠更斯原理的这个缺陷，后来由菲涅耳补充。菲涅耳认为：如果 S 是任意时刻的波前位置，如图 1.2.3 所示，为了确定空间中任一点 P 的振动，可以将波前面 S 分割成许多微面元 ΔS，每一微面元 ΔS 都可看成新的震源，将所有这些新的点震源在 P 点所产生的影响叠加起来，就得到 P 点扰动的振幅。

根据数学推导可以证明，波在 P 点的振幅大小，与面元 ΔS 的数量成正比，与 ΔS 到 P 点的距离 r 成反比，而且还与 ΔS 的法线 $\boldsymbol{n}$ 和 $\boldsymbol{r}$ 间的夹角 α 有关。α 越大，在 P 点所引发扰动的振幅越小。当 $\alpha = 90°$ 或 $\alpha > 90°$ 时，在 P 点的振动强度为零。根据最后这个结论，同时也可以说明波为什么不能向后传播的问题。菲涅耳补充后的惠更斯原理，称为惠更斯—菲涅耳原理。该原理是用地震学解释反射波的形成及特点的主要依据。

3. 费马原理

费马原理又称射线原理或最小时间原理。它的通俗表达是：波在各种介质中的传播路径，满足所用时间最短的条件，如图 1.2.4 所示，该原理允许在所有可能情形下确定波从 P 到 O

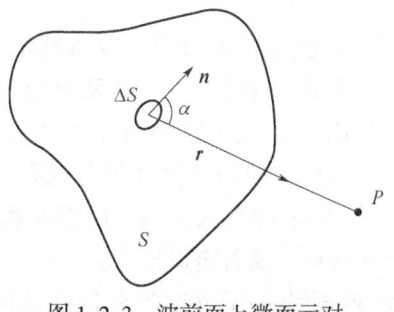

图 1.2.3　波前面上微面元对空间内一点 P 的作用

图 1.2.4　费马原理示意图

的射线路径 l。这仅是粗略的理解,严格的证明需要使用变分原理。根据费马原理,可以确定地震波在已知传播速度介质中的射线形状。例如在均匀介质中射线是直线,这是费马原理的明显结果。因为波的传播速度在各处都一样,其旅行时间与它所经过的路程成正比,而两点间最短的距离是直线,所以波沿直线传播的旅行时间比沿其他路径传播的旅行时间要少。

1.2.2 地震波的反射、透射和折射

地震波在传播过程中遇到两种介质的分界面时,会产生波的反射、透射和折射现象。为了区别起见,把由震源发出直接传播到接收点而没经过地下反射界面的波称为直达波,把由分界面反射、透射和折射所产生的波,分别称为反射波、透射波和折射波。下面将讨论它们的形成及特点。

1. 反射波

地震波在传播时,遇到两种不同介质的分界面,会产生波的反射(图1.2.5),在原来介质中形成一种新的波,这种波称为反射波,入射到界面上的波称为入射波。

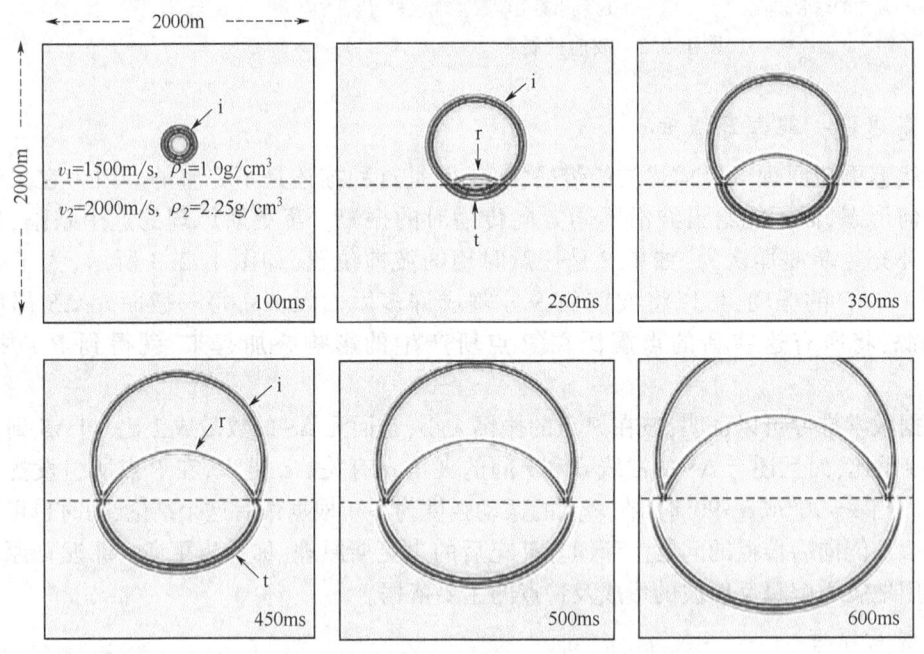

图1.2.5 波场在两种均匀声学介质中的传播快照
i—入射波;r—反射波;t—透射波

反射波与入射波之间的关系,满足反射定律。

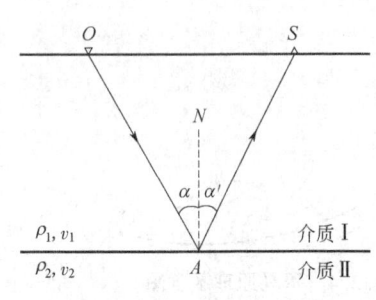

图1.2.6 反射定律示意图

假设地下有一介质分界面,如图1.2.6所示,地震波从震源 O 点出发,入射到界面上 A 点,经反射后到达地面 S 点。如果 AN 为界面 A 点处的法线,OA 为入射波的射线(简称入射线),AS 为反射波的射线(简称反射线)。入射线和界面法线的夹角 α,称为入射角。反射线和界面法线的夹角 α',称为反射角。反射定律如下:

(1)入射线、反射线位于反射界面法线的两侧,入射线、反射线和法线在同一平面内。由入射线、反射线和法

线构成的平面,称为射线平面,射线平面和界面相垂直。

(2)入射角等于反射角,即

$$\alpha = \alpha' \tag{1.2.1}$$

反射定律是一个实验定律,它可以由惠更斯原理和费马原理导出。由反射定律能确定出反射波的传播方向。

下面讨论反射波的振幅。反射波的振幅与反射系数密切相关。当地震波入射到两种介质的分界面时,一部分能量反射回去形成反射波,剩余部分的能量透过界面形成透射波。设入射波的振幅为 A_i,反射波的振幅为 A_r,反射波的振幅与入射波的振幅之比称为界面的反射系数,用字母 R 表示,即

$$R = A_r/A_i \tag{1.2.2}$$

理论证明,平面波垂直入射到反射界面时,反射系数存在如下关系,即

$$R = \frac{\rho_2 v_2 - \rho_1 v_1}{\rho_2 v_2 + \rho_1 v_1} \tag{1.2.3}$$

式中,$\rho_1 v_1$、$\rho_2 v_2$ 表示分界面上、下两种介质的密度和波在介质中传播速度的乘积,该乘积分别称为介质Ⅰ和介质Ⅱ的波阻抗。关系式(1.2.3)是假设存在单一介质分界面时,波从介质Ⅰ垂直入射到分界面,在不考虑能量损失时,根据弹性理论推导得到。这个关系式对于入射角不大的情况也基本适用。

由式(1.2.3)可以看出,$\rho_1 v_1$ 和 $\rho_2 v_2$ 的差别越大,反射波的强度越大。但是也应该看到,反射波的强度不仅随两种介质的波阻抗之差增大而增加,而且还随波阻抗之和增大而减小。由于地层的波阻抗一般随深度增加而增大,所以当浅层反射界面和深层反射界面具有相同的波阻抗差时,对于研究深层反射界面来说是不利的。当 $\rho_1 v_1 = \rho_2 v_2$ 时,反射波的振幅为零,表示不发生反射。所以,产生反射波的必要条件是 $\rho_1 v_1 \neq \rho_2 v_2$。

由沉积间断形成的侵蚀面,通常是一个明显的波阻抗分界面,因而也是良好的反射界面。如果沉积条件或岩石成分存在显著变化,那么形成的不同岩层分界面将是强反射界面。此外,界面的平滑程度和连续性,也是成为良好反射界面的重要因素。

2. 透射波

地震波在传播过程中,遇到两种介质的分界面时,一部分能量返回原介质形成反射波,另一部分能量则透过分界面,在第二种介质中传播形成透射波,又叫透过波。当波透射到第二种介质中传播时,由于介质分界面两边地震波速度的不同,在分界面上会产生射线的偏折现象,即透射波的射线将偏离原来入射波的方向。透射波和入射波之间的关系满足透射定律。

如图1.2.7所示,地震波从震源 O 点出发,入射到界面上 A 点后,一部分形成反射波,射线为 AS;另一部分形成透射波,射线为 AP。A 点界面法线为 AN,AP 与 AN 的夹角为 β,称为透射角。透射定律指出:

(1)入射线、透射线位于法线的两侧,入射线、透射线和法线在同一射线平面内。

(2)入射角的正弦和透射角的正弦之比等于入射波的速度和透射波的速度之比,即

$$\frac{\sin\alpha}{v_1} = \frac{\sin\beta}{v_2} \tag{1.2.4}$$

对于水平层状介质,结合反射定律和透射定律的内容

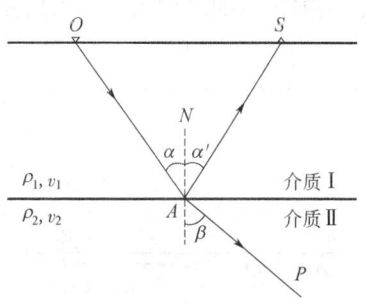

图1.2.7 透射定律示意图

可以推导出斯涅尔定律,即

$$\frac{\sin\alpha_1}{v_1}=\frac{\sin\alpha_2}{v_2}=\frac{\sin\alpha_3}{v_3}\cdots=\frac{\sin\alpha_n}{v_n}=P \tag{1.2.5}$$

式中,$\alpha_1,\alpha_2,\cdots,\alpha_n$ 和 $v_1,v_2,\cdots,v_n$ 分别代表第一层、第二层、…、第 n 层的入射角和层速度;P 称为射线参数。在水平层状介质中,当波的某条射线以角度 i 入射到第一个界面后,向下透射的方向将由斯涅尔定律给出,并且该射线对应唯一的射线参数 P_i。由此可见,射线参数确定了波在各层介质中的传播方向。透射定律也是一个实验定律,同样可用惠更斯原理和费马原理导出。在一定条件下,由透射定律可以确定透射波的传播方向。

下面讨论透射波的强度。设入射波的振幅为 A_i,透射波的振幅为 A_t,透射波的振幅与入射波的振幅之比称作透射系数,用字母 T 表示,即

$$T=A_t/A_i \tag{1.2.6}$$

根据理论分析,当平面波垂直入射时,透射系数为

$$T=\frac{2\rho_1 v_1}{\rho_2 v_2+\rho_1 v_1}=1-R \tag{1.2.7}$$

综上所述,当 $v_1\neq 0$ 时,便会形成透射波。因此,透射波发生在速度不同的分界面上,而反射波发生在具有波阻抗差异的分界面上。波阻抗分界面有时也称为反射界面,而速度分界面则称为速度界面。另外,透射波的振幅取决于反射系数 R,在入射波能量不变的情况下,反射波振幅越强,透射波振幅便会减弱;反射波振幅越弱,透射波振幅则会增强。透射系数 T 总是正值,这就是说透射波的相位与入射波的相位保持一致。在给定地层参数和垂直入射的情况下,根据上述分析可以计算反射系数和透射系数(表 1.2.1)。

表 1.2.1 波在地层分界面处的反射系数和透射系数

地质情形	物理参数	计算结果
速度差异	$v_1=2000\text{m/s},v_2=3000\text{m/s}$	$R=0.2$
	$\rho_1=\rho_2=2.6\text{g/cm}^3$	$T=0.8$
	$v_1=3000\text{m/s},v_2=2000\text{m/s}$	$R=-0.2$
	$\rho_1=\rho_2=2.6\text{g/cm}^3$	$T=1.2$
密度差异	$v_1=2500\text{m/s},v_2=2500\text{m/s}$	$R=0.13$
	$\rho_1=2.0\text{g/cm}^3,\rho_2=2.6\text{g/cm}^3$	$T=0.87$

3. 折射波

如图 1.2.8 所示,当 $v_2>v_1$ 时,根据透射定律,透射角将大于入射角。当入射角不断增大时,透射角也随之增大。当入射角增大到一定角度 i 时,有

$$\sin i=\frac{v_1}{v_2} \tag{1.2.8}$$

透射角 β 将会增大到 90°,这时透射波会以 v_2 的速度沿界面滑行,该波也称为滑行波,其入射角 i 则为临界角,A 点为临界点。也就是说,滑行波是波的入射角达到临界角时所产生的透射波。越过临界点 A 以后,由于滑行波的速度比入射波的速度大,所以滑行波将先于入射波到达分界面上的各点。因此,

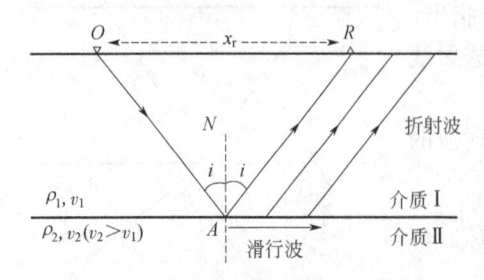

图 1.2.8 折射波的传播过程

介质Ⅱ中的质点就会先产生振动。由于界面两侧的质点之间存在着弹性联系,所以介质Ⅱ界面上的质点振动必然会引起介质Ⅰ界面上的质点振动。根据惠更斯原理,滑行波经过界面的每一点可以看作新震源并向上激发子波,在介质Ⅰ中产生一种新的波,这种波在地震勘探中被称为折射波,有时也称为首波。简而言之,由滑行波所产生的波称为折射波。

从上述分析不难看出,折射波永远以临界角 i 从界面射出。当界面为平面且上下地层波速稳定时,在射线平面内折射波的射线彼此平行,波前则为一系列直线。射线 AR 是折射波的第一条射线。在地面上从 R 点开始,才能观测到折射波,因此 R 点称为折射波的起始点。在震源 O 到 R 点的范围内,不存在折射波,该范围称为折射波的盲区。盲区的大小 x_r 为

$$x_r = 2h\tan i \tag{1.2.9}$$

式中,h 为界面深度。

由式(1.2.8)和式(1.2.9)可以看出,折射波盲区的大小既与界面埋藏深度有关,又与上下两层介质地震波速度的比值有关,因此利用折射波能探测地下的地质构造。

在利用折射波研究地质问题时,必须满足折射波形成的物理条件,即界面以下介质的波速应大于上覆介质的波速。在多层介质中,若要使任一地层界面都形成折射波,必须是下伏地层波速大于所有上覆地层的波速。在上覆地层中,如果有一层波速大于下伏地层的波速,那么在下伏地层界面上将不再形成折射波。

在实际的地层剖面中,一般来说地震波传播的速度会随深度增大而增大,能创造出形成折射界面的良好条件。但是,上下地层速度出现倒转的现象也会发生,与形成反射的条件相比,在同一地层剖面中折射面的数目总是少于反射面。因此,用折射波划分地质剖面相对反射波的适用范围要小。

4. 全反射

当地震波的入射角大于临界角 i 时,入射波的全部能量都转换为反射波,即在临界点 A 以外的分界面上,没有透射波产生,这种现象称为波的全反射。如果 $v_2 \gg v_1$,此时临界角 i 就很小,即临界点在横向上紧邻震源点,所以能产生透射波的范围很小。在这种情形下,由震源激发产生的地震波能量,绝大部分都被界面反射回来,所以地震波的能量不能向深部传播,这就是地震勘探中所遇到的地层屏蔽现象。由此可见,当炮检距大于折射波盲区时就很难接收到深层的反射波。

地层屏蔽作用的存在会给地震勘探工作带来很大的困难。假如在浅层出现高速的玄武岩(地震波速度为 6000m/s),并且其埋藏深度为 500m,玄武岩以上的地震波速度为 2000m/s,那么产生透射波的范围只有 177m。如果炮检距大于 354m,就会接收不到深层的反射波。

1.2.3 地震波的分类

在地震勘探中,根据不同的分类原则,可以得到不同类型的地震波。

1. 纵波和横波

按波在传播过程中质点振动的方向来划分,可以分为纵波和横波。根据波动理论,弹性介质受胀缩力的作用会产生纵波(视频1),受剪切力的作用则产生横波。下面将具体地描述这两类波的性质及其特点。

纵波形成时介质的运动如图 1.2.9(a)所示。当弹性体受到胀缩

视频1 地震转换波的形成过程

力的作用时,弹性介质将发生伸缩形变(动态图5)。反映在介质内的质点层面之间将会形成挤压带(密集带)和拉伸带(疏松带)。在另一时刻,原来的挤压带会变成拉伸带,而原来的拉伸带则变成挤压带。这种由近及远、疏密相间、交替变化的振动传播过程,就形成了波动(动态图6)。由于介质中质点的振动方向与波的传播方向平行,所以称它为纵波(P波)。

图1.2.9(b)表示横波的传播。当弹性体受到剪切力作用时,弹性介质将发生切变。反映在介质内的质点层面之间,将发生横向错动,从而引起介质中的质点产生横向振动(动态图7)。这种由近及远、质点交错、横向运动的传播过程,也会形成波动(动态图8)。由于介质中质点振动的方向与波传播的方向垂直,所以称它为横波(S波)。另外,横波还可以分为两种形式:如果质点的横向振动发生在波的传播平面内,这种横波称为垂直偏振横波(SV波);如果质点的横向振动方向垂直于传播平面,这种横波称为水平偏振横波(SH波),具体的传播过程如图1.2.10所示。

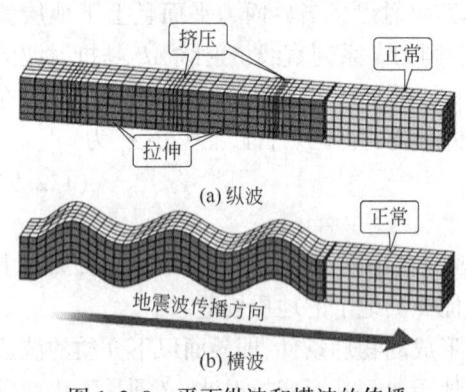

图1.2.9 平面纵波和横波的传播

动态图5 平面纵波

动态图6 二维网格内纵波的传播

动态图7 平面横波

动态图8 二维网格内球面横波的传播

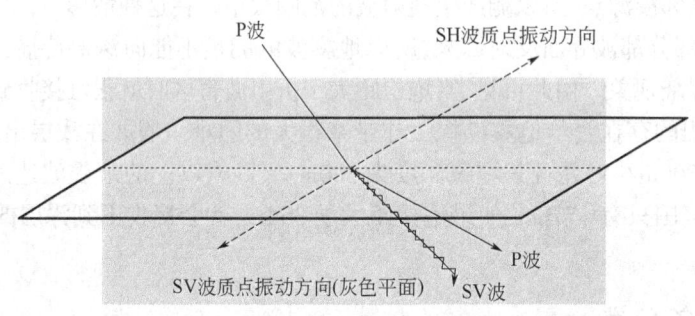

图1.2.10 SV波和SH波的质点振动方向示意图

在介质中,纵波和横波的传播速度取决于介质的弹性常数和密度。理论证明,纵波速度的数学表达式为

$$v_P = \sqrt{\frac{\lambda + 2\mu}{\rho}} \tag{1.2.10}$$

式中 v_P——纵波速度;

λ——弹性常数;

μ——弹性常数,又称剪切模量;

ρ——岩层密度。

横波速度仅是岩石剪切模量和密度的函数,其数学表达式为

$$v_S = \sqrt{\frac{\mu}{\rho}} \tag{1.2.11}$$

式中 v_S——横波速度。

根据式(1.2.10)和式(1.2.11)不难看出,由于弹性常数总是正的,所以 v_P 总是大于 v_S。如果定义 $\gamma = v_S/v_P$ 为横波和纵波的速度比,那么根据弹性系数之间的关系,可知:

$$\gamma^2 = \frac{v_S^2}{v_P^2} = \frac{\mu}{\lambda + 2\mu} = \frac{\frac{1}{2}-\sigma}{1-\sigma} \tag{1.2.12}$$

式中 σ——泊松比。

因为 σ 的变化范围在 0~0.5 之间,所以 γ 取值是从 0 到最大值 $1/\sqrt{2}$。由此可知横波的速度最小为 0,最大仅达纵波速度的 70%。对于流体,由于 $\mu = 0$,所以 v_S 及 γ 为 0,即流体中不产生横波。因此,只有在固体介质中才能见到纵波与横波的传播。

2. 体波和面波

按波动传播的空间范围来区分,可以分为体波和面波。在无限均匀介质中产生的纵波和横波可以在整个三维空间中传播,所以将它们统称为体波。地表面是岩石和空气接触的分界面(也称为自由表面),而在地下也有许多不同岩层的分界面。这时,除了纵波与横波外,还会产生一些与自由表面或岩层分界面有关的波。这类波只能在自由表面或不同弹性的介质分界面附近观测,其强度随离开界面的距离增大而迅速衰减,这种波称为面波。在地震勘探中,最常见的面波是沿地面传播的瑞利(Rayleigh)波,也叫地滚波(ground roll),如图 1.2.11(a)所示。另一种面波是勒夫(Love)波,它是一种 SH 型的面波,沿平行于界面的方向传播,如图 1.2.11(b)所示。

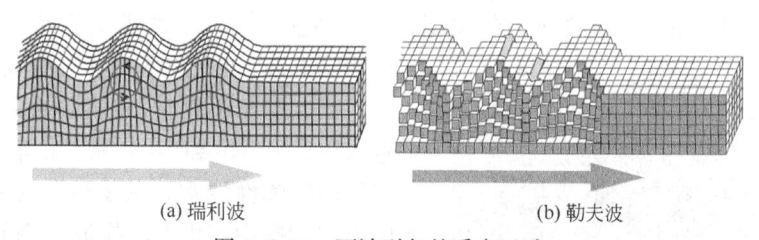

(a) 瑞利波　　　(b) 勒夫波

图 1.2.11　面波引起的质点运动

瑞利波传播时,地面质点不是做直线运动,而是在传播方向的铅垂面内沿椭圆轨迹逆时针方向运动(图 1.2.12),粒子运动方式类似海浪。勒夫波的质点振动方向与波的传播方向垂直,但振动只发生在水平方向上,没有垂直分量。勒夫波的产生条件是当一个半无限的介质由

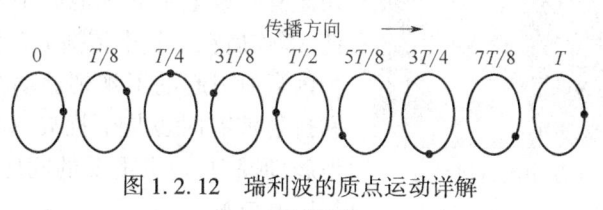

传播方向 →
0　$T/8$　$T/4$　$3T/8$　$T/2$　$5T/8$　$3T/4$　$7T/8$　T

图 1.2.12　瑞利波的质点运动详解
T—振动周期

一个有限厚度的在自由表面处终止的地层所覆盖时,取下界面为 Oxy 平面,若波沿 x 方向传播,SH 波则沿 y 方向振动。在半无限介质之上出现低速层的情况下,勒夫波是一种垂直于传播方向的在水平面内振动的波。

3. 与地震勘探有关的其他地震波

按照波在传播过程中的传播路径特点,可以把地震波分为直达波、反射波、透射波、折射波等,如图 1.2.13 所示。需要指出:一般情况下当一个纵波入射到反射界面时,既会产生反射纵波和反射横波,也会产生透射纵波和透射横波,如图 1.2.14 所示。

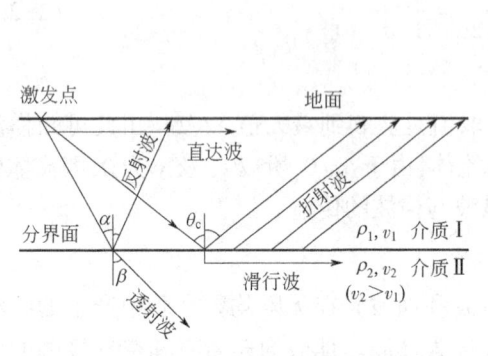

图 1.2.13 与地震勘探有关的各种波

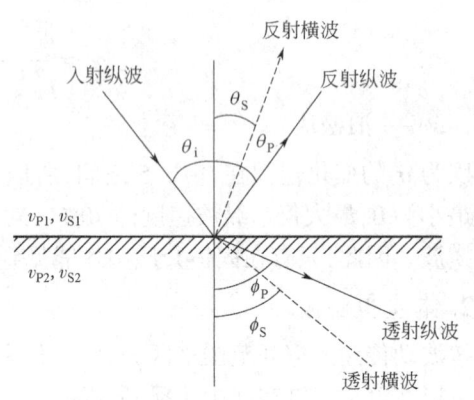

图 1.2.14 入射纵波的反射和透射
$v_{P2} > v_{S2} > v_{P1} > v_{S1}$

同样,当入射波为横波时,除产生反射横波和透射横波外,也会产生反射纵波和透射纵波。特殊情形说明:(1)如果 P 波是垂直入射到界面上,就不会产生转换 S 波,反之亦然;(2)如果界面是水平的,入射 P 波会产生反射 P 波、反射 SV 波、透射 P 波和透射 SV 波,不会产生 SH 波;(3)入射 SV 波会产生 P 波、SV 波,而入射 SH 波只会产生反射和透射 SH 波。总之,当波到达波阻抗界面时,在一定条件下波的类型会发生转换。与入射波类型相同的反射波或透射波称为同类波,改变类型的反射波或透射波称为转换波。当入射角不大时,转换波的强度很小。如果垂直入射,一般不会产生转换波。转换波的能量取决于界面的弹性性质。纵波和横波可以相互转换,所以纵波勘探中产生的转换波会降低信噪比,从而对数据处理产生一定影响。在多波勘探中则是利用波的转换特点。

反射波法地震勘探主要是利用反射纵波,习惯上将所使用的波称为有效波。相对于有效波而言,妨碍有效波记录的其他波则称为干扰波。例如面波、爆炸后在空气中传播的声波以及各种自然或人为因素所引起的不规则振动都是干扰波。直达波和折射波有时也是干扰波,如图 1.2.15 所示。在地震勘探中,一个重要的问题是如何压制干扰波,突出有效波。

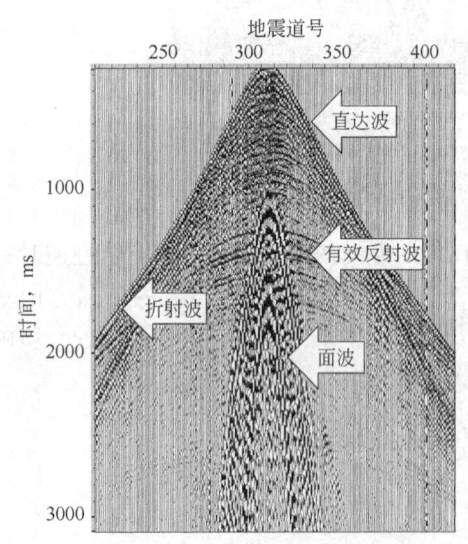

图 1.2.15 地震记录中的各种波

1.3 地震反射波的时距曲线

1.3.1 时距曲线的概念

研究地震波传播规律的目的,是要用地震勘探方法查明地下地质构造的特点。显然,在地面激发地震波后,如果地下介质的结构不同,地震波传播特点也就会不同。另外,在相同介质结构情况下,不同类型的波(如直达波、反射波)传播特点也会不同。为了具体地说明不同类型的波在介质结构中的传播特点,通常要使用"时距曲线"这个概念。

所谓时距关系,就是表示波从震源出发,传播到测线上各观测点的旅行时间 t 同观测点相对激发点的距离 x 之间的关系。需要注意,这个距离 x 不一定是波传播的实际路程。对于沿测线传播的直达波,观测点相对激发点的距离是直达波的传播路程,但对于来自地下的反射波就不是这样。

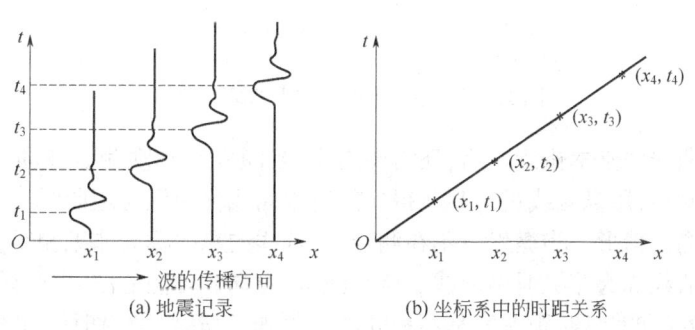

下面以直达波的时距曲线为例,说明时距曲线的概念。如图 1.3.1 所示,在 O 点激发,沿测线在 x_1、x_2、x_3、x_4 点上接收,在地震记录上直达波的各质点振动如图 1.3.1(a)所示。如果在 x—t 直角坐标系中,将激发点定义为坐标原点,用横坐标 x 表示测线上各接收点到激发点的距离,纵坐标 t 表示直达波到达各观测点的传播时间,就可以得到一组点,它们的坐标分别是 (x_1,t_1)、(x_2,t_2)、(x_3,t_3)、(x_4,t_4),如图 1.3.1(b)所示。将这些点连接起来便会得到一条曲线,它形象地表示出直达波到达测线上各接收点的旅行时间同接收点到激发点之间距离的关系,这条曲线就称为直达波的时距曲线。更准确地说,直达波到达 x_1 点的时间 t_1 应该是质点刚开始振动的时刻,即 x_1 点处波的初至。但在实际应用中,这个时刻在记录上很难确定。常用的办法是以振动图上较为明显的峰值时间作为波的到达时间。显然,这两个时间是有差别的,时距曲线方程里的 t 表示的是初至时间,而在图 1.3.1(b)中显示的是峰值时距曲线。

(a) 地震记录　　(b) 坐标系中的时距关系

图 1.3.1　直达波的时距曲线

在许多情况下,还需要知道波到达测线上任一观测点的时间同观测点与激发点之间的距离的定量关系,即时距曲线方程。直达波的时距曲线方程很容易导出,因为在测线上距离激发点 x 的任一观测点,直达波的到达时间是

$$t = \frac{x}{v} \tag{1.3.1}$$

式中　v——直达波速度。

式(1.3.1)就是直达波的时距曲线方程,可以看出 t 与 x 是成正比的,所以直达波的时距曲线是一条直线。

如果地下有一水平地质界面,参见图1.3.2(a),在 O 点激发,在测线上的 $x_1, x_2, \cdots, x_n$ 各点上接收。从图上可以看出,在 O 点接收到的反射波是垂直入射到界面又垂直返回地表,它所经过的路程最短。其他各点随着观测点到激发点的距离增大,反射波的传播路程就越长,旅行时间也越长。下面将证明,反射波的传播时间 t 同接收点坐标 x 有明确的数学关系,它在 x—t 坐标系中是一条双曲线。

由上述两个例子可以看出,直达波与共炮点激发的反射波是两种不同类型的地震波,它们的时距曲线也是不相同的。这表明,一种波的时距曲线能反映它本身的一些特点。另外,时距曲线的特点还包含地下岩层的速度、形态等非常有用的信息。因此,分析及掌握各类地震波的时距曲线特点,是在地震记录上识别各类地震波的重要依据。

讨论反射波时距曲线的另一方面实际意义是:如果采用自激自收的方式,在各接收点位置振动图组成的地震剖面上,反射波同相轴的形态是与地下界面的形态相对应的,如图1.3.2(a)所示。但是,在一点激发、多道接收的地震记录上,反射波同相轴的形态与地下界面的形态不再对应,如图1.3.2(b)所示。此时记录信息不仅与界面的深度、地震波的速度等地质因素有关,还同接收点与激发点之间的距离这一非地质因素有关。为此,需要深入了解在一点激发、多道接收时,波到达各观测点旅行时间的变化规律,就是时距曲线方程。

(a) 自激自收记录　　　　(b) 单炮激发、多道接收

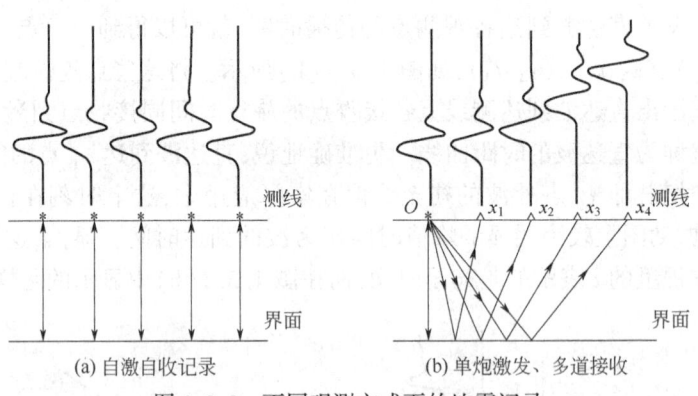

图1.3.2　不同观测方式下的地震记录

在介绍时距曲线的基本概念之后,还需要指出,当激发点和观测点在同一条直线上时,这样的测线称为纵测线,用纵测线进行观测得到的时距曲线称为纵时距曲线。除非特别说明,一般讨论的都是纵测线情形。当激发点不在测线上,这样的测线称为非纵测线,用非纵测线进行观测得到的时距曲线称为非纵时距曲线。应当注意,对同一类型的波,在同样的介质结构情况下,它的纵时距曲线和非纵时距曲线是不相同的。例如,直达波的纵时距曲线是直线,但它的非纵时距曲线就不是直线,而是一条双曲线。

1.3.2　单一界面反射波的时距曲线

1. 水平界面的共炮点反射波时距曲线

已知条件如图1.3.3所示。在 O 点激发,在测线上与 O 点相距为 x' 的 R 点接收。界面 S 的反射波到达 R 点的时间 t' 与 x' 之间的函数关系是 $t'=f(x')$,即界面 S 的共炮点反射波时距

曲线方程。

为了推导反射波的时距曲线方程,可以根据反射定律,作出虚震源 O^*,如图 1.3.3 所示。从图中可以看出,波由 O 点入射到达 A 点再返回 R 点所走过的路程,就好像波由 O^* 点直接传播到 R 点一样。在地震勘探中将这种讨论地震波传播路程的简便作图方法称为虚震源原理。如果按照习惯用 (x,t) 取代 (x',t'),可以导出时距曲线方程

$$t = \frac{OA+AR}{v} = \frac{1}{v}(O^*A+AR)$$

$$= \frac{1}{v}\sqrt{(OR)^2+(OO^*)^2} = \frac{1}{v}\sqrt{x^2+4h_0^2} \quad (1.3.2)$$

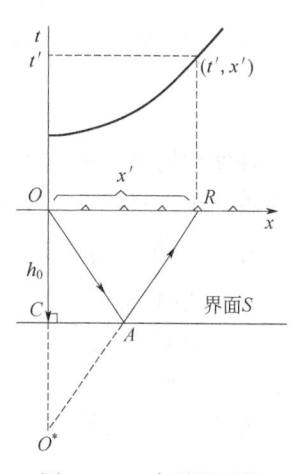

图 1.3.3 水平界面的反射波时距曲线

水平界面、上层为均匀介质的反射波时距曲线方程,还可以写成另外两种形式:

$$t = \sqrt{\left(\frac{x}{v}\right)^2+t_0^2} \quad (1.3.3)$$

$$t^2 = \frac{x^2}{v^2}+t_0^2 \quad (1.3.4)$$

其中 $t_0 = 2h_0/v$

式中 t_0——自激自收时间或垂直反射时间,代表波从 O 点出发沿法线深度 h_0 往返所需要的时间。

2. 倾斜界面的共炮点反射波时距曲线

如图 1.3.4 所示,假设地下有一水平反射界面,界面倾角为 φ,界面以上为均匀介质,地震波速度为 v。激发点 O 到界面的法线深度是 h,坐标系的原点在激发点 O,x 轴正向与界面的上倾方向一致。

根据虚震源原理,有

$$t = \frac{O^*R}{v} \quad (1.3.5)$$

由点 O^* 引测线的垂线 O^*M,设 $OM = x_m$,可以推导出 $\angle OO^*M = \varphi$,$x_m = 2h\sin\varphi$。在三角形 OO^*R 中,根据平面几何理论中的边角关系,可以得到

$$(O^*R)^2 = (OO^*)^2+(RO)^2-2OO^* \cdot RO \cdot \cos\angle ROO^* \quad (1.3.6)$$

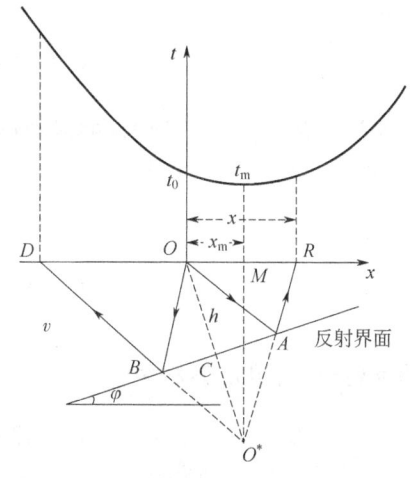

图 1.3.4 倾斜界面的反射波时距曲线

因为 $\angle ROO^* = 90° - \varphi$,所以

$$(O^*R)^2 = 4h^2+x^2-4hx\sin\varphi \quad (1.3.7)$$

将式 (1.3.7) 代入式 (1.3.5),整理得到

$$t = \frac{1}{v}\sqrt{x^2+4h^2-4hx\sin\varphi} \quad (1.3.8)$$

这就是倾斜界面的反射波时距曲线方程。

时距曲线方程 (1.3.8) 是在反射界面的上倾方向与 x 轴的正方向一致的情况下得到的。

如果界面的上倾方向与 x 轴的正方向相反，则 x_m 为负值，即 $x_m = -2h\sin\varphi$，同样得到

$$t = \frac{1}{v}\sqrt{x^2 + 4h^2 + 4xh\sin\varphi} \tag{1.3.9}$$

在使用均匀介质、倾斜水平界面反射波时距曲线方程(1.3.8)和方程(1.3.9)时，应当注意 x 轴的正方向与界面倾向之间的关系。

3. 共炮点反射波时距曲线的主要特点

由公式(1.3.8)可知，反射波时距曲线的特点如下：

(1) 反射波时距曲线是一条双曲线，而直达波、面波和声波的时距曲线是直线，这是区别它们的一个重要标志。

为了看出反射波的时距曲线是一条双曲线，可以将式(1.3.8)作一些变换，即

$$\frac{t^2}{a^2} - \frac{(x-x_m)^2}{b^2} = 1 \tag{1.3.10}$$

其中

$$a = \frac{2h\cos\varphi}{v}, \quad b = 2h\cos\varphi$$

所以式(1.3.10)是一个标准的双曲线方程。

(2) 反射波时距曲线的极小点在虚震源的正上方。如图 1.3.4 所示，虚震源在地面上的投影位置，相对炮点而言位于界面的上倾方向。根据反射波时距曲线的这个特点，可以判断出地层的倾向，当测线不垂直于地层走向时为视倾向。下面来求反射波时距曲线极小点的坐标。

根据双曲线的特点可知，$x_m = 2h\sin\varphi$ 是时距曲线极小点的横坐标。在极小点上，反射波返回地面所需的时间最短，这个极小时间是

$$t_m = \frac{2h\cos\varphi}{v} \tag{1.3.11}$$

从图 1.3.4 中可以看出，x_m 点实际上就是虚震源在测线上的投影。由 O 到 x_m 的反射波传播路径是所有射线中最短的一条。另外，反射波时距曲线是以过 x_m 点的 t 轴对称。

综上所述，反射波时距曲线极小点的坐标公式为

$$\begin{cases} x_m = 2h\sin\varphi \\ t_m = \dfrac{2h\cos\varphi}{v} \end{cases} \tag{1.3.12}$$

(3) 由式(1.3.8)看出，当 $x = 0$ 时可以得到震源点上的反射时间，用 t_0 表示为

$$t_0 = \frac{2h}{v} \tag{1.3.13}$$

式中，t_0 的含义与式(1.3.4)中 t_0 的含义相同。如果已知波的传播时间 t_0，利用式(1.3.13)可以计算出界面的法线深度，即

$$h = \frac{1}{2}vt_0 \tag{1.3.14}$$

该式是计算界面埋藏深度的重要公式。另外，在地震解释中绘制构造图时也将使用到 t_0。

(4) 由式(1.3.8)可以看出，当 $\varphi = 0$ 时，即界面为水平时有

$$t = \frac{1}{v}\sqrt{x^2 + 4h^2} = \sqrt{t_0^2 + \frac{x^2}{v^2}} \tag{1.3.15}$$

式(1.3.15)说明,水平界面反射波时距曲线为双曲线,并且对称于通过震源点 O 的 t 轴,这时 $t_m=t_0$,即时距曲线极小点在 $x=0$ 的位置。

(5)由水平界面反射波时距曲线可以看出,反射点位于震源 O 点和接收点之间的中点处,如图1.3.3所示。接收点 R 得到的是 A 点的反射,A 点的横坐标等于 OR 的一半。因此,反射段的长度是观测段长度的一半,即 $CA=1/2\times OR$。

(6)根据视速度的定义,再结合式(1.3.15),可以得水平界面反射波的视速度 v^*:

$$v^* = \frac{\Delta x}{\Delta t} = \frac{1}{\frac{\mathrm{d}t}{\mathrm{d}x}} = v\sqrt{1+\frac{4h^2}{x^2}} \tag{1.3.16}$$

式(1.3.16)表示反射波时距曲线上任意一点的斜率正好是该点的视速度的倒数。

由式(1.3.16)可知,当 $x=0$ 时,即在极小点处,视速度为无穷大;当 $x\to\infty$ 时,视速度趋于真速度。也就是说,反射波的视速度大于真速度,在极小点处取最大值,远离极小点时将会减小,并以真速度为极限。由此式还可以看出,在固定接收点的位置上,深层反射波的视速度大于浅层反射波的视速度。也就是说,浅层反射波时距曲线的曲率比深层的要大。

1.3.3 多层介质情况下反射波的时距曲线

1. 讨论多层介质问题的思路

本章前文已对单一界面情况下的反射波时距曲线进行了讨论。但是实际的地层剖面通常会具有许多分界面,某一界面以上介质也不可能是完全均匀的。这样说来上述的讨论是否就没有什么实际意义了呢?不是的。因为客观世界存在的具体事物总是错综复杂的,当研究某一类事物的特征时,往往需要注重其共性,而摈弃一些非本质的方面,从而概括出能反映这类事物主要特征的模型。对于同一类事物,该模型可能是简单的,也可能是复杂的。简单的模型对客观事物的反映比较粗糙,但在分析问题时计算方法会比较简单,得出结果的精度较低。反之,复杂的模型能精确地反映实际事物,但往往导致较为复杂的分析和计算。在地震勘探中,针对客观存在的复杂地层剖面,根据对问题研究的深入程度以及对成果的精度要求等因素,可以建立多种地层介质结构的模型。前面所讨论过的就是最简单的均匀介质情形。

在地震勘探中,层状介质模型是对实际地层剖面简化后的模型。讨论层状介质问题的基本思路是:例如图1.3.5(a)所示的水平层状介质,可以把界面 S_2 以上的介质设法用一种均匀介质[图1.3.5(b)]来代替,并确定这种假想均匀介质的速度,从而使得界面 S_2 以上的介质简化为均匀介质,即转变为均匀介质模型。这时便可以应用单一分界面情形的相关结论。同样,也可以把界面 S_3 以上的介质用某一假想均匀介质来代替,从而将多层介质问题转化为均匀介

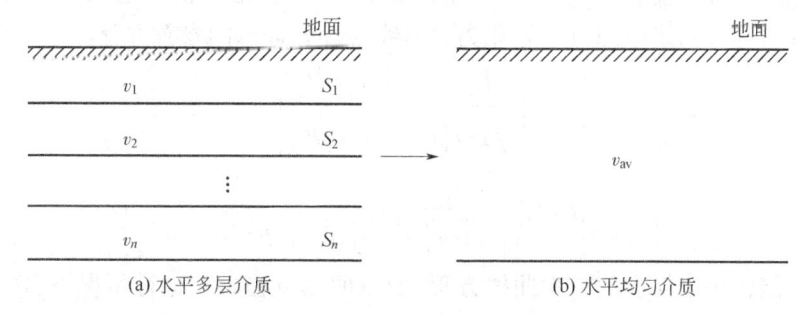

图1.3.5 地层介质模型的简化

质问题。本节讨论的内容包括:水平层状介质情况下各界面的反射波时距曲线是否为双曲线?如果不是双曲线,在什么条件下可以把它近似看成双曲线?如何将层状介质问题转化为单一分界面的问题?如何确定假想均匀介质的速度?

2. 三层水平介质的反射波时距曲线

假设有三层水平介质如图1.3.6所示。如果在 O 点激发,在直线 Ox 上观测,那么 S_2 界面的反射波时距曲线具有什么特点呢?现在需要通过具体的计算和分析才能得出正确的认识。因为 S_2 界面上部有两层介质,所以不能用虚震源原理简单地推导出时距曲线方程。此时,可以计算沿着不同入射角到达第一界面 S_1,然后再透射到 S_2 界面并返回地面的射线路程。设地震波传播的总时间是 t,对应接收点的炮检距是 x。当计算出一系列 (x,t) 值后,就可以画出 S_2 界面的反射波时距曲线。下面将推导计算 x、t 的公式。当波从震源 O 出发并透过界面 S_1 时,其传播方向应该满足透射定律,即

$$\frac{\sin\alpha}{v_1}=\frac{\sin\beta}{v_2}=P \tag{1.3.17}$$

式中 α——波在 S_1 界面的入射角;

β——波在 S_2 界面的入射角;

P——射线参数。

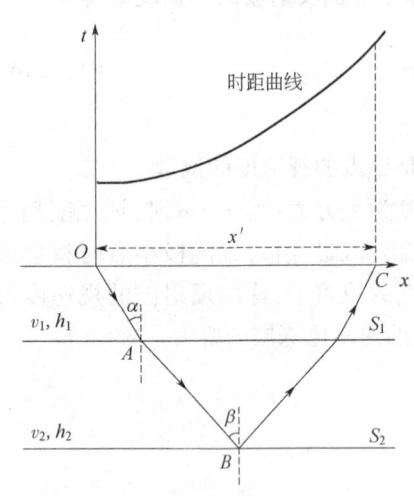

图1.3.6 三层介质示意图以及反射波时距曲线

该射线在 B 点被反射。由于界面水平,所以反射路径与入射路径是对称的。接收点 C 到激发点的距离 x 是

$$x = 2(h_1\tan\alpha + h_2\tan\beta) \tag{1.3.18}$$

波的旅行时间 t 是

$$t = 2\left(\frac{OA}{v_1}+\frac{AB}{v_2}\right) = 2\left(\frac{h_1}{v_1\cos\alpha}+\frac{h_2}{v_2\cos\beta}\right) \tag{1.3.19}$$

有了这两个公式就可以计算 S_2 界面的反射波时距曲线。例如,取第一条射线 $\alpha=\alpha_1$,可计算出一组数据 (x_1,t_1);取第二条射线 $\alpha=\alpha_2$,可计算出另一组数据 (x_2,t_2)。将许多组数据 (x,t) 绘制出来,就得到 S_2 界面的反射波时距曲线。

理论上可以证明,在三层介质情况下,S_2 界面的反射波时距曲线方程只能用方程式(1.3.18)和式(1.3.19)来表示,而不能表示成 t 与 x 的显式函数关系。根据 α 和 β 之间的关系式(1.3.17),还可以将式(1.3.18)和式(1.3.19)转化为以射线参数 P 表示的参数方程:

$$\begin{cases} x = 2\left(\dfrac{h_1 v_1 P}{\sqrt{1-v_1^2 P^2}}+\dfrac{h_2 v_2 P}{\sqrt{1-v_2^2 P^2}}\right) \\ t = 2\left(\dfrac{h_1}{v_1\sqrt{1-v_1^2 P^2}}+\dfrac{h_2}{v_2\sqrt{1-v_2^2 P^2}}\right) \end{cases} \tag{1.3.20}$$

式(1.3.20)不能转化成标准的二次曲线方程,如双曲线方程。在这种情况下,实际使用时会比较麻烦。另外,由观测到的资料估算地下界面的埋藏深度也很困难。

3. 平均速度的引入

虽然严格地说,三层介质的反射波时距曲线不是双曲线,但是能否用一条双曲线去近似它呢? 换句话说,能否用假想的均匀介质来代替层状介质,以使地震波在该介质中的传播接近于真实情形? 如果能实现,便可以使用前面所介绍的均匀介质理论。显然,要使两种情况下地震波传播的特征完全一致是不可能的,只能要求某些方面的特点接近或相同。具体地说,在地震资料解释中,重要的参数是时距曲线的 t_0(即自激自收的时间)。因为知道 t_0 及地震波的速度,就可以估算反射界面的深度。根据这种情况,保持层状介质的总厚度不变,并假设地震波在均匀介质和层状介质中的 t_0 相等。此时,根据"地震波在厚度相等的层状介质和均匀介质中传播时,t_0 保持不变"的准则,可以导出假想均匀介质的速度。

层状介质的 t_0 由下式确定:

$$t_0 = 2\left(\frac{h_1}{v_1} + \frac{h_2}{v_2}\right) \tag{1.3.21}$$

均匀介质的 t_0' 为

$$t_0' = 2\frac{h_1 + h_2}{v'} \tag{1.3.22}$$

令 $t_0 = t_0'$,可以得到

$$v' = \frac{h_1 + h_2}{\frac{h_1}{v_1} + \frac{h_2}{v_2}} = v_{\text{av}} \tag{1.3.23}$$

式(1.3.23)表明,根据准则所导出的假想均匀介质速度 v',也就是层状介质的平均速度 v_{av}。对于多层水平层状介质,如果地震波在各层中的传播速度(也称为层速度)分别为 v_1, $v_2, \cdots, v_n$;每层的厚度分别为 $h_1, h_2, \cdots, h_n$;波在各层内垂直界面的传播时间分别为 $\Delta t_1, \Delta t_2, \cdots, \Delta t_n$,如图 1.3.5(a)所示,则多层介质的平均速度为

$$v_{\text{av}} = \frac{h_1 + h_2 + \cdots + h_n}{\Delta t_1 + \Delta t_2 + \cdots + \Delta t_n} = \frac{\sum_{i=1}^{n} h_i}{\sum_{i=1}^{n} \Delta t_i} \tag{1.3.24}$$

或

$$v_{\text{av}} = \frac{h_1 + h_2 + \cdots + h_n}{\frac{h_1}{v_1} + \frac{h_2}{v_2} + \cdots + \frac{h_n}{v_n}} = \frac{\sum_{i=1}^{n} h_i}{\sum_{i=1}^{n} \frac{h_i}{v_i}} \tag{1.3.25}$$

需要指出,引入平均速度是对层状介质结构的一种简化。例如,根据 v_1、v_2、h_1、h_2,计算得到 S_2 界面以上的平均速度 $v_{\text{av}(2)}$,即把 S_2 界面以上的介质看作速度为 $v_{\text{av}(2)}$ 的均匀介质。显然,这种近似在某种程度上会便于解释,但它也存在误差问题。

4. 两种情况下反射波时距曲线的比较

根据上面对假想均匀介质速度(平均速度)的定义,可以得出两条时距曲线的 t_0 是相等的,即它们在 $(x=0, t=t_0)$ 点处重合。那么在其他点关系如何呢? 下面给出一个例子。假设介质参数是 $h_1 = 500\text{m}$, $h_2 = 700\text{m}$, $v_1 = 1000\text{m/s}$, $v_2 = 1500\text{m/s}$。然后定义一系列 α 值,并按

式(1.3.18)和式(1.3.19)计算出相应的 x 和 t 值,见表1.3.1。根据表中的数据可以绘制出三层介质共炮点反射波时距曲线,如图1.3.7所示。

表1.3.1　三层介质反射波时距曲线数据

$\alpha,(°)$	0	1	2	3	4	5	6	7	8	9	10
x,m	0	54.1	108.3	162.6	217.2	272.1	327.4	383.1	439.4	496.3	554.0
t,s	1.933	1.934	1.935	1.937	1.941	1.945	1.951	1.957	1.964	1.972	1.982
$\alpha,(°)$	11	12	13	14	15	16	17	18	19	20	21
x,m	612.6	672.1	732.7	794.5	857.7	922.5	988.9	1057.3	1127.8	1200.7	1276.4
t,s	1.993	2.005	2.018	2.032	2.048	2.065	2.084	2.105	2.127	2.151	2.178

将 S_2 界面以上介质转换成速度为 $v_{av(2)}$ 的均匀介质,平均速度 $v_{av(2)}=1241\text{m/s}$。然后计算出一系列 (x,t) 值,参见表1.3.2。

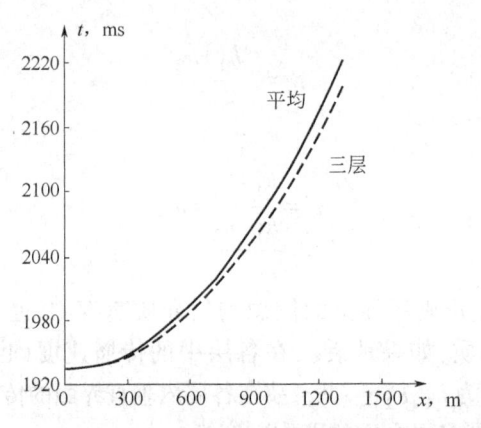

图1.3.7　三层介质的反射波时距曲线
实线表示均匀介质,虚线表示三层介质

表1.3.2　三层介质按平均速度计算得到的反射波时距曲线数据

x,m	0	50	100	200	300	400	500
$t_{平均}$,s	1.933	1.934	1.936	1.941	1.949	1.961	1.975
$t_{平均}-t_{三层}$,s	0	0	0.001	0.001	0.001	0.002	0.003
x,m	600	700	800	900	1000	1100	1200
$t_{平均}$,s	1.993	2.014	2.038	2.065	2.095	2.127	2.162
$t_{平均}-t_{三层}$,s	0.003	0.004	0.005	0.006	0.008	0.009	0.01

绘制该均匀介质的时距曲线(图1.3.7),然后计算两条时距曲线的时间差 $\Delta t=t_{平均}-t_{三层}$,并列于表1.3.2。对两条时距曲线比较,可以看到两种现象:在激发点附近两条时距曲线基本上重合;远离激发点处它们会逐渐分开,并且三层介质的时距曲线在下方。这说明地震波在三层介质中传播的旅行时间比均匀介质的要小。

如果对不同参数的介质结构进行计算和比较,则会发现类似的现象。通过分析可以得出结论:三层介质的反射波时距曲线在激发点附近接近于将上覆介质看作均匀介质时所得到的反射波时距曲线。因此,引入平均速度的办法可以将三层介质问题转化为均匀介质问题,此时三层介质的时距曲线可近似地看成双曲线。另一方面也表明,引用平均速度简化多层介质,在一定精度要求下是可行的。

1.4 折射波的时距曲线

如图 1.4.1 所示,炮点放置在地表,接收排列为经过炮点的直线,地表及地下界面 S 均为水平面。界面 S 上、下地层的速度分别为 v_1 和 v_2,且 $v_2 > v_1$。在 O 点激发,根据折射波形成以及传播特点,在盲区 OD 内没有折射波。从 D 点开始才能接收到折射波,也就是说在图中 F 点为折射波时距曲线的起始点。

为了推导折射波时距曲线方程,首先讨论折射波沿测线的视速度。由图 1.4.1 可知,折射波到达 D 点的时间是

$$t_D = \frac{OA}{v_1} + \frac{AD}{v_1} \quad (1.4.1)$$

在测线上任一点 E 处折射波的到达时间是

$$t_E = \frac{OA}{v_1} + \frac{AB}{v_2} + \frac{BE}{v_1} \quad (1.4.2)$$

因为界面 S 水平,所以 $AD // BE$,且 $AD = BE$,$AB = DE$。因此,折射波从 D 点到 E 点的时间差为

$$\Delta t = t_E - t_D = \frac{AB}{v_2} = \frac{DE}{v_2} \quad (1.4.3)$$

从而得到

$$v_2 = \frac{DE}{\Delta t} \quad (1.4.4)$$

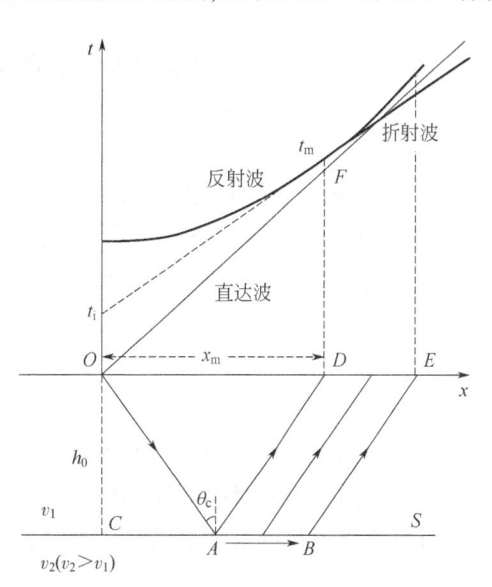

图 1.4.1 一个水平界面的折射波时距曲线

根据视速度定义,v_2 应为折射波的视速度。它也是波在第二层介质中的传播速度,有时将该速度称为"界面速度",因为滑行波是以此速度沿界面滑行。在均匀介质、水平界面情况下折射波的视速度是不变的,并且视速度是时距曲线斜率的倒数。上述分析表明,折射波时距曲线是一条直线,其斜率的倒数是界面速度。如果界面速度较大,那么时距曲线将趋于平缓。反之,时距曲线变陡。这是水平界面折射波时距曲线的特点之一。

现在推导水平界面情况下的折射波时距曲线方程。在图 1.4.1 中,如果在 E 点接收,设其坐标为 x,则折射波所走的路程为 $OABE$,所需时间由式(1.4.2)给出。因为

$$OA = BE = \frac{h_0}{\cos\theta_c} \quad (1.4.5)$$

$$AB = DE = x - x_m = x - 2h_0 \tan\theta_c \quad (1.4.6)$$

所以折射波到达 E 点的旅行时间为

$$t = \frac{2h_0}{v_1\cos\theta_c} + \frac{x}{v_2} - \frac{2h_0\tan\theta_c}{v_2} \qquad (1.4.7)$$

结合折射波形成的条件 $\sin\theta_c = \dfrac{v_1}{v_2}$，并且令

$$t_i = \frac{2h_0}{v_1\cos\theta_c} - \frac{2h_0\tan\theta_c}{v_2} = \frac{2h_0(1-\sin^2\theta_c)}{v_1\cos\theta_c} = \frac{2h_0\cos\theta_c}{v_1} \qquad (1.4.8)$$

所以有

$$t = \frac{x}{v_2} + t_i \qquad (1.4.9)$$

式(1.4.9)就是水平界面的折射波时距曲线方程。当 $x=0$ 时，有

$$t = t_i = \frac{2h_0\cos\theta_c}{v_1} \qquad (1.4.10)$$

式(1.4.10)说明折射波的时距曲线延长后会与时间轴交于 t_i，t_i 的定义如式(1.4.10)所示。t_i 称为与时间轴的交叉时间，这是折射波时距曲线与反射波时距曲线的又一区别。

折射波时距曲线的起始点坐标可以从图1.4.1直接得到

$$x_m = 2h_0\tan\theta_c \qquad (1.4.11)$$

$$t_m = \frac{2h_0}{v_1\cos\theta_c} \qquad (1.4.12)$$

由式(1.4.11)可以看出，界面埋藏越深折射盲区越大。在折射波时距曲线的起始点，由于同一界面的反射波时距曲线和折射波时距曲线有相同的时间和视速度（到达 D 点的射线既是反射波射线也是折射波射线），因此这两条时距曲线在该点相切。

1.5 多次波的时距曲线

在实际观测中除了一次反射波之外，还能记录到更复杂的反射波，例如在波阻抗差较大的界面处所产生的多次反射波。

1.5.1 多次波的产生和分类

在通常情况下，多次波包括多次反射波和反射—折射波、折射—反射波和绕射—反射波等。本书只讨论多次反射波，简称为多次波。多次波是指地震波遇到波阻抗分界面时，产生的一些来往于分界面之间多次反射的波。如果介质浅层、中层存在良好的反射界面，并产生多次波，那么它有可能会掩盖中、深层的一次反射波。如果在地震剖面上存在较强的多次波，并且在解释中不能正确地将其识别，那么会造成错误的地质解释。因此，为了提高地震勘探的精度，识别和压制多次波是一个十分重要的问题。为了解决多次波问题，需要分析多次波产生的条件及特点，找出它与一次反射波之间的差异。

产生多次波需要有良好的反射界面。因为一般界面的反射系数较小，一次反射波的强度较弱，经过多次反射之后，多次波会很微弱。只有在反射系数较大的界面上所产生的多次反射

波,才能被记录下来。这类界面包括基岩面、不整合面、火成岩(如玄武岩)和其他强反射界面(如石膏层、盐岩和石灰岩等)。多次波的类型一般可以分为下面四种(图1.5.1)。

1. 全程多次波

在地下某一深层界面发生反射的波返回到地面时又发生反射,向下传播并在同一界面发生反射,来回多次,如图1.5.1(a)所示。与相同深度界面的一次反射相比其路径更长,在地震记录上作为独立的波出现。它又称为简单多次波。

2. 短程多次波

地震波从某一深部界面反射回来后,再在地面向下反射,然后又在某一个较浅的界面发生反射,如图1.5.1(b)所示。短程多次波有时紧随一次反射到达,并与一次反射形成干涉,或作为一次反射波的延续,从而改变一次反射波的波形。它又称为局部多次波。

3. 微屈多次波

在几个界面上发生多次反射,反射路径是不对称的;或在一个薄层内出现多次反射,如图1.5.1(c)所示。短程多次波和微屈多次波并没有非常严格的区别。

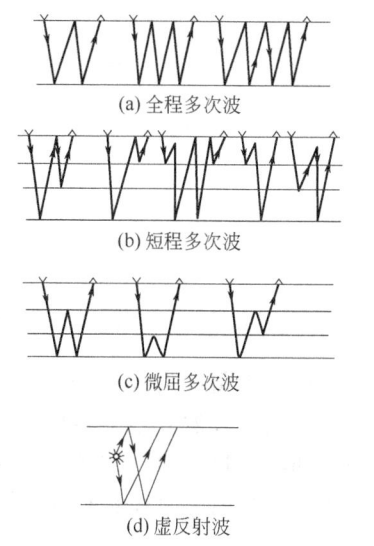

图1.5.1 多次波的类型

4. 虚反射波

在井中爆炸激发时,一部分能量会向上传播,遇到地面再向下反射,这种波称为虚反射,如图1.5.1(d)所示。它与激发点直接向下传播的地震波相差一个延迟时间 τ,τ 等于波从井底到达地面的双程传播时间。

典型的多次波记录如图1.5.2所示。

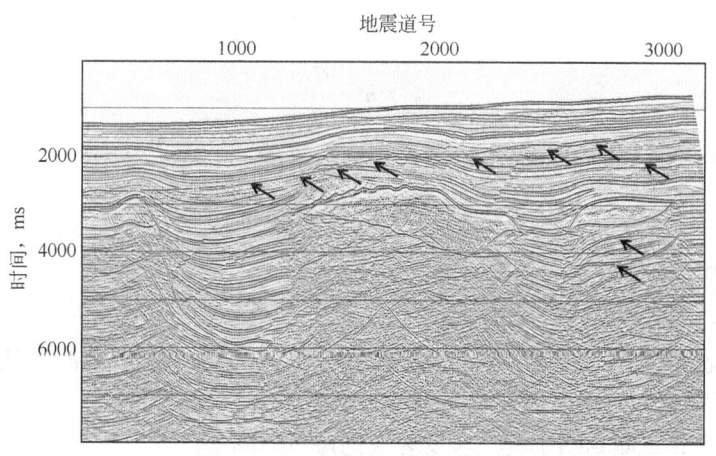

图1.5.2 地震剖面中的多次波

1.5.2 全程多次波的时距曲线

以全程二次反射波为代表进行详细讨论。如图1.5.3所示,已知倾斜界面 OO_1,倾角为 φ,均匀覆盖介质波速是 v。在 S 点激发,其界面 OO_1 的法线深度是 h。在测线上某点 R 接收

到由 S 激发、在界面 OO_1 上所产生的全程二次反射波，$SR=x$，求全程二次反射波的时距关系 $t=f(x)$。

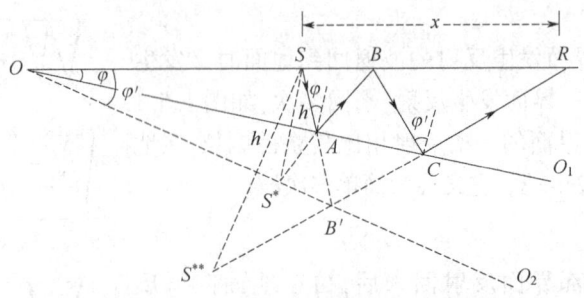

图 1.5.3　全程二次反射波示意图

推导思路：(1)作出一个等效界面，使这个等效界面的一次反射波相当于原来界面的全程二次反射波；(2)用等效界面的法线深度 h'、倾角 φ'（覆盖层速度也是 v）写出它的一次反射波时距曲线方程；(3)找出等效界面的参数 h'、φ' 与原界面参数 h、φ 之间的关系，并代回到等效界面一次反射波时距曲线方程，便得到原界面的全程二次反射波方程。

等效界面的作法如图 1.5.3 所示，将 AB 与 BC 以界面 OO_1 为对称轴进行翻转，得到与 B 点对称的 B' 点。不难证明，$\triangle ABC$ 和 $\triangle AB'C$ 全等，SAB' 和 $B'CR$ 是两条直线。连接 OB' 作等效界面 OO_2。全程二次反射波的旅行时间 t 等于地震波以速度 v 沿 $SAB'CR$ 传播的时间。它等价于在等效界面 OO_2 所产生的反射波旅行时间。根据对称假设，应有 $\angle AOB = \angle AOB' = \varphi$，故等效界面 OO_2 的倾角 φ' 等于 2φ。S^* 和 S^{**} 分别是 S 点关于界面 OO_1 和 OO_2 的对称点，即虚震源。根据图 1.5.3 可知

$$SS^* = 2h,\quad SS^{**} = 2h' \tag{1.5.1}$$

利用 h、h' 与斜边 SO 的关系可以得到

$$SO = \frac{h}{\sin\varphi} = \frac{h'}{\sin\varphi'} = \frac{h'}{\sin 2\varphi} \tag{1.5.2}$$

$$h' = h\frac{\sin 2\varphi}{\sin\varphi} \tag{1.5.3}$$

因此，二次反射波的时距曲线方程为

$$t = \frac{1}{v}\sqrt{x^2 + 4h'^2 + 4xh'\sin\varphi'} \tag{1.5.4}$$

式中　t——全程二次反射波的旅行时间；

　　　x——观测点到激发点的距离。

式(1.5.4)就是全程二次反射波的时距曲线方程，它也是一条双曲线。从式(1.5.4)可以得出全程二次反射波和一次反射波之间的两个重要关系。

(1)在激发点 S 观测到的全程二次反射波的旅行时间是

$$t_0 = \frac{2h'}{v} = \frac{2h\sin 2\varphi}{v\sin\varphi} = 2\hat{t}_0\cos\varphi \tag{1.5.5}$$

式(1.5.5)表明，全程二次反射波的法向反射时间 t_0 是该界面一次反射波法向反射时间 $\hat{t}_0$ 的 $2\cos\varphi$ 倍。当界面倾角 φ 较小时，$\cos\varphi \approx 1$，此时可以近似为 $t_0 \approx 2\hat{t}_0$。它是识别介质多次波的重要标志，也是通常所说的识别多次波的 t_0 标志。另外，全程二次反射波与一次反射波时距

曲线相比较,曲率要大。

(2)等效界面的倾角为

$$\varphi' = 2\varphi \tag{1.5.6}$$

也就是说,全程二次反射波等效界面的倾角 φ' 等于实际反射界面倾角 φ 的 2 倍。这也称为倾角标志。

利用上面讨论全程二次反射波时距曲线方程的思路,可以将理论推广到全程 m 次反射波,所得到的时距曲线方程是

$$t^{(m)} = \frac{1}{v}\sqrt{x^2 + 4\left(h\frac{\sin m\varphi}{\sin\varphi}\right)^2 + 4xh\frac{\sin m\varphi}{\sin\varphi}\sin m\varphi} \tag{1.5.7}$$

同样,等效界面的深度为

$$h'^{(m)} = h \cdot \frac{\sin m\varphi}{\sin\varphi} \tag{1.5.8}$$

等效界面的倾角是

$$\varphi'^{(m)} = m\varphi \tag{1.5.9}$$

与同一界面一次反射波法向反射时间 $\hat{t}_0$ 的关系是

$$t_0^{(m)} = \hat{t}_0 \frac{\sin m\varphi}{\sin\varphi} \tag{1.5.10}$$

当 φ 很小时,近似有 $t_0^{(m)} \approx m\hat{t}_0$。

需要指出,当反射界面倾斜时,多次波的反射次数 m 不是任意的,因为等效界面的倾角 $m\varphi$ 不能大于 90°。例如当 $\varphi=10°$ 时,从运动学的角度来说,多次反射波的反射次数最多是 9 次。从动力学的角度考虑,次数也不可能太多,因为在多次反射之后,波的能量会大幅减弱。

1.6 绕射波的时距曲线

前面曾讨论过层状介质、水平界面的反射波传播规律,但是这只是对地下介质的一种粗略近似。实际上地下的地层构造是很复杂的,存在断层、不整合、挠曲和褶皱等。地层界面可能会发生中断、弯曲或变得起伏不平,这时除了产生反射波外,还会出现一些与复杂地质构造有关的地震波。例如当断层面经过反射界面时会在界面棱角处产生绕射波;当向斜弯曲界面的曲率半径小于其埋藏深度时,会出现时距曲线叠合的现象,产生所谓的回转波。这些波的存在一方面提供了解地下复杂构造特点的可能性;另一方面会干涉一次反射波,使地震剖面的成像复杂化。那么,它们与复杂构造之间有何关系呢?它们又是如何干涉一次反射波?这就需要对其时距曲线的特点加以分析。

1.6.1 波的绕射

讨论波的反射和透射时都是基于界面连续且向四周无限延伸的模型,实际地下介质往往并非如此。对于一些构造较为复杂的地区,界面会存在许多间断点。如果用射线讨论不连续界面的反射和透射问题,那么在间断点处无法观测波的传播,但是在这些地质体的端点(如断棱、尖灭点等)处实际上能观测到波动现象。

绕射现象如同物理光学中光通过一个小孔在屏幕上成像时的衍射,它在屏幕上并不是只反映通过小孔的"一条"光线,而是根据惠更斯原理把小孔看作一个新的光源,屏幕上的像则是这个新点源的反映。地震波通过弹性介质不连续间断点时也可以看成一个新震源,并且由新震源产生一种新的扰动向空间四周传播。这种波在地震勘探中称为绕射波,这种现象则称为绕射(图1.6.1)。

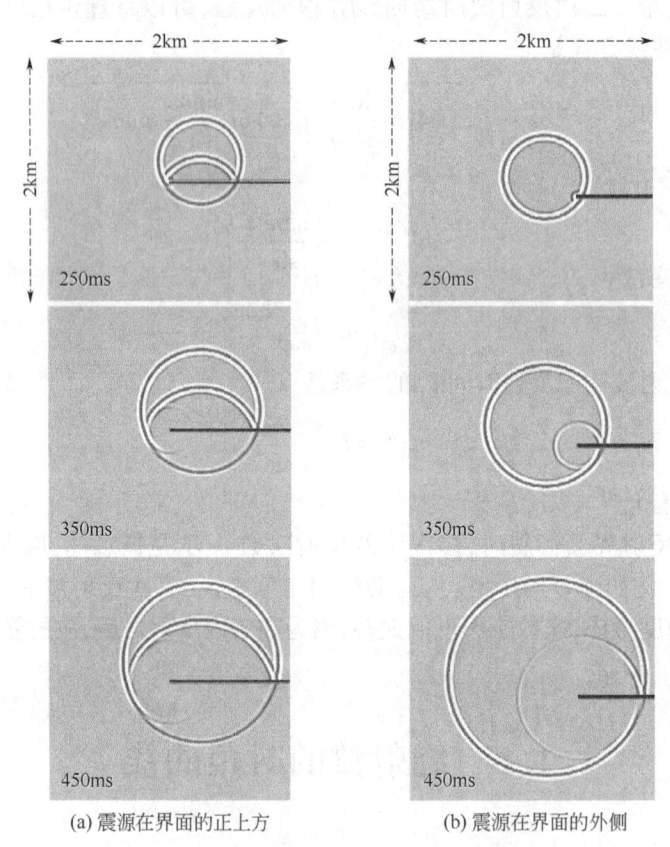

(a) 震源在界面的正上方　　　　　　(b) 震源在界面的外侧

图1.6.1　反射界面边缘处绕射的波场快照

背景介质属性是 $v_P=1500\text{m/s}, \rho=1.0\text{g/cm}^3$;反射界面属性是 $v_P=3000\text{m/s}, \rho=3.0\text{g/cm}^3$

此外,用图1.6.2所示的断层模型可以具体说明平面波的绕射现象。假设在均匀介质中有一个平面波垂直入射在界面 S 上,如果界面不存在间断,如图1.6.2(a)所示,经过一段时间之后,平面波将通过界面 S 反射向上传播,形成平面波前 AB;如果界面存在间断,如图1.6.2(b)所示,平面波到达界面 S 后,根据惠更斯原理平面波会在端角 D 处形成绕射,并向四周传播。在界面 CD 之内,绕射会与向上传播的反射波场相互叠加,而在端角 D 的外侧无弹性界面处(即界面 CD 之外),仍可观测到由端角 D 产生的绕射波动。

绕射波是地震记录中常见的且利用价值较大的一种波。当地震波传播到断层、地层尖灭点或地层不整合面的突变点时,都会产生绕射波。相比较而言,断棱绕射最为典型,并且在地震资料的解释中对识别断层有重要意义,因此下面将对断棱绕射进行详细介绍。

1.6.2　绕射波的时距曲线方程

假如波场传播如图1.6.3所示,设测线 OM 垂直于断棱,断棱的埋藏深度为 h,断棱上 R

(a) 平面波前

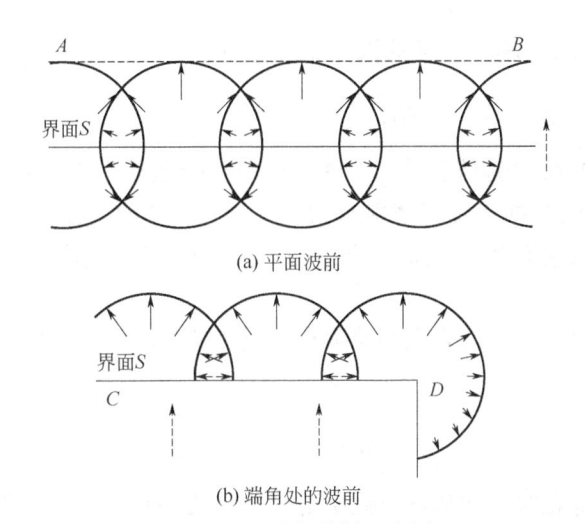

(b) 端角处的波前

图 1.6.2 波场传播示意图

图中小箭头表示波场振幅及振动方向,大箭头表示波前的传播方向

点在地面的投影点是 R',R' 距爆炸点 O 的距离为 L。地震波自爆炸点 O 出发,入射到断棱点 R,并在 R 点上形成绕射波。测线上任意观测点 S 的偏移距为 x。

显然,绕射波的传播时间可以分为两部分,一部分为入射波射线传播时间 t_1:

$$t_1 = \frac{OR}{v} = \frac{1}{v}\sqrt{L^2+h^2} \quad (1.6.1)$$

另一部分是绕射波自 R 点传播到地面点 S 的时间 t_2:

$$t_2 = \frac{SR}{v} = \frac{1}{v}\sqrt{(x-L)^2+h^2} \quad (1.6.2)$$

于是,在 S 点接收到绕射波的总时间为

$$t_R = t_1 + t_2 = \frac{1}{v}\sqrt{(x-L)^2+h^2} + \frac{1}{v}\sqrt{L^2+h^2} \quad (1.6.3)$$

式(1.6.3)为绕射波的时距曲线方程。分析上式,其时距曲线具有如下 4 个特点:

(1) 绕射波的时距曲线是一条双曲线。对式(1.6.3)作变换,可得到

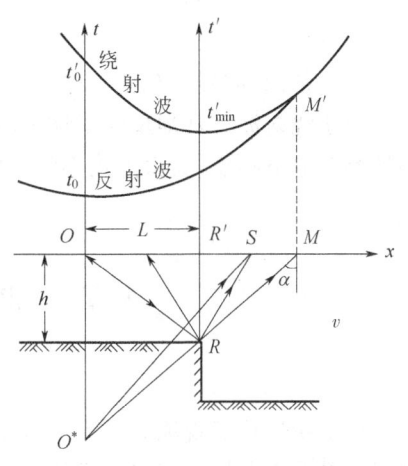

图 1.6.3 绕射波的时距曲线

$$\frac{T^2}{\left(\frac{h}{v}\right)^2} - \frac{X^2}{h^2} = 1 \quad (1.6.4)$$

其中 $T = t_R - \sqrt{L^2+h^2}/v$,$X = x-L$

由式(1.6.4)可以看出,绕射波的时距曲线是一条标准的双曲线。

(2) 绕射波时距曲线的极小点位于断点的正上方。对式(1.6.3)关于 x 求导,得到

$$t'_R = \frac{x-L}{v\sqrt{(x-L)^2+h^2}} \quad (1.6.5)$$

令 $t'_R = 0$,得到极小点横坐标:

$$x_{\min} = L \quad (1.6.6)$$

将式(1.6.6)代入式(1.6.3),得到极小点的时间:

$$t_{\min} = \frac{1}{v}(\sqrt{L^2+h^2}+h) \tag{1.6.7}$$

式(1.6.6)和式(1.6.7)是绕射波时距曲线极小点的坐标公式。由此看出,绕射波极小点在地面的位置与炮点无关,始终位于绕射点 R 的正上方。当炮点位置沿测线水平移动时,时距曲线极小点的地面位置不变,只是时距曲线沿 t 轴上下移动,该特点是区别反射波和绕射波的重要标志之一。

(3)绕射波的 t_0,是绕射波从炮点到绕射点往返传播的时间。根据式(1.6.3),令 $x=0$,将得到绕射波的 t_0:

$$t_0 = \frac{2}{v}\sqrt{L^2+h^2} \tag{1.6.8}$$

式(1.6.8)说明,t_0 是绕射波从炮点到绕射点的双程旅行时间。应该注意,虽然绕射波和反射波的 t_0 都是在震源点上观测地震波的旅行时间,但是它们之间的含义不同。因为反射波的 t_0 是炮点上的法向反射时间。

(4)绕射波时距曲线与同界面反射波时距曲线在 $x=2L$ 点处相切。如图1.6.3所示,射线 RM 是反射波的边界,它既是反射线,又是绕射线,所以在这一点上两者的旅行时间相等。在其他点上,绕射波的旅行时间总大于相应反射波的旅行时间,所以绕射波时距曲线与反射波时距曲线仅在 $x=2L$ 处相切。此外,绕射波较相同 t_0 的反射波时距曲线斜率要大,所以曲率更大。这也是识别绕射波的重要标志。

由于绕射波客观地反映了地下的绕射点,因此利用绕射波时距曲线极小点的特征,可以准确地判断地下断点、尖灭点或不整合面突变点的实际位置。

1.7 地震波的垂直时距曲线

以前所讨论的观测方式都是将接收排列放置在地表,记录来自地下的反射波。直到目前,这仍然是地震勘探中普遍采用的观测方式。有时为了测定层状介质的平均速度,会采用地震测井,即把检波器放入井中,在地面激发。地震勘探实践中所采用的垂直地震剖面(VSP)法是由地震测井发展而来,简单地说就是将沿地面放置的观测排列改为沿井孔垂直放置,并在地面距井口一定距离位置激发(图1.7.1)。将这种观测方式所得到的资料(图1.7.2)与地面观测记录相结合,可以提高地震资料的解释精度以及用地震方法解决复杂地质问题的能力。

本节将讨论几种在简单地质结构情况下地震波的垂直时距曲线,通过这些介绍可以为今后学习垂直地震剖面法、地震测井和井间地震等技术方法奠定理论基础。同时,也能对描述地震波运动学特点的时距曲线与介质结构、波的类型、观测方式的关系有更为全面的了解。

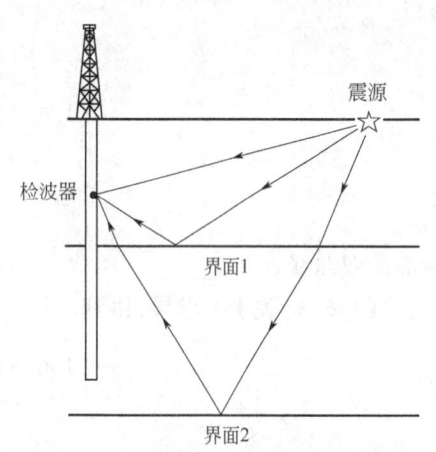

图 1.7.1 VSP 观测示意图

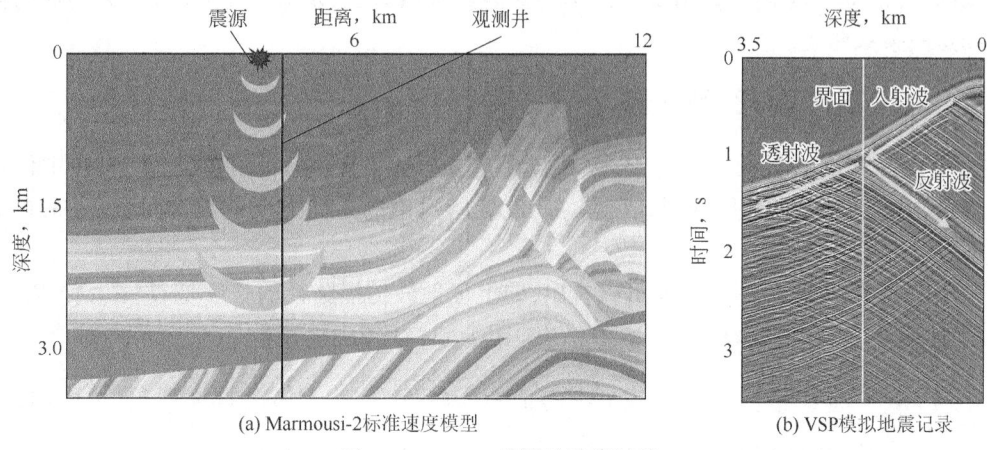

(a) Marmousi-2 标准速度模型　　(b) VSP 模拟地震记录

图 1.7.2　VSP 观测及地震记录

1.7.1　透射波的时距曲线

假设有图 1.7.3 所示的地质结构：水平层状介质，各层的速度分别为 $v_1, v_2, \cdots, v_n$；各界面的深度分别为 $H_1, H_2, \cdots, H_n$。在地面井口激发，沿 H 轴在井中连续观测。下面推导零偏移距情况下的透射波垂直时距曲线方程，即波沿 H 方向的旅行时间 t 与观测点的坐标 H 的函数关系 $t(H)$。根据图 1.7.3 可以写出各段的时距关系：在 $O \sim H_1$ 段，$t(H) = H/v_1$，直线的斜率是 $\Delta t/\Delta H = 1/v_1$；在 $H_1 \sim H_2$ 段，$t(H) = H_1/v_1 + (H-H_1)/v_2$，直线的斜率是 $1/v_2$；依此类推，可导出第 n 层介质的垂直时距方程为

$$t(H) = \frac{H_1}{v_1} + \sum_{i=2}^{n-1} \frac{H_i - H_{i-1}}{v_i} + \frac{H - H_{n-1}}{v_n} \tag{1.7.1}$$

从 $t(H)$ 的方程可以看出垂直时距曲线的特点是：时距曲线是一条折线，其中每一直线段与一个水平地层相对应，每段直线斜率 $\Delta t/\Delta H$ 的倒数是当前地层的速度。

如图 1.7.4 所示，如果激发点与井口的距离为 d，该情形相当于非纵测线，有

$$t(H) = \frac{1}{v}\sqrt{H^2 + d^2} \tag{1.7.2}$$

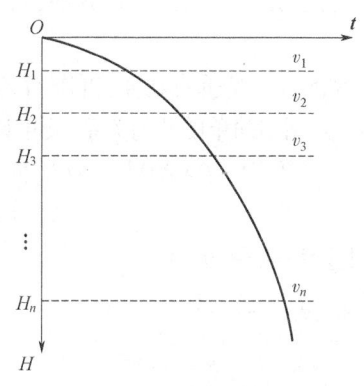

图 1.7.3　水平层状介质的垂直时距曲线

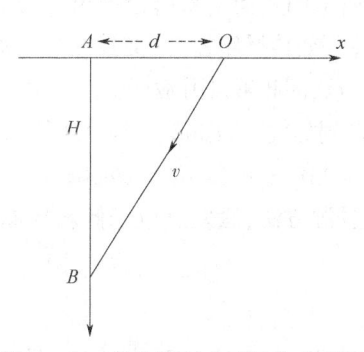

图 1.7.4　偏移距不为零的井中观测

AB 段深度为 H，地层速度为 v

式(1.7.2)是非零偏移距情况下的透射波时距曲线方程,从方程不难看出,它的透射波时距曲线是一条双曲线。

1.7.2 上行波的垂直时距曲线

如图1.7.5所示,界面深度为H,激发点O与井口A的距离(即偏移距)为d,井中任一观测点B的深度坐标为z,地层介质速度是v。此处所讨论的是向上反射波,即接收到来自观测点以下经反射的上行波。

采用虚震源方法,从图1.7.5可以看出,向上反射波传播路径的长度是O^*B。作GB平行于界面,在$\triangle O^*BG$中,有$O^*B^2=d^2+O^*G^2$。因为$O^*G=2H-z$,所以

$$t=\frac{1}{v}\sqrt{d^2+(2H-z)^2} \tag{1.7.3}$$

方程(1.7.3)是上行波的垂直时距曲线方程,它表示的是一条双曲线。

现在讨论地质结构如图1.7.6所示的情形。界面倾角是φ,在井口A点界面的铅垂深度是H,界面上覆介质的速度为v,在O点激发,O点与井口A点的距离为d,沿AD接收。确定来自界面的向上反射波的时距关系。

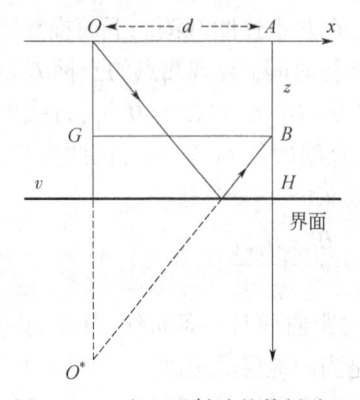

图1.7.5 向上反射波的传播路程　　图1.7.6 倾斜界面上行波的传播路径

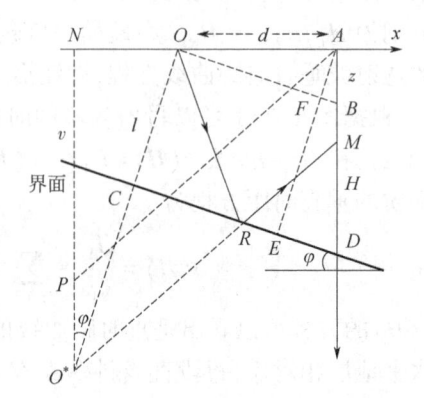

推导过程可以分为以下两个步骤:

(1)推导出O点到界面的法向深度OC,记作l。为此,过A点作AE垂直界面,过O点作$OF \perp AE$,由简单的几何关系可以推出,$l=H\cos\varphi-d\sin\varphi$。

(2)计算等效传播路径O^*M的长度。如图1.7.6所示,作O^*N垂直地面,再作$AP//O^*M$,交O^*N于P点,因此可以用AP代替O^*M。根据已知参数,并利用简单的几何关系,便可计算AP。

在$\triangle ANP$中,$NO=2l\sin\varphi$,$OA=d$,所以$AN=d+2l\sin\varphi$。又因为$NP=NO^*-PO^*$,而$NO^*=2l\cos\varphi$,$PO^*=AM=z$,所以$NP=2l\cos\varphi-z$。

根据虚震源方法,激发点位于倾斜界面上倾方向的上行波路径为

$$AP=\sqrt{AN^2+NP^2}=\sqrt{(d+2l\sin\varphi)^2+(2l\cos\varphi-z)^2} \tag{1.7.4}$$

最后得到

$$t=\frac{OR+RM}{v}=\frac{O^*M}{v}=\frac{AP}{v}=\frac{1}{v}\sqrt{(d+2l\sin\varphi)^2+(2l\cos\varphi-z)^2} \tag{1.7.5}$$

式(1.7.5)是上行反射波的垂直时距方程,它也是一条双曲线。

1.7.3 下行波的垂直时距曲线

下行波是指接收到来自观测点以上的波动,包括直达波和多次下行波。在此,只讨论多次下行波,即指从震源向下入射到界面,再反射回地面,又从地面向下反射到达井中接收点的波,如图1.7.7所示。

为了推导这种下行波的垂直时距曲线,也是利用虚震源方法进行作图,将经过两次反射的射线路径变换成一条等效直线。地质结构和有关参数如图1.7.7所示,地震波从震源 O 点出发经界面上的 R 点反射,再经地面 G 点反射,向下传播到 M 点,射线路径即图中所示的 $ORGM$。根据虚震源方法,该射线的总长度可以用 $O''M$ 表示。

从图中可以看出 $O''M = O'N$,过 A 点作 $AP//O'N$。根据几何关系,$AP = O'N$,以及 $AP^2 = AB^2 + BP^2$,$AB = AO + OB$,$OB = 2l\sin\varphi$,$AO = d$,可以得到 $AB = d + 2l\sin\varphi$。

又因为 $BP = BO' + O'P$,$O'P = AN = AM$,$BO' = 2l\cos\varphi$,$AM = z$,可以得到

$$BP = z + 2l\cos\varphi \tag{1.7.6}$$

在 $\triangle ABP$ 中,利用几何定律得到

$$O'N = AP = \sqrt{AB^2 + BP^2} \tag{1.7.7}$$

所以

$$t = \frac{O''M}{v} = \frac{1}{v}\sqrt{(d + 2l\sin\varphi)^2 + (z + 2l\cos\varphi)^2} \tag{1.7.8}$$

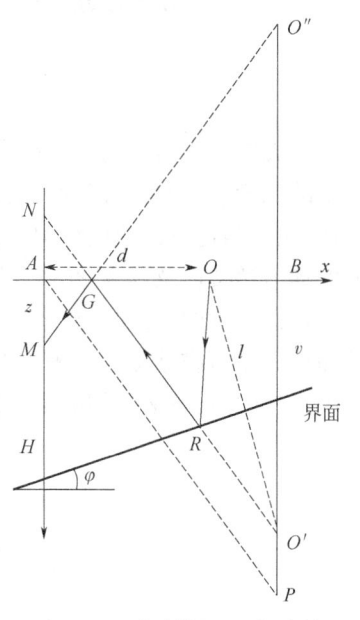

图1.7.7 倾斜界面下行波的传播路径

式(1.7.8)是下行波的垂直时距方程,也是一条双曲线。它与上行波在 $H = 0$ 处有相同的到达时间,所以两个波的时距曲线在 $H = 0$ 处有交点。

思 考 题

1. 为什么说地震波是岩层中传播的弹性波?
2. 绘图说明地震波的振动图及波剖面,并写出描述其特征的有关物理量。另外,为什么要在有些物理量前加上"视"字(如视振幅)?
3. 已知波在介质中某一时刻的波前位置,如何确定任意时刻的波前位置?
4. 反射波形成的必要条件是什么?
5. 利用惠更斯原理证明透射定律。
6. 为什么说在流体中不产生横波?这对油气勘探有何实际意义?
7. 导出一个倾斜界面情况下的折射波时距曲线方程。
8. 根据水平界面反射波的时距曲线方程,如果界面的埋藏深度 $h = 1000$m,界面以上地震波的传播速度 $v = 2000$m/s。求在 $x = 500$m 处的接收点位置,反射波的视速度有多大。
9. 什么是平均速度?它的表达式如何?
10. 什么叫垂直地震剖面法?

第2章
地震波的动力学特征

　　地震波的动力学同样是地震勘探的理论基础。地震波的动力学主要研究地震波在传播过程中的能量、波形和频谱特征及其变化规律。这些内容统称为地震波的动力学特征及其变化规律，它们与地下的地层结构、岩石性质及流体性质存在非常密切的内在联系。这为利用地震波的动力学特征及其变化规律研究地下的地层、岩性及油气藏奠定了基础。

　　在这一章中，首先介绍地震波的频谱，然后对地震波的能量及反射波的振幅进行分析，最后简单介绍地震勘探的分辨能力。这一章的重点是讨论地震波的动力学特征与岩石物性之间的关系，并介绍影响它们的主要因素。

2.1 地震波的频谱

　　地震波的频谱是地震波的动力学特征之一。它既与波的类型有关，又与地层岩性、结构有一定联系，所以地震波的频谱特征是识别波的类型和数字信号处理的重要依据，同时也是岩性解释的主要信息之一。

2.1.1 频谱的概念

　　首先通过图例来说明谐波振动的合成与分解。任意一个周期振动的波形无论怎样复杂，都可以看作是由许多正弦(或余弦)波叠加而成。如果这些正弦(或余弦)波的频率是某个基本正弦波频率的整数倍，那么这个基本正弦波就称为基波。频率为基波频率整数倍的正弦波称为谐波。图2.1.1(a)是振幅和初相相同、频率不同的两个正弦波叠加所得到的合成振动(或合成波形)。参与叠加的谐振动称为分振动(或分量波形)。一个谐振动是由振幅、频率和相位3个量确定，改变分振动中的任意一个量，合成振动的波形都会发生变化。如图2.1.1(b)所示，谐波振幅和频率固定，改变其中一个分振动的相位，所得到的合成波形也不同。由分量波形叠加得到合成波形，称为振动的合成(或振动的叠加)。反之，合成波形也可以分解成它的分量波形，这称为振动的分解。所以，合成波形等价于组成它的分量波形。

　　通过理论分析可以证明：只要简谐分量足够多，并且它们的参数选择合适，则能合成任意所需要的振动。图2.1.2就是一个实例。换句话说，任意一个振动信号，只要该信号满足一定的数学条件，就可以找到一些适当的简谐分量，用它们将所需要的合成振动调制出来。

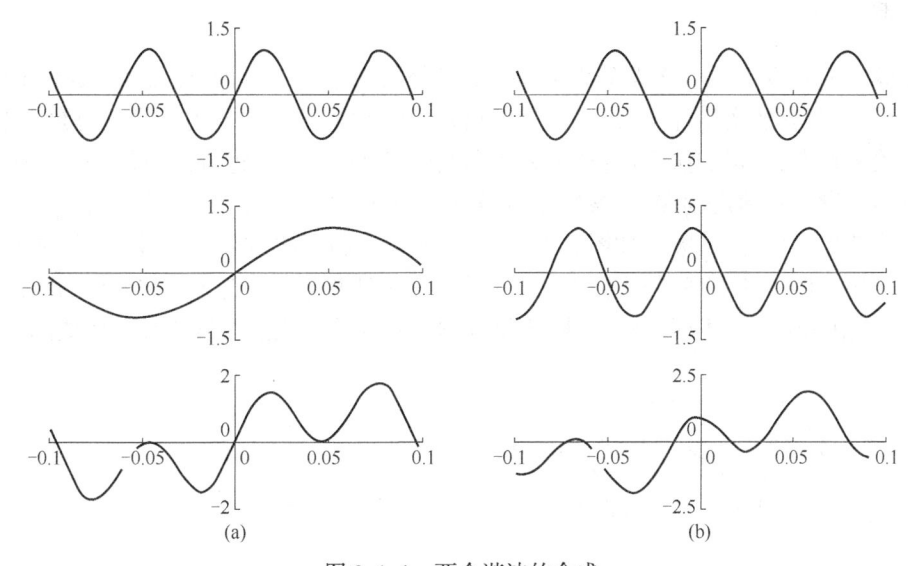

图 2.1.1　两个谐波的合成

(a)和(b)分别表示同一谐波信号与不同频率、相位的信号(振幅不变)叠加会得到不同的合成信号

因此,频谱的概念可以这样表述:一个复杂的振动信号可以看成是由许多简谐分量叠加而成;这些简谐分量及其各自的振幅、频率和初相,就称为该复杂振动的频谱。

从上面的分析中,已经知道研究地震波的波形特征可以转变成研究地震波的频谱特征,因为波形与频谱之间是完全等价的。那么使用何种方法来完成信号的合成与分解这两个相辅相成的过程呢?在数学研究领域中有很多相关理论,但在地震勘探中常用的一种方法是傅里叶变换(或傅氏变换)。所谓地震波的频谱分析,也就是利用傅里叶变换来对振动信号分解进而对其进行研究和处理的一种过程(动态图9、动态图10)。

动态图 9　通过傅里叶级数由谐波合成锯齿波

动态图 10　通过傅里叶级数由谐波合成方波

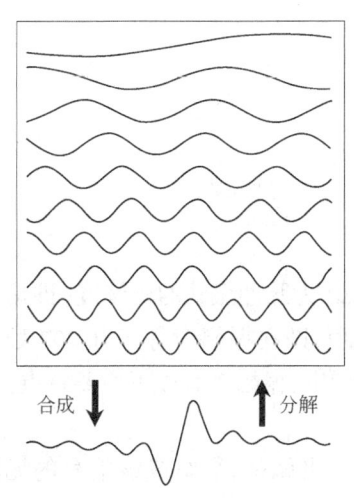

图 2.1.2　信号的合成与分解

多个简谐信号叠加将得到一个复杂信号,同样一个复杂信号可以分解成多个简谐信号

· 51 ·

2.1.2 频谱表示

用图像的形式表示一个合成振动与其频率组分的关系是直观的,而且也是清楚的。但是从另一方面来看,它的实用性不大。为了简便起见,针对组成合成振动信号的分量,利用频率和振幅的关系作图,将得到振幅谱;利用频率和相位的关系作图,将得到相位谱。振幅谱和相位谱统称为频谱。在地震勘探中,振幅谱用得较多,相位谱使用较少,所以振幅谱又简称为频谱。对于周期振动信号,其频谱如图 2.1.3 所示,振幅谱和相位谱都是由离散点构成。地震信号是非周期振动的一种,它的频谱如图 2.1.4 所示,从图中可以看出非周期振动的频谱是连续谱,其波形是由无限多个不同振幅、不同相位且频率是连续变化的谐振动叠加而成的。

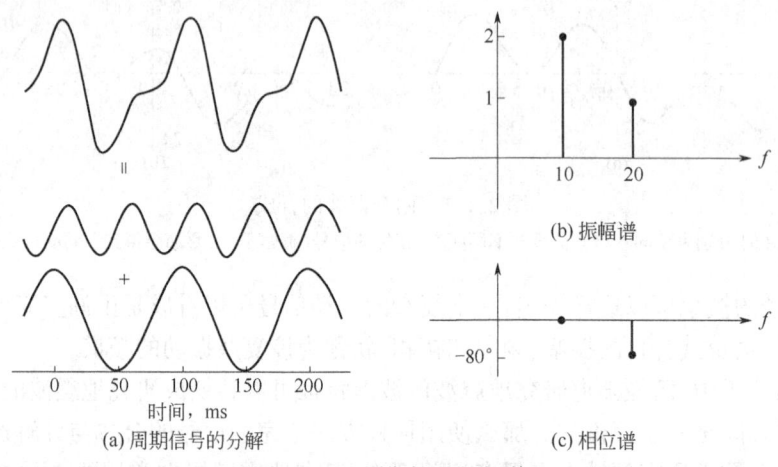

图 2.1.3 周期振动的频谱

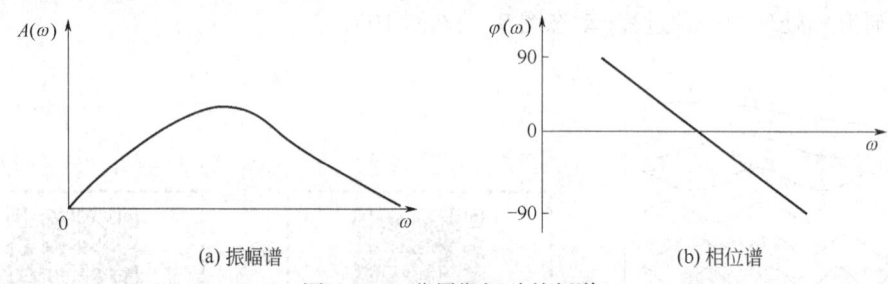

图 2.1.4 非周期振动的频谱

如图 2.1.5 所示,图中 T^* 为视周期,f^* 为视频率,$t_2-t_1=\Delta t$ 为脉冲振动的延续度(即信号长度),f_0 为主频,代表极值频率。若将振幅谱进行归一化处理,则在振幅值等于 0.707 处对应有频率 f_1 和 f_2,$f_2-f_1=\Delta f$ 为频带宽度。通过数学分析不难看出,振幅谱有以下主要特点:

(1)振幅谱的一个值,只反映信号中的一个频率分量。

(2)在振幅谱中,主频 f_0 一般与信号中的视频率 f^* 相近。也就是说,组成该信号的无限多个频率分量中,作用最显著的频率成分与视频率相近。

(3)短脉冲具有宽频谱,长脉冲具有窄频谱。这就是说,脉冲的延续度与频带的宽度成反比,即 $\Delta t \times \Delta f \propto 1$。

实际地震记录及其振幅谱的特征如图 2.1.6 所示。

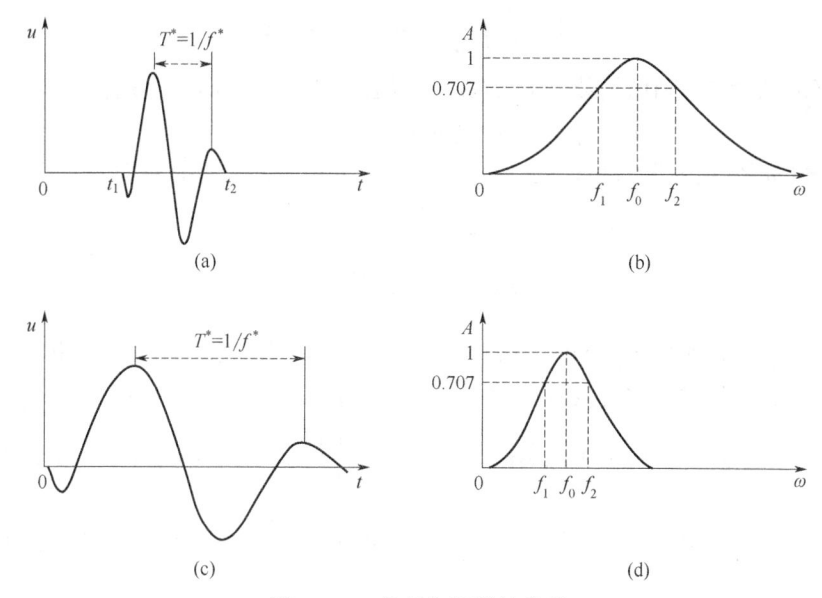

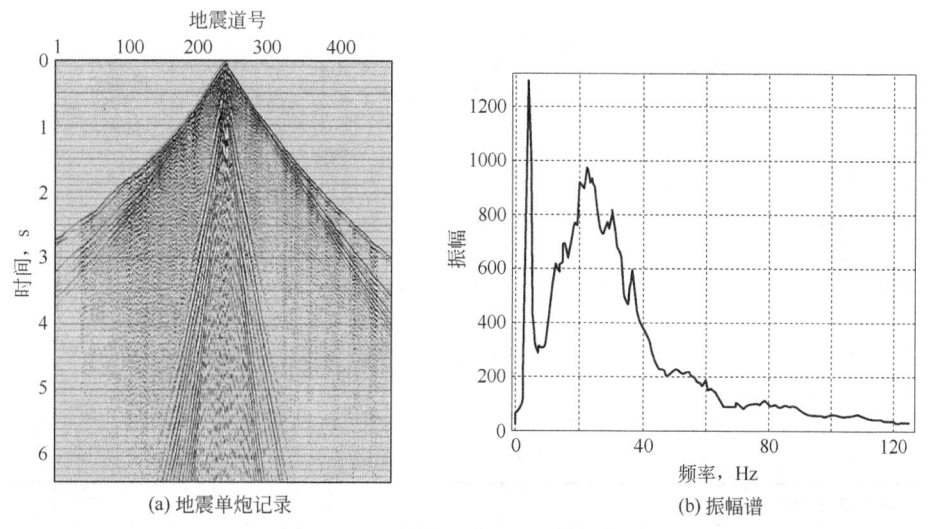

图 2.1.5 信号与频谱的关系
(a)和(c)是时间域信号,信号长度不同;(b)和(d)分别是(a)和(c)的振幅谱

图 2.1.6 实际地震记录及其振幅谱

2.1.3 频谱的性质及特点

1. 傅里叶变换

给定一个关于变量 t 的连续函数 $x(t)$,它的傅里叶变换是通过下面的公式来定义:

$$X(\omega) = \int_{-\infty}^{+\infty} x(t) \exp(-i\omega t) \, dt \tag{2.1.1}$$

式中,如果 t 为时间,那么 ω 定义为角频率。频率 f 与角频率的关系为 $\omega = 2\pi f$。傅里叶变换存在反变换,即对给定的 $X(\omega)$,相应的时间函数为

$$x(t) = \frac{1}{2\pi} \int_{-\infty}^{+\infty} X(\omega) \exp(i\omega t) \, d\omega \tag{2.1.2}$$

通常,$X(\omega)$ 是复数,利用复数性质 $X(\omega)$ 可以表示成另一种函数形式:

$$X(\omega) = A(\omega) \exp[i\phi(\omega)] \tag{2.1.3}$$

式中,$A(\omega)$、$\phi(\omega)$ 分别为振幅和相位,使用下面的公式可以对其进行计算:

$$A(\omega) = \sqrt{X_r^2(\omega) + X_i^2(\omega)} \tag{2.1.4}$$

$$\phi(\omega) = \arctan \frac{X_i(\omega)}{X_r(\omega)} \tag{2.1.5}$$

式中,$X_r(\omega)$、$X_i(\omega)$ 分别为 $X(\omega)$ 的实部和虚部。对于实函数 $x(t)$,在频谱分析中由地震波频率域里的解反推时间域的解时,反演公式(2.1.2)还可以写成以下两种形式:

$$x(t) = \frac{1}{2\pi} \int_{-\infty}^{+\infty} [X_r(\omega)\cos(\omega t) - X_i(\omega)\sin(\omega t)] \, d\omega = \frac{1}{\pi} \int_0^{+\infty} [X_r(\omega)\cos(\omega t) - X_i(\omega)\sin(\omega t)] \, d\omega$$

$$x(t) = \frac{1}{2\pi} \int_{-\infty}^{+\infty} A(\omega) \exp[i\phi(\omega)] \exp(i\omega t) \, d\omega = \frac{1}{\pi} \int_0^{+\infty} A(\omega) \cos[\omega t + \phi(\omega)] \, d\omega$$

2. 地震波频谱的性质

这里研究函数 $x(t)$、$f(t)$ 傅里叶变换在应用中的一些性质,见表 2.1.1。此外,将对一些常用性质说明其物理含义。

表 2.1.1 傅里叶变换性质

算法	时间域	频率域
时移	$x(t-\tau)$	$\exp(-i\omega\tau)X(\omega)$
比例	$x(at)$	$\|a\|^{-1} X(\omega/a)$
微分	$dx(t)/dt$	$i\omega X(\omega)$
加法	$f(t)+x(t)$	$F(\omega)+X(\omega)$
乘法	$f(t)x(t)$	$F(\omega)*X(\omega)$
褶积	$f(t)*x(t)$	$F(\omega)X(\omega)$
自相关	$x(t)*x(-t)$	$\|X(\omega)\|^2$
帕什瓦定理	$\int \|x(t)\|^2 dt$	$\int \|X(\omega)\|^2 d\omega$

注:*表示褶积运算。

1)线性叠加原理

线性叠加原理包括两个含义:一是叠加原理,二是相似原理。叠加原理是指合成振动的频谱等于分振动频谱的和。反之,分振动频谱的和等于合成振动的频谱。如果用 $f_1(t)$、$f_2(t)$ 表示两个分振动信号,它们的频谱则分别为 $F_1(\omega)$ 和 $F_2(\omega)$。若用 $f(t)$ 表示合成振动信号,有

$$f(t) = f_1(t) + f_2(t) \tag{2.1.6}$$

则合成振动的频谱 $F(\omega)$ 为

$$F(\omega) = F_1(\omega) + F_2(\omega) \tag{2.1.7}$$

线性叠加原理的第二个含义是相似原理,即两个成比例的信号其相应的频谱也同样成比例。反之,当两个频谱成比例时其对应的信号也成比例。换言之,如果一个信号 $f(t)$ 放大(或缩小)a 倍,那么它的频谱 $F(\omega)$ 也将放大(或缩小)a 倍,即

$$af(t) \to aF(\omega) \tag{2.1.8}$$

综上所述,线性叠加原理可以归纳为

$$a_1 f_1(t) + a_2 f_2(t) \to a_1 F_1(\omega) + a_2 F_2(\omega) \tag{2.1.9}$$

2) 时移定理

在时间上信号出现延迟(或超前),其振幅谱将保持不变,相位谱则增加一个与频率有关的常数项。假设信号的时间函数为 $f_1(t)$,其频谱为 $F_1(\omega)$。如果信号出现延迟(或超前)时间 τ,此时信号用 $f_2(t)$ 表示,即 $f_2(t) = f_1(t \pm \tau)$,则 $f_2(t)$ 的频谱 $F_2(\omega)$ 为

$$F_2(\omega) = F_1(\omega) \mathrm{e}^{\pm \mathrm{i}\omega\tau} \tag{2.1.10}$$

因为,$F_1(\omega)$ 是一个复数,它可以表示成指数形式:

$$F_1(\omega) = |F_1(\omega)| \mathrm{e}^{\mathrm{i}\phi(\omega)} \tag{2.1.11}$$

代入公式(2.1.10),将会得到

$$F_2(\omega) = |F_1(\omega)| \mathrm{e}^{\mathrm{i}[\phi(\omega) \pm \omega\tau]} \tag{2.1.12}$$

由式(2.1.12)可以看出,$f_2(t)$ 的振幅谱与 $f_1(t)$ 的振幅谱相同,只是相位谱相差一个常数 $\omega\tau$。由时移定理可以得到以下几点认识:(1)计算地震记录的频谱时,时间零线的选择对傅里叶变换之后的振幅谱无影响,但是相位谱的结果与零线的选择有关;(2)如果要求一个系统对通过的信号不产生畸变,但允许有延迟,则应保持信号通过系统之后振幅谱不变,相位谱可以是 ω 的线性函数;(3)如果要让信号沿 t 轴移动 τ,可以将该信号的频谱乘以 $\mathrm{e}^{\pm \mathrm{i}\omega\tau}$,再反变换回到时间域,即可达到目的。

3) 频移定理

若信号 $f(t)$ 的频谱为 $F(\omega)$,将频谱 $F(\omega)$ 沿频率轴移动 $\pm \omega_0$ 时,那么与 $F(\omega)$ 对应的信号将变为 $f(t) \mathrm{e}^{\mp \mathrm{i}t\omega_0}$。反之,如果 $f(t)$ 乘以一个因子 $\mathrm{e}^{\pm \mathrm{i}t\omega_0}$,相当于将频谱 $F(\omega)$ 沿 ω 轴平移 ω_0,即变为 $F(\omega \mp \omega_0)$。

4) 能谱定理

若信号的时间函数为 $f(t)$,其频谱为 $F(\omega)$,则有

$$\int_{-\infty}^{+\infty} f^2(t) \mathrm{d}t = \frac{1}{2\pi} \int_{-\infty}^{+\infty} |F(\omega)|^2 \mathrm{d}\omega \tag{2.1.13}$$

式(2.1.13)表明,信号的总能量可以用时间函数或频率函数来确定。

5) 褶积定理

首先,分析两个函数 $x(t)$ 和 $f(t)$ 的褶积关系:

$$y(t) = f(t) * x(t) \tag{2.1.14}$$

式(2.1.14)可以通过下面的积分给出

$$y(t) = \int_{-\infty}^{+\infty} f(t - t') x(t') \mathrm{d}t' \tag{2.1.15}$$

假如函数 $y(t)$ 的傅里叶变换为

$$Y(\omega) = \int_{-\infty}^{+\infty} y(t) \exp(-\mathrm{i}\omega t) \mathrm{d}t \tag{2.1.16}$$

将式(2.1.15)代入式(2.1.16),得到

$$Y(\omega) = \int_{-\infty}^{+\infty} \left[\int_{-\infty}^{+\infty} f(t - t') x(t') \mathrm{d}t' \right] \exp(-\mathrm{i}\omega t) \mathrm{d}t \tag{2.1.17}$$

将式(2.1.17)中的两积分进行互换,得到

$$Y(\omega) = \int_{-\infty}^{+\infty} x(t') \left[\int_{-\infty}^{+\infty} f(t-t') \exp(-i\omega t) \, dt \right] dt' \qquad (2.1.18)$$

根据表 2.1.1 中的时移性质,有

$$\int_{-\infty}^{+\infty} f(t-t') \exp(-i\omega t) \, dt = F(\omega) \exp(-i\omega t') \qquad (2.1.19)$$

将式(2.1.19)代入式(2.1.18)可以得到

$$Y(\omega) = \int_{-\infty}^{+\infty} x(t') \left[F(\omega) \exp(-i\omega t') \right] dt' \qquad (2.1.20)$$

整理后得到

$$Y(\omega) = F(\omega) \int_{-\infty}^{+\infty} x(t') \exp(-i\omega t') \, dt' \qquad (2.1.21)$$

注意式(2.1.21)中的积分为 $x(t)$ 的傅里叶变换,因此

$$Y(\omega) = F(\omega) X(\omega) \qquad (2.1.22)$$

这就是表 2.1.1 中褶积关系的期望结果。

3. 地震波频谱的特点

地震波一般包括反射波、面波、折射波和声波等,此外还包括纵波和横波。根据实际资料分析,说明地震波的频谱具有以下特点。

(1) 不同的波具有不同的频谱。如图 2.1.7 所示,面波的频率较低,分布范围是 10~30Hz。有效反射波的频率为 30~50Hz。如果采用数字检波器(其记录频率范围在低频端可扩展到 5Hz)和低频检波器,能记录到 8s 左右的反射波,其低频可以达到 10Hz。自然界的扰动如风吹草动等微震的频谱比较宽,出现在 60Hz 以上。声波具有较高的频率范围,一般在 100Hz 以上。工业交流电的干扰波主频是 50Hz,具有较窄的频带范围。浅层折射波和直达横波的频谱分布于反射波的频带之内。需要指出,图 2.1.7 所示的是一般情形,在不同地区的各地层若采用不同仪器或工作方法,记录到的地震波频谱会有所不同。由此可知,反射波与面波、声波和微震等干扰波,在频谱上有明显不同,利用这种差别进行频率滤波可以压制干扰波的能量,提高信噪比。

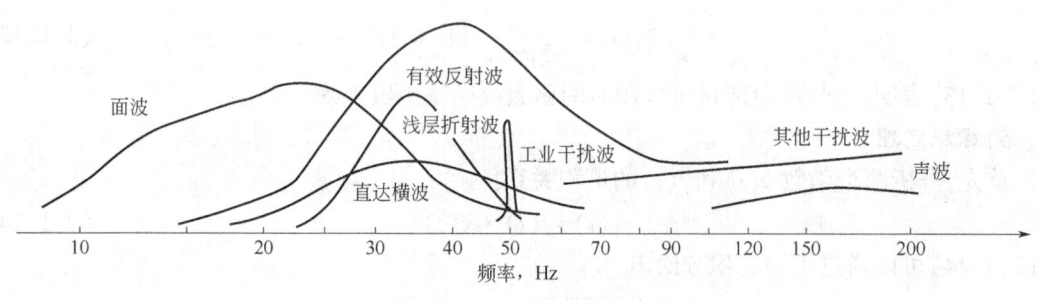

图 2.1.7 地震波的频谱

(2) 反射波的频谱随传播距离的增加会向低频方向移动。地震波在传播过程中,由于地层的吸收作用,高频成分比低频成分更容易被吸收,因而频谱中低频成分会相对增强。从图 2.1.8 中可以清楚地看出,随着 t_0 的增加,反射波的主频是逐渐降低的:$t_0 = 1.0$s 时,$f_0 = 33$Hz;$t_0 = 2.3$s 时,$f_0 = 24$Hz。

(3) 反射波的频谱与反射界面的结构有关。大量实际资料分析表明,这种单一界面的反射波是很少的,绝大多数反射波都是由邻近多个界面的地震子波叠加而成的。由地震子波叠

加而成的合成波,此处称为反射波。显然,反射波的波形与地震子波的波形不同,因此它们的频谱也不一样。反射波的波形与反射界面的结构紧密相关。反射界面的结构包括界面的数量、界面之间的厚度、界面的反射系数等。在这些因素中,任何一种因素发生变化都会引起反射波的波形变化,所以说反射波的频谱与反射界面的结构有关。因此,利用反射波频谱的横向变化可以判断岩性、岩相的变化,它是利用频率信息解释地层岩性的重要依据。

(4)反射波的频谱与激发和接收条件有关。反射波的频谱与激发岩性、爆炸深度和炸药量有关。实际资料研究和试验表明,在坚硬岩石中激发比疏松岩石中激发的主频高,小药量激发比大药量激发的主频高,深井激发比浅井激发的主频高。例如采用小药量在坚硬岩石中激发,浅层反射波的频率高达 100~200Hz。在砂岩中用大药量激发,加上地层的吸收作用影响,深层反射波的频率低至 10~20Hz。因此,反射波的频率变化范围

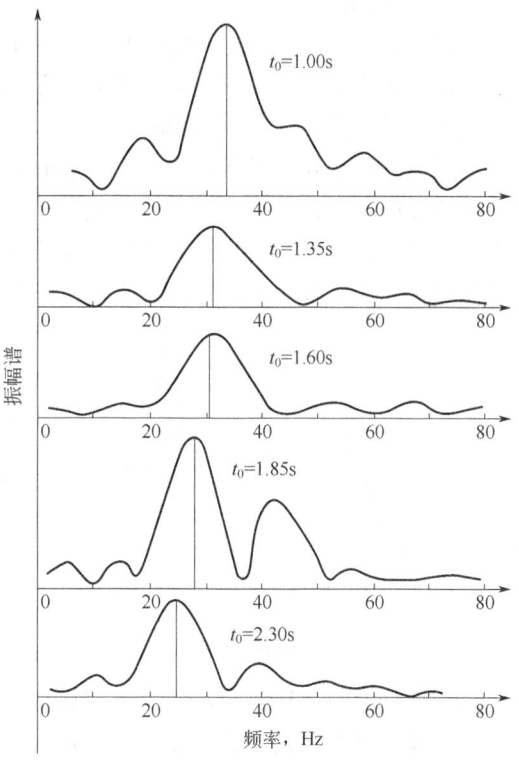

图 2.1.8 反射波的主频随 t_0 增大而减小

是比较大的。为了使激发出的地震波频谱符合生产要求,应选择适当的激发岩性。例如在较致密的岩层中或在低速带以下含水的黏土层中激发,可以提高有效波的主频,减小低频面波对有效波的影响。接收条件对反射波主频的影响,包括检波器的频率特性、组合频率特性和地震仪器的频带宽度等。

综上所述,通过地震波频谱特征的比较可以分辨不同类型的波,区分有用信号和噪声。地震波频谱作为地震波的动力学信息,能有效揭示地下地层的性质及可能的含油气情况。

2.1.4 地震波的波谱和频波谱

1. 地震波的波谱

地震波的波形不仅是时间 t 的函数,也是空间距离 x 的函数。表示时间函数关系使用地震波的振动图形 $f(t)$,表示空间函数关系则用地震波的波剖面 $f(x)$。一个振动图形 $f(t)$ 是由无限多个频率连续变化的谐振动组成的,同样一个波剖面 $f(x)$ 也是由无限多个波数连续变化的谐振动组成的。描述振动图形的频率结构用频谱,描述波剖面的波数结构则用波谱。

如果 $f(x)$ 为波剖面的空间函数,使用傅里叶变换可以得到它的波谱 $F(K)$,即

$$F(K) = \int_{-\infty}^{+\infty} f(x)\exp(-ikx)dx \quad (2.1.23)$$

其中

$$K = 2\pi/\lambda = 2\pi k$$

式中 K——圆波数;

λ——波长;

k——波数。

根据式(2.1.23),当已知 $f(x)$ 时可以计算它的波谱 $F(K)$。

波谱和频谱就数学公式而言在形式上没有什么差别,只是变量有所不同。波谱的具体算法性质与频谱相同,这里不再详细说明。

地震波的波谱因波的类型不同,其特点也不一样,图2.1.9给出了在一般情况下各种地震波的视波长谱。可以看出,反射波的视波长大于40m;声波的视波长最短,只有1~3m,这是因为声波的速度低、频率高;面波和直达横波的视波长也不大,面波的视波长为5~40m,直达横波的视波长为5~15m;浅层折射波的视波长接近反射波的视波长,为30~170m。

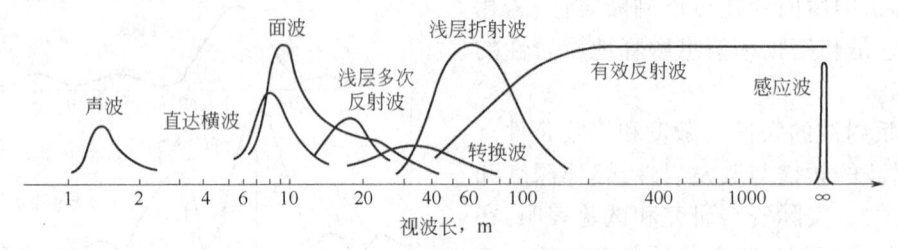

图2.1.9 地震波的视波长谱

由此可知,反射波的视波长与面波、直达横波和声波的视波长有较为明显的差异。利用它们之间的这种差异可以进行波数滤波,从而达到压制干扰波、增强反射波、提高信噪比。但是,浅层折射波和反射波的视波长相近,所以不能用波数滤波的方法来消除浅层折射干扰。

2. 地震波的频波谱

地震波的剖面是时间—空间的函数 $f(t,x)$,与时空函数 $f(t,x)$ 相对应的是频率—波数谱 $F(\omega,K)$,有

$$F(\omega,K) = \int_{-\infty}^{+\infty}\int_{-\infty}^{+\infty} f(t,x)\exp(-iKx-i\omega t)\mathrm{d}x\mathrm{d}t \quad (2.1.24)$$

其中
$$\omega = 2\pi f; K = 2\pi k$$

式中 ω——圆频率;

K——圆波数。

地震波的频波特征与时空函数 $f(t,x)$ 一样,较为全面地反映了地震波特征。

为了简单起见,有时可以用视速度谱来说明地震波的频波特征,有

$$v^* = \frac{\lambda^*}{T^*} = \frac{f^*}{k^*} \quad (2.1.25)$$

式中 v^*——视速度;

λ^*——视波长;

T^*——视周期;

f^*——视频率;

k^*——视波数。

由式(2.1.25)可以看出,两个波的视频率相同、视波数不同时,视速度不一样。同样,两个波的视波数相同、视频率不同时,视速度也不一样。因此,视速度的变化能反映地震波在频率与波数上的不同。

图2.1.10给出各种波的视速度谱。可以看出,反射波的视速度相对较高,一般大于

3000m/s。面波、声波和直达横波的视速度都低于1000m/s。浅层折射波与反射波在视速度上有明显的差别,它的视速度为1500~3000m/s。

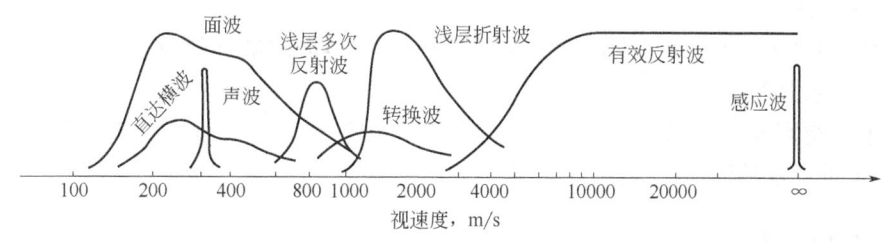

图 2.1.10 地震波的视速度谱

由此可知,浅层折射波和反射波在频谱和波谱上有重叠,但在视速度谱上它们之间可以区分。因此采用频率—波数滤波的方法(又称二维 f-k 滤波),不仅能压制视速度较低的面波、声波等干扰,而且可以压制浅层折射干扰。这是二维 f-k 滤波比较突出的特点。

2.2 影响反射波振幅的主要因素

在地震勘探中,通过观测能直接记录下来的两个重要信息是反射波的到达时间和反射波的振幅。反射波的到达时间是地震波运动学特征之一,而反射波振幅是地震波动力学特征之一。研究地震波的振幅,在地震勘探中具有非常重要的作用。在进行地震勘探的野外工作时,首先需要考虑采用何种激发方式才能产生能量较强的地震波,然后选择接收方式。增强反射波振幅、压制干扰波振幅是考虑问题的出发点。设计地震勘探仪器是为了真实地记录地震波的振幅。在数字处理中则要求保持反射波的相对振幅关系,不让振幅产生畸变。在地震资料构造解释中,反射波的振幅特征是对比追踪反射层的重要依据。另外,油气检测也利用了反射波的振幅标志。总之,地震波振幅信息的作用很大,在地震勘探中占有极其重要的地位。

然而,实际的地下介质并不是理想的弹性介质,地震波在介质中传播时反射波的振幅与波形会发生变化,其影响因素如图 2.2.1 所示,归纳起来有三类:

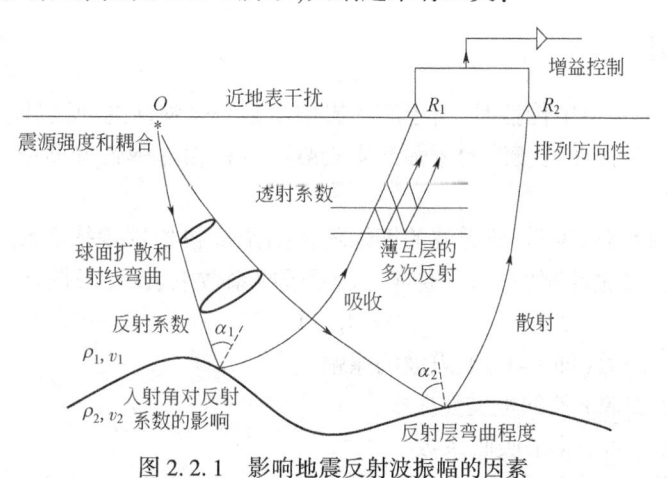

图 2.2.1 影响地震反射波振幅的因素

(1)激发条件的影响,如震源、激发岩性等。

(2)地震波在介质中传播所受到的影响,也称为大地滤波的影响,当地震波向外传播时它对振幅产生较大的影响。

(3)接收条件的影响,如接收仪器的性能、检波器与地面的耦合效应、组合的方向性、地表附近的衰减和散射等。

在上述3类因素中,与地层岩性有关的是第(2)类,也是影响地震反射波振幅的主要因素,下面将着重对这种因素进行讨论。

2.2.1 波前扩散

在影响反射波振幅的因素中,波前扩散的理论最为简单。它指的是地震波由震源向四面八方传播时,随着距离的增加波前面的散布面积会越来越大。因此,尽管波的总能量保持不变,但单位面积上的能量却越来越小,波的振幅也逐渐变小。现在以均匀介质为例,讨论地震波在介质中的波前扩散。

如图2.2.2所示,假设由 O 点激发出的波场总能量不变,能量为 E,现分析在 t_1 和 t_2 时刻波前面单位面积上的能量分布。

在任意时刻 t,地震波传播的距离 $r=vt$,波前面的总面积是 $S=4\pi r^2$,在 t_1、t_2 时刻波前面上的能量密度(单位面积上的能量分布)分别为

$$I_1 = \frac{E}{4\pi r_1^2} \tag{2.2.1}$$

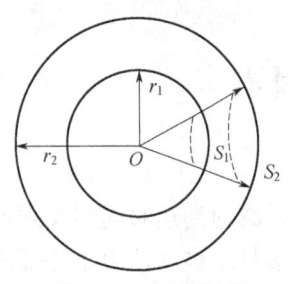

图 2.2.2 球面扩散

$$I_2 = \frac{E}{4\pi r_2^2} \tag{2.2.2}$$

由此得出

$$\frac{I_1}{I_2} \propto \left(\frac{r_2}{r_1}\right)^2 \tag{2.2.3}$$

从式(2.2.3)不难看出,能量密度随传播距离平方的增大而减小,即振幅随传播距离的增大呈线性衰减,它是由均匀介质中的波前扩散所造成。这种均匀介质中的波前扩散,也称为球面扩散。一般情况下,为了分析反射波振幅,需要对地震资料进行波前扩散补偿。

2.2.2 吸收衰减

当地震波在地下岩层中传播时,由于实际岩层不是完全弹性的,所以地震波能量一部分不可逆地转化为热能,从而使地震波的振幅产生衰减。这样由非弹性介质所引起的地震波衰减现象称为波的吸收。

野外观测和实验结果表明,地震波的振幅随传播距离按指数规律衰减。衰减程度与介质的物理性质有关,也与振动频率有关,通常可以用吸收系数来表示,于是有

$$A_r(f) = A_0(f) e^{-\alpha(f)r} \tag{2.2.4}$$

式中 $A_0(f)$——震源处(即 $r=0$)地震波的振幅;

$A_r(f)$——距震源 r 处的地震波振幅;

$\alpha(f)$——随频率变化的吸收系数。

介质的吸收系数 $\alpha(f)$ 与岩石的性质有关。当波在介质中传播时,参与振动的质点之间会

产生摩擦,即质点之间相对运动引发了能量转换。可以想象,疏松胶结差的岩石有利于质点之间的相对运动,而致密胶结好的岩石不利于质点之间的相对运动。也就是说,表层疏松的近期沉积对波的吸收大,而坚硬致密的岩石对波的吸收小。

介质的吸收系数 $\alpha(f)$ 与波的频率有关。根据实验观测结果,吸收系数 $\alpha(f)$ 与频率成正比。因为吸收是质点相对运动引起的,而介质在每一振动周期内的能量损失大致相同,所以振动频率越高,吸收越大。这就是说,地震波在介质中传播时高频成分容易衰减,低频成分则变化缓慢。理论研究表明,在均匀介质中波传播一个周期相当于走过一个波长的距离,一个波长内的衰减量应等于一个周期的衰减量,所以可以用一个波长的衰减量来描述地震波的衰减。对同一岩石来说,不论地震波的频率高或低,各波长的衰减量是一个常数。由于低频成分波长大,高频成分波长小,所以当地震波传播同样距离时高频成分的衰减较低频成分大。

另外,当地震波在实际地下介质中传播时,由于岩石对波不同的频率成分吸收不同,所以地震波的频谱会发生变化。高频成分相对减弱,低频成分相对增强。地震波的视周期或脉冲宽度也会随之增大,因此不可避免地导致地震波形随距离发生变化,如图 2.2.3 所示。

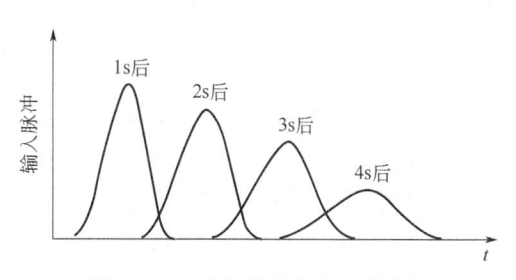

图 2.2.3 吸收所引起的波形变化

介质的吸收系数 $\alpha(f)$ 与地震波的传播速度有关。当波在介质中传播速度较大时,表明质点之间的相对运动较小,此时波的吸收减弱;反之,当波在介质中传播速度较小时,表明质点之间的相对运动较大,波的吸收增强。

除此之外,介质的吸收系数 $\alpha(f)$ 还与含油饱和度有关。从上面的分析可以看出,在地震资料解释中为了突出界面反射系数与振幅的关系,应将吸收衰减作为一种需要补偿的因素。从另一方面来讲,地层的吸收系数同岩性之间有着密切联系,因此吸收系数作为地震波动力学信息可以用来判别地下岩石的属性。

2.2.3 透射损失

地震波通过地下岩层分界面时,一部分能量被反射,一部分能量则透射进入深部地层。根据能量守恒定律,总能量等于反射能量和透射能量之和。地震波在深部地层传播时不再包含反射能量,这样透射能量就会逐渐减少。在确定某个界面的反射波能量时,波透过上覆地层所造成的能量损失称为透射损失。透射损失的能量是多少呢? 下面将进行定量分析。

如图 2.2.4 所示,假设地下有 n 个界面,每个界面的反射系数分别为 $R_1, R_2, \cdots, R_n$。地震波自上而下垂直入射时,第 i 个界面的反射系数 R_i 和透射系数 T_i 分别是

$$R_i = \frac{\rho_{i+1}v_{i+1} - \rho_i v_i}{\rho_{i+1}v_{i+1} + \rho_i v_i} \tag{2.2.5}$$

$$T_i = \frac{2\rho_i v_i}{\rho_{i+1}v_{i+1} + \rho_i v_i} = 1 - R_i \tag{2.2.6}$$

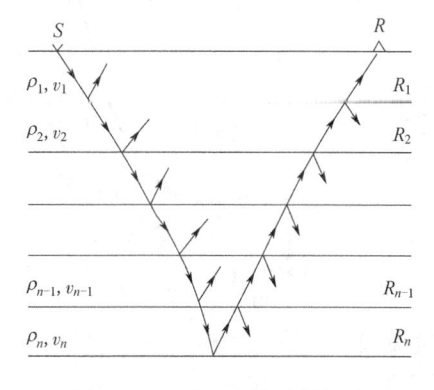

图 2.2.4 地震波的透射损失

当地震波从第 n 个界面反射回来时,由下而上入射到第 i 个界面的反射系数 R_i' 和透射系数 T_i' 分别为

$$R_i' = \frac{\rho_i v_i - \rho_{i+1} v_{i+1}}{\rho_{i+1} v_{i+1} + \rho_i v_i} = -R_i \tag{2.2.7}$$

$$T_i' = \frac{2\rho_{i+1} v_{i+1}}{\rho_{i+1} v_{i+1} + \rho_i v_i} = 1 + R_i \tag{2.2.8}$$

因此,地震波往返两次透过同一个界面 R_i 时,地震波的振幅都会发生衰减。由界面透射损失所引起的地震波振幅衰减记为 D,有时也将其称为波的双程透射系数。如果目标界面上部只有一个透射界面,双程透射系数 D_1 为

$$D_1 = (1 - R_1)(1 + R_1) = 1 - R_1^2 \tag{2.2.9}$$

同理,地震波从震源 S 点出发,向下传播到界面 R_{n+1} 再反射回地面 R 点,往返透过界面 $R_1, R_2, \cdots, R_n$ 时,其振幅衰减因子 D_n 为

$$D_n = \prod_{i=1}^{n} (1 - R_i^2) \tag{2.2.10}$$

式(2.2.10)是地震波经过 n 个中间界面的透射损失所引起的振幅衰减因子,从而可以计算出地震振幅衰减量。例如当 $R_1 = 0.01$ 时,$D_1 = 0.9999$,单位振幅减小 0.0001。由公式可以看出,振幅衰减因子与反射界面的反射系数 R_i 及界面数目有关。计算结果表明,当透过单一反射界面时,即使遇到反射系数较大的强反射层,透射损失也很小。如果透过的界面数较多,透射损失将会变大。例如透过反射系数较大的单一界面,其反射系数为 0.2,则两次透过该界面的振幅衰减因子为 0.96,即透过该层时地震波的振幅减少 4%。如果透过 100 个这样的界面,当 $R_i = 0.2$ 时,$D_{100} = 0.017$,振幅减少 98.3%。

通常情况下,地下沉积类型可以分为两类。一种是周期型沉积,即地层剖面是由许多反射系数较大的分界面组成;另一种是过渡型沉积,由许多反射系数较小的界面所组成。前一种将造成较大的透射损失,使入射波振幅产生严重衰减。

2.2.4 入射角的变化

前面在讨论地震反射波的振幅时,是假定平面波垂直入射到反射界面上得到的。当平面波非垂直入射时,反射系数将随入射角变化,如图 2.2.5 所示。此处仅对纵波情形进行分析。

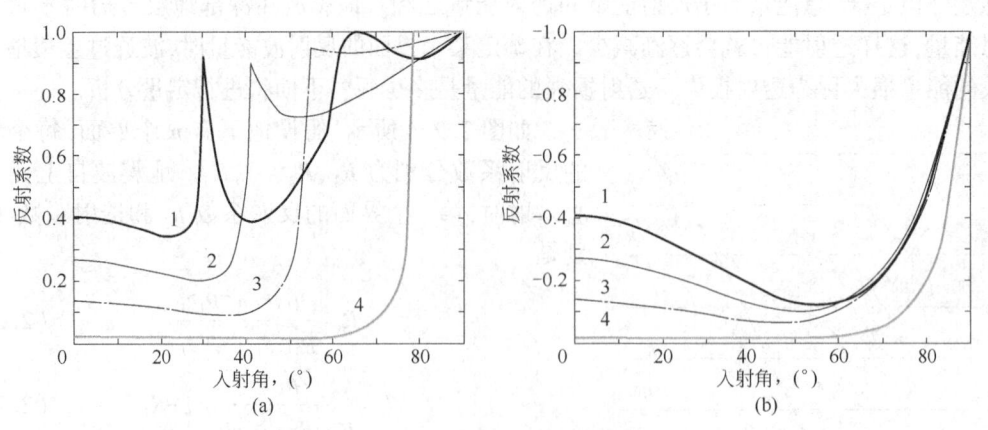

图 2.2.5 两种模型的反射系数曲线

模型参数分别见表 2.2.1、表 2.2.2

首先,考虑反射系数与入射角的关系,如图 2.2.5(a)所示。泊松比 $\sigma = 0.25$,模型具体参数见表 2.2.1。由关系图可知,当入射角从零逐渐增大时,反射系数先是略为减小,此后随入射角的增大而增大。当入射角接近临界角时,反射系数会急剧增大,接近于 1 且产生全反射。最后,随着入射角的再次增大,反射系数将再次减小和增大,直至入射角接近 90°,反射系数趋近于 1。其次,如果改变模型参数(表 2.2.2),重新考虑反射系数与入射角的关系,如图 2.2.5(b)所示,泊松比 $\sigma = 0.25$。由关系图看出,当入射角由零逐渐增大时,反射系数的绝对值将会减小,达到某个极小值后,又迅速增大,当入射角接近 90°时,反射系数的绝对值接近于 1。

表 2.2.1 理论模型的参数 1($v_2 > v_1$)

曲线序号	1	2	3	4
纵波速度比(v_1/v_2)	0.50	0.65	0.81	0.94
密度比(ρ_1/ρ_2)	0.84	0.89	0.94	0.98

表 2.2.2 理论模型的参数 2($v_2 < v_1$)

曲线序号	1	2	3	4
纵波速度比(v_1/v_2)	2.0	1.54	1.23	1.06
密度比(ρ_1/ρ_2)	1.19	1.12	1.06	1.02

数值分析结果表明,图 2.2.5(b)中的反射系数随入射角的变化特征与图 2.2.5(a)有很大不同。其主要区别在于反射系数曲线较为平滑,不存在尖峰。两者的相同点是在一定条件下,反射系数都随上下层介质波阻抗之差的减小而减小。

在图 2.2.5 中,需要注意的是,反射系数曲线的形态与界面两边介质的波阻抗以及弹性参数有关,特别是与介质的泊松比 σ 有很密切的关系。AVO 技术正是以这种关系为依据,即利用振幅随炮检距(也就是入射角)的变化来估算介质的泊松比 σ,从而推断介质的岩性。

2.2.5 反射界面的聚焦和发散作用

当地震波入射到弯曲的反射界面时,反射波振幅将受到界面形态的影响而发生变化,弯曲界面对反射波振幅的影响与界面的凸凹形态有关。如果考虑自激自收的观测情形,当反射界面向下凹时,地震反射波的振幅相对增强,如图 2.2.6(a)所示;当反射界面向上凸时,由于界面的发散作用,使反射波的振幅相对减弱,如图 2.2.6(b)所示。

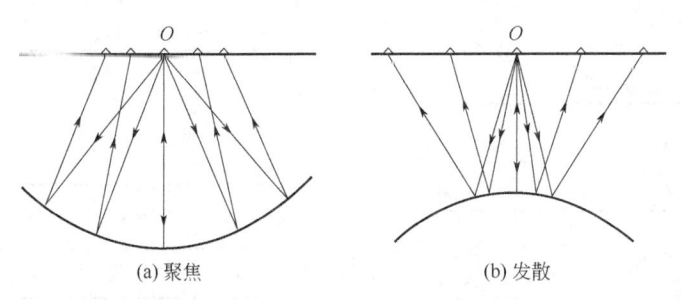

(a) 聚焦   (b) 发散

图 2.2.6 不同界面形态对地震波的影响

2.3 地震记录的分辨率

地震记录是地下地质现象的地震响应,利用地震响应分辨地下地质现象的精度取决于地震记录的分辨率。在《中国石油勘探开发百科全书》中,地震分辨率的定义是:分辨两个十分靠近地质体的能力。按照此定义,在反射波地震勘探中应把地震分辨率分为纵向分辨率和横向分辨率。纵向分辨率指在纵向上能分辨岩性单元的最小厚度;横向分辨率指在横向上确定特殊地质体(如断层、尖灭点和岩性体)的大小、位置和边界的精确程度。

为了更细致地研究地下地质情况,要求地震勘探的分辨能力越高越好。因此,需要了解影响分辨率的各种因素,并且通过有针对性的方法提高地震记录的分辨率。对解释人员来说,认识地震资料对地质体、地层的分辨能力,将有助于做出正确的地质解释。

地震分辨率问题的产生,是因为从地震波本身来说它是一种波动,遵循弹性地震学的运动规律,并在一定近似条件下遵循几何地震学。此外,因为地震子波具有一定的延续时间,并不是理想的尖脉冲,所以在分析地震分辨率问题时将会涉及弹性地震学和几何地震学。下面将简要介绍一下分辨率的表示方法及其特点。

2.3.1 纵向分辨率

可以采用比较地震子波的延续时间 Δt 和地震波垂直通过地层的双程时间 $\Delta \tau$ 的办法来表示纵向分辨率,如图 2.3.1 和图 2.3.2 所示。从图中不难看出:

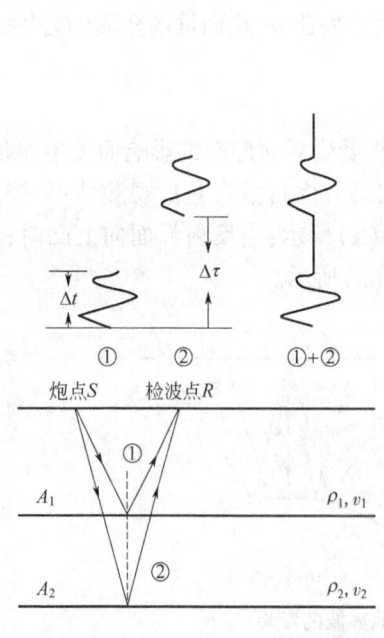

图 2.3.1 岩层较厚时的反射波图 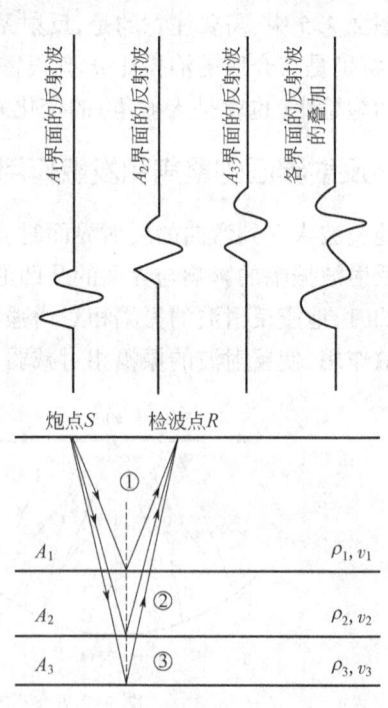　　图 2.3.2 岩层较薄时的反射波图

(1)当岩层较厚,也就是 Δτ>Δt 时(图 2.3.1),同一接收点记录的来自界面 A_1 和 A_2 的两个反射波可以分开,并且保留各自的波形特征。

(2)当岩层较薄时,地震子波的延续时间大于穿越岩层的往返时间,即 Δτ<Δt(图 2.3.2),此时来自相邻反射界面 A_1、A_2 和 A_3 的地震子波到达地面同一接收点 R 点时会相互叠加,形成一个复波。此时已经不可能区分哪个是 A_1 的波形,哪个是 A_2 的波形,哪个是 A_3 的波形。在地震记录上所看到的一个反射波组并不能简单地等于一个反射波。实际上,一个波组不一定来自同一个界面,有可能是来自一组相距很近界面的地震反射子波叠加结果。

通过上面的分析,可以得出这样的结论:当 Δτ>Δt 时,根据顶、底反射子波可以划分地层的顶、底界面;当 Δτ<Δt 时,顶、底反射子波相互重叠,不易区分地层顶、底界面。这里有

$$\Delta\tau = 2\Delta h/v \tag{2.3.1}$$

式中 Δh——地层厚度。

有时还可以用地震波长 λ 和地层厚度 Δh 来表示纵向分辨率。假设地震子波的延续长度包含 n 个视周期(有时说 2n 个相位,包括 n 个正相位和 n 个负相位)。根据上述地震波垂直通过地层的双程时间 Δτ 和地震子波的延续时间 Δt 的关系,分别将 Δt=nT(T 为周期)和 Δτ=2Δh/v 代入,可得如下三种情形:

(1)n=1(这种情形较为特殊),为了分辨相邻地层,应该有 Δτ>Δt,即

$$\Delta\tau = \frac{2\Delta h}{v} > \frac{\lambda}{v} \tag{2.3.2}$$

所以

$$\Delta h > \frac{\lambda}{2} \tag{2.3.3}$$

(2)n=2(这种情形是常见的),要能分辨应有

$$\Delta h > \lambda \tag{2.3.4}$$

(3)n=3(这种情形不常遇到),要能分辨应有

$$\Delta h > \frac{3}{2}\lambda \tag{2.3.5}$$

由此可知,根据地震子波的不同视周期可以导出以上三种关系。从时间分辨能力的观点来看,地震子波视周期不同,相应的薄层定义也不同。总之,可以用地震波的波长 λ 和地层厚度 Δh 来表示纵向分辨率。

如果从波的振幅变化和波形特征来考虑,如介质中具有楔形地层时(图 2.3.3),由于顶、底界面反射系数的大小相等符号相反,所以当顶、底之间的反射时间差达到半个周期时,会出现同相叠加,即当

$$\Delta\tau = \frac{T}{2} \tag{2.3.6}$$

将会出现相对振幅极大,这时有

$$\frac{2\Delta h}{v} = \frac{\lambda}{2v} \tag{2.3.7}$$

则

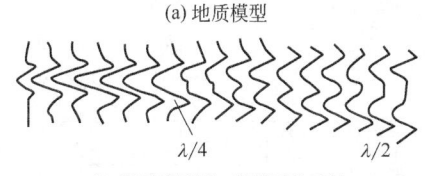

(a)地质模型

(b)楔形地层顶、底界面的反射

图 2.3.3 地震记录的纵向分辨率

$$\Delta h = \frac{\lambda}{4} \quad (2.3.8)$$

从图 2.3.3 看出，当地层厚度小于 $\lambda/4$ 时，顶、底界面的反射波叠加，产生类似单一界面上的波形。只有当地层厚度大于 $\lambda/4$ 时，才有可能根据复合反射的振幅和波形特征区分地层的顶、底界面。因此，一般以 $\lambda/4$ 作为纵向分辨率的限度。

影响地震分辨率的因素有很多，例如影响 Δt 的因素包括震源特性、大地滤波因子、记录仪器特性等。针对这些因素可以选择合适的激发条件，以及在资料处理中采用反褶积方法压缩地震子波延续时间等，使地震波具有较高主频。影响 $\Delta \tau$ 的因素则是波速 v 和地层厚度 Δh。

综上所述，地震记录的纵向分辨率有以下特点：

(1) 地震子波的延续时间 Δt 越小或相应的频带宽度 Δf 越大，地震记录的纵向分辨率就越高，反之则低。

(2) 在同一岩层中，因为横波速度 v_S 比纵波速度 v_P 小，所以横波的纵向分辨率大于纵波。这也是横波勘探所具有的优点之一。

(3) 一般将 $\Delta h = \lambda/4$ 称为调谐厚度，它表示能用地震波形分辨地层厚度的极限。

2.3.2 横向分辨率

从几何地震学的观点来看，在地面一个观测点上，只能接收到界面上一个点的反射。这就是说，记录反射波的观测点与地下界面上的地质点一一对应。但从弹性地震学的观点来看，地面观测点所接收到的反射波，应是界面上众多点源发出绕射波的叠加。在理论上，界面上应该存在一个面元，从面元内各质点发出的绕射波到达观测点时相互之间能起到建设性作用，所以横向分辨率应以这个面元的范围为界限。在地震勘探中，可以借助于光学上的菲涅耳带来定义横向分辨率的界限。

根据惠更斯原理，地面检波器所接收到的反射信号应视为反射面上是各二次震源发出的振动之和，这说明所接收到的反射波并不是来自界面上的某一点，而是全界面的综合响应。如图 2.3.4 所示，在 O 点自激自收，到达 O 点最快的是来自界面 O' 点的绕射波。界面上 O' 点两侧各点的绕射波到达 O 点的时间要依次稍晚一些。当入射波前到达界面形成反射时，波前面相位差在 $\lambda/4$ 以内的那些点所发出的二次振动将在接收点形成相长干涉，使接收的能量增强，而在该区域以外各点发出的二次振动则互相抵消。将有建设性的区域所产生的反射视为有效反射，故称为第一菲涅耳带。如果地质体的宽度小于第一菲涅耳带，则表现为与点绕射相似的特征，从而不能分辨地质体的宽度；当地质体的宽度大于第一菲涅耳带时，即界面上的点所产生的绕射波与 O' 产生的绕射波到达 O 点的时差超过半个周期，各波场不再起到互相增强作用。因此，菲涅耳带可以这样定义：若在界面上 O' 点两侧的 C、C' 点所产生的绕射波与 O' 产生的绕射波到达 O 点的时差为 $T/2$，则认为 CC' 区域内的点所产生的绕射波在 O 点是加强的，CC' 区域以外的点产生的绕射波在 O 点不再互相加强，将以 O 为圆心，OC' 为半径，在反射界面上确定的范围称为 O 点产生的波在界面上的（第一）菲涅耳带。也就是说在 O 点自激自收所得到的反射，实际上是来自界面上 CC'

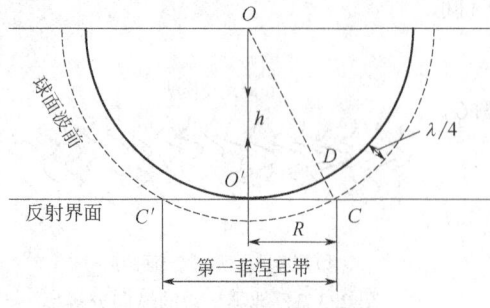

图 2.3.4 菲涅耳带示意图
h—O 点到反射界面的距离

范围内所有的点。菲涅耳带是构成反射的最小面元,小于该范围的地质体在地震剖面上是不能准确分辨的。

菲涅耳带的范围可以通过解析方式求出。从图 2.3.4 可知

$$O'C = \sqrt{(OC)^2 - (OO')^2} \tag{2.3.9}$$

因为

$$OC = OD + DC, \quad OO' = OD = h \tag{2.3.10}$$

$$DC = \frac{1}{2} \times \frac{Tv}{2} \tag{2.3.11}$$

所以

$$OC' = \sqrt{\left(h + \frac{\lambda}{4}\right)^2 - h^2} = \sqrt{\frac{\lambda h}{2} + \frac{\lambda^2}{16}} \tag{2.3.12}$$

如果 $h \gg \lambda$,略去 λ^2 项可得

$$OC' \approx \sqrt{0.5\lambda h} \tag{2.3.13}$$

由此可见,菲涅耳带的范围随着深度增加和频率降低将会增大。实践证明,地震勘探精度与上述结论是相符的。例如对于深度为 2000m 处的地层,如果震源主频为 50Hz,上覆介质速度为 2000m/s,可以分辨的断棱宽度大约为 200m。这也是目前反射波勘探法所能达到的精度。

思 考 题

1. 什么叫地震资料的频谱分析?
2. 地震波的吸收衰减有何特点?
3. 影响地震波振幅的因素有哪些?

第3章 地震资料采集

地震勘探在实际生产中包括地震资料野外采集、地震资料数据处理和地震资料综合解释三个环节,其中地震资料野外采集是三个环节中的基础,没有资料采集质量的保证,数据处理、综合解释工作再精细也是"空中楼阁"。

地震勘探野外采集的主要目的是突出有效波,压制干扰波,提高地震记录的质量。有效波和干扰波的区别主要体现在三个方面:一是波的形成条件、波的传播方向和质点位移振动方向的不同;二是波的空间分布区域和传播速度的不同;三是波的能量以及波形特征的不同。因此,提高地震记录质量的主要途径可从激发和控制地震波的方法、观测和接收地震波的工作技术、记录地震波的仪器设备三方面考虑。本章对地震勘探野外采集中的主要内容加以介绍。

3.1 地震测线布置

3.1.1 地震测线布置的原则

沿着地面进行地震勘探的野外工作路线称为地震测线。按炮点和接收点的相对位置关系,地震测线分纵测线和非纵测线两大类。炮点和接收点在同一直线上的叫纵测线,不在同一直线上的叫非纵测线。地震勘探按观测点的展布方式可分为二维地震和三维地震(图3.1.1)。一般来讲在勘探前期以二维地震为主,勘探后期或潜力较大的区域以三维地震为主。布置地震测线时,不同的勘探阶段有具体的要求,但总体要求勘探精度越高,地震测线布置越密,且一条测线上一般要求炮点和接收点均匀分布。需要从整体性、目的性、方向性、测线联络、测线编号、测线长度几方面加以考虑。

布置测线的原则是:

(1)测线尽量为直线,这样能较真实地反映地下的构造形态,能准确地利用界面的时距曲线规律。

(2)主测线垂直构造走向,联络测线尽量与主测线垂直,联络测线应与主测线构成测网。这样能使地下的构造形态特征更明显,使解释工作简单化。

(3)测线要通过主要的探井。

(4)测线足够长,能控制构造形态和地质目标。

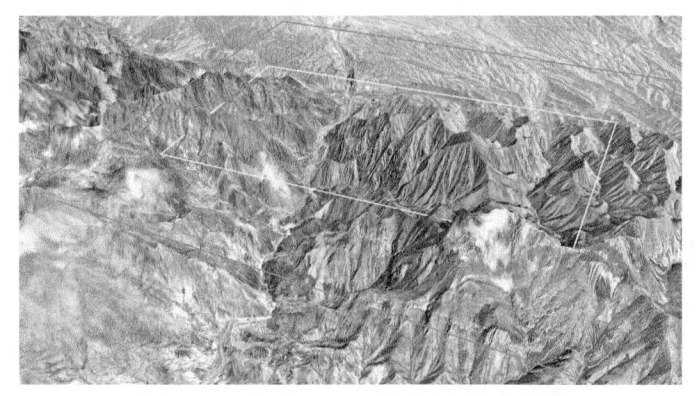

图 3.1.1　复杂工区地震测网布设示意图

3.1.2　不同勘探阶段的地震测线布置要求

地震勘探根据所要完成的地质任务分为四个阶段,即区域普查、面积普查、面积详查、地震精查。在不同阶段,测线布置要求也有所不同。

(1)区域普查。区域普查一般用于未做过地震工作的新地区,目的是查明区域地质构造,包括基岩起伏、地层厚度、地层层序、沉积盆地边界、各级构造带及预测含油气远景等。一般此阶段测网密度大于 4km×8km,也可不构成测网。

(2)面积普查。面积普查是在区域普查的基础上进行的,该阶段的任务是搞清楚沉积岩厚度、各层构造形态,主要断裂分布并提供早期油气资源预测资料,选出有利的构造带或局部圈闭。主测线和联络测线形成测网,测网密度为 4km×4km～4km×8km。

(3)面积详查。面积详查是在面积普查的基础上,对有可能含油气的构造进行详细调查,查明地层厚度、上下层接触关系、构造高点位置、闭合度及断层发育程度,为钻探提供井位。测网密度为 1km×1km～2km×4km。

(4)地震精查。在此阶段可根据需要布置三维地震勘探,任务包括:提供油气藏地震预测图件,研究油气藏空间展布,研究地层中存在的特殊地质现象。测网密度小于 1km×1km。如果进行三维勘探,地震测线纵横向距离应满足空间采样定理的要求(图 3.1.2)。

图 3.1.2　野外地震采集示意图

上述四个阶段并不是截然分开的,可根据实际情况进行灵活调整。

3.2 地震观测系统

3.2.1 地震观测系统基本概念

为了更清楚地了解地下构造情况,需要连续追踪地下各界面的反射波。每次观测时,炮点和接收点相对位置要保持一定的关系。这种炮点和接收点相对位置关系就称为观测系统。

观测系统可以用图示来表示,最简单的图示方法是综合平面图法。综合平面图的具体做法是:先把分布在测线上的激发点和接收点按一定比例尺标在一条直线上,然后从激发点向两侧作与测线成45°的斜线,组成坐标网,再把测线上的接收段投影到通过激发点的坐标线上,用粗实线标出,这种图就称为综合平面图。如图 3.2.1 所示,在 O_1 激发,O_1O_2 间接收,则可用 O_1O_2 在通过 O_1 的45°斜线上的投影 O_1A 表示;同样 O_1 激发,O_2O_3 间接收,则可用线段 AB 表示;O_2 激发,在 O_1O_2 间接收可用线段 O_2A 表示。

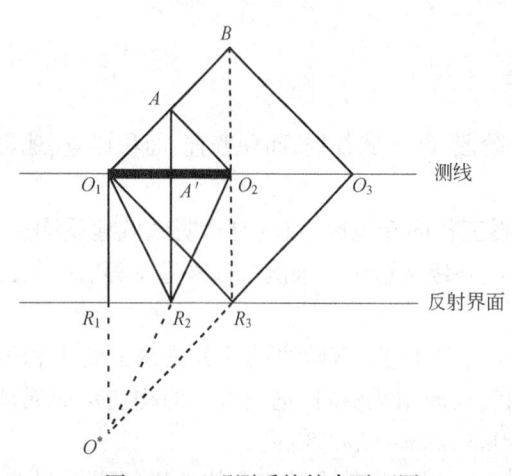

图 3.2.1 观测系统综合平面图

综合平面图的优点是,绘制方法简单,表示激发点和接收点的相对位置关系明确。当反射界面水平时,O_1 激发,O_1O_2 接收时,线段 O_1A 在测线上的投影 O_1A' 是这次观测到的反射界面 R_1R_2 在测线上的投影,O_1A' 等于 R_1R_2 的长度,等于 O_1O_2 长度的一半。其他炮点激发以此类推。如果地下界面是水平的,对地下反射界面重复观测的次数称作覆盖次数。如果接收段在测线上的投影(图 3.2.1 中的粗实线)是连续的,则对地下反射界面的观测也是连续的。在观测系统设计时,需要保证投影的连续性。

显然这样的观测系统会得到地下反射界面连续均匀的采样,有利于获得地下目的层的反射信息。但是还需注意一个问题,由于野外采集噪声严重,一个反射点只采集一次信息(即一次覆盖)显然是不够,同时考虑成本因素,又不可能在同一个地方连续激发多次。怎样解决这个问题呢?人们想到了多次覆盖观测系统,这样的观测系统设计大大提高了野外采集的效率和数据质量。

3.2.2 多次覆盖观测系统

多次覆盖观测系统是指为了达到多次覆盖,在野外工作中所设计的地震波激发点和接收点的相互位置关系。

为了便于叙述,先将多次覆盖观测系统中有关名词的代表符号及其意义(图 3.2.2)表示出来。

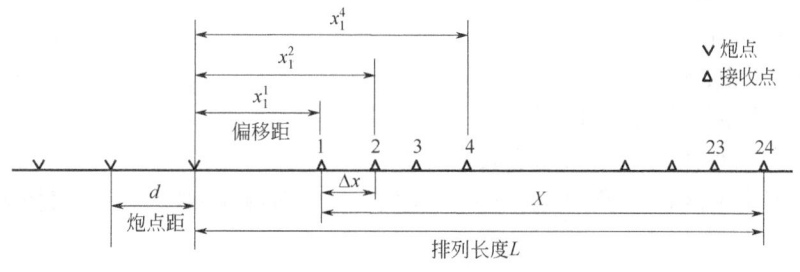

图3.2.2 多次覆盖观测系统图示

d——炮间距,测线上相邻炮点与炮点之间的距离,m;
Δx——道间距,测线上相邻接收点与接收点之间的距离,m;
L——排列长度,每次激发时,炮点与最远接收点之间的距离,m;
X——接收段,每次激发时,第一个接收点与最后一个接收点之间的距离,m;
N——接收道数,一个排列中的接收道数;
n——覆盖次数;
x_1^m——偏移距,一个排列中炮点到确定接收点之间的距离,m(m表示接收点号);
x_1^1——最小偏移距,一个排列中炮点到最近接收点之间的距离,m。

1. 多次覆盖观测系统的分类

目前使用的多次覆盖观测系统的种类较多,包括单边放炮观测系统、双边放炮观测系统、端点放炮观测系统、间隔排列放炮观测系统。一个排列上放炮数也不相同,有放一炮的,还有放多炮的。根据观测系统的叠加特性来分,可以把多次覆盖观测系统分为两大类:

(1)单边放炮观测系统,是指炮点位于排列一侧的观测系统。炮点可以位于排列的左侧,也可以位于排列的右侧。位于左侧的称为左边放炮,位于右侧称为右边放炮。根据有无偏移距(指x_1^1中最小的偏移距),单边放炮观测系统又可分为端点观测系统和偏移观测系统两种。端点观测系统是指最小偏移距为零的观测系统,偏移观测系统则是偏移距不为零的观测系统。

(2)双边放炮观测系统,是指炮点位于排列两侧的观测系统。中间放炮观测系统实际上是双边放炮观测系统的一种。和单边放炮观测系统一样,双边放炮观测系统也可分为端点和偏移两种。

在实际生产中,具体采用哪一种观测系统,一般要根据地震地质条件、干扰波的特点、断裂发育情况等来确定。

2. 多次覆盖观测系统的设计

多次覆盖观测系统设计的主要要求是:必须使所研究界面长度范围内的全部反射点(或反射段)都能得到相同次数的覆盖。但每放一炮所能研究的界面长度有限,因此设计观测系统时,首先需要沿测线等间隔地布置炮点位置,依次激发,并在相应的接收段上进行记录。通过理论推导和实际生产,可以总结出设计观测系统的经验公式:

$$d = \frac{NS}{2n}\Delta x \tag{3.2.1}$$

$$\gamma = \frac{d}{\Delta x} = \frac{NS}{2n} \tag{3.2.2}$$

式中 N——接收道数;

n——覆盖次数;
Δx——道间距,m;
d——炮点距,m;
γ——每次激发炮点移动的道数;
S——系数,单边放炮为 1,双边放炮为 2。

例如,24 道接收,3 次覆盖,单边放炮,则激发一次后观测排列应整体向前移动 4 道检波点距,即

$$\gamma = \frac{1 \times 24}{2 \times 3} = 4(道)$$

若 12 次覆盖,则移动 1 道检波点距离。

3. 四种线

在多次覆盖观测系统中可构成四个不同方向的线,即四种不同的道集记录(图 3.2.3、动态图 11)。

(1)从炮点出发的斜线代表一个排列,此线上所有的接收点有共同的炮点,称为共炮点线。

(2)从接收点出发的斜线,此线上所有道都是在同一个地面点接收的,称为共接收点线。

(3)通过共炮点线与共接收点线的交点且平行于测线的一组直线,称为共炮检距线。

(4)通过共炮点线与共接收点线的交点且垂直于测线的一组直线,称为共中心点线。在水平界面情况下,也叫共反射点线。

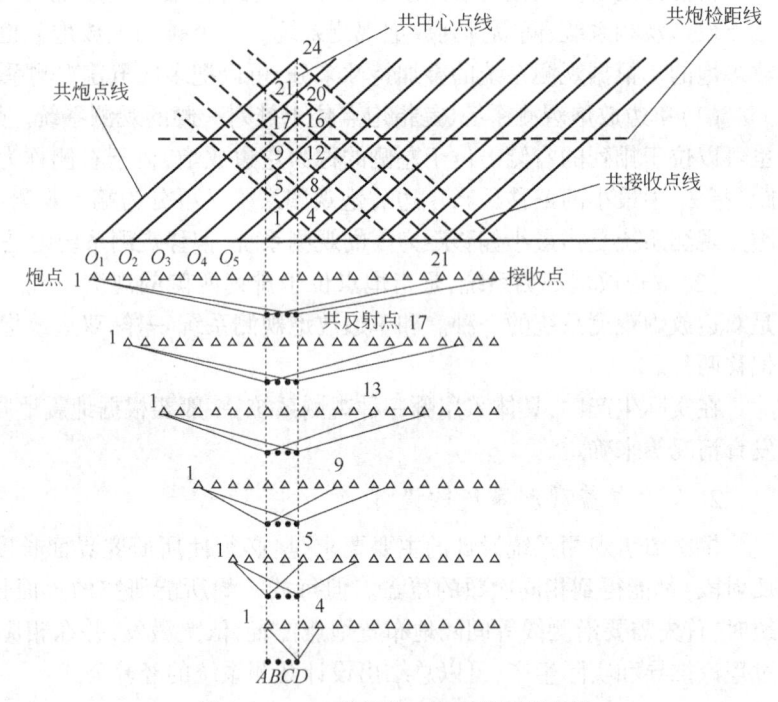

图 3.2.3 24 道接收 6 次覆盖观测系统

以上四种线在地震勘探中被广泛应用:例如共炮点和共中心点记录用于求激发点和检波点的静校正量;野外作业中,通过显示共炮点记录进行记录的质量监控;在资料处理中,需要对共炮点记录进行抽道集分选,得到大量的共中心点道集记录,然后进行其他处理工作,最终得

到用于资料解释的成果数据；在速度分析或偏移处理时，为了提高处理质量，需要抽取共炮检距记录，用于特殊分析和处理。

4. 共反射点道集与叠加次数的关系

把来自一个共反射点的相邻两个共反射点叠加道之间的距离，称为叠加道距，用 D_x 表示：

$$D_x = 2d \tag{3.2.3}$$

叠加道距相当的记录道数为

$$\frac{D_x}{\Delta x} = 2\gamma \tag{3.2.4}$$

根据图 3.2.3 所示的观测系统，相邻炮点的同一共中心点道号相差 4，故在 O_1 点放炮时的第 21 道、在 O_2 点放炮时的第 17 道、在 O_3 点放炮时的第 13 道、在 O_4 点放炮时的第 9 道、在 O_5 点放炮时的第 5 道和在 O_6 点放炮时的第 1 道，这 6 个反射点是在同一个共中心点线上，说明这 6 道组成一个共中心道集。在水平界面情况，这 6 道都接收到来自 A 点的反射，其他共反射点 B、C、D 等也都有相应的共反射点道集。依次放完 6 炮就会得到 4 个共反射点的 6 次覆盖记录，以后每放 1 炮可增加 4 个共反射点道集。

一个二维多次覆盖观测系统表示方式如下：0-200-1350，$n=4$，$\Delta x = 50\text{m}$，$N=24$。它表示最小偏移距为 200m，最大炮检距为 1350m，4 次覆盖，道间距为 50m，24 道接收的单边放炮观测系统。

3.2.3 三维观测系统

三维观测系统是二维观测系统的横向延伸，相比于二维地震，三维地震勘探可以在横向和纵向上对地下地质体进行全方位的密集观测，具有二维地震勘探不可比拟的优点。例如对地下地质体勘探的精度更高，可以有效避免二维地震的偏移问题，因此在油田开发阶段广泛应用，但其成本也更高，技术也更复杂。通常来讲，地下构造简单时，二维地震勘探经过合理的布设和资料处理，可以准确获得地下真实信息；当地下情况复杂时，二维地震勘探无法消除侧向干扰，不能实现正确归位，无法获得真实的地下信息。

三维地震勘探技术的兴起是在 20 世纪 70 年代末，西方一些地球物理公司对该技术推广起着重要的作用，经过几十年的实践证明，三维地震勘探在解决复杂地质问题以及在油田开发中无一例外都收到了二维地震勘探无法比拟的地质效果和经济效益。

三维地震勘探需要设计相应的观测系统，三维观测系统分为路线型和面积型两类，前者包括弯线观测系统和宽线剖面观测系统，而通常所说的三维地震是指面积型三维地震。

(1) 弯线观测系统。一般由于地形限制，测线只能布置成弯曲状态，激发点和接收点不在同一条直线上，由于其反射点分布在不规则的条带内，因此也称为非规则三维观测系统。

(2) 宽线剖面观测系统。其激发点和接收点规则布置在一条带状的平面内，反射点也分布在带状的三维空间内。

(3) 面积三维观测系统。面积三维观测系统有多种形式，它具有采样密度大、覆盖次数高等特点。陆上勘探中常见的类型有正交、斜交、砖墙等，如图 3.2.4 和图 3.2.5 所示。

1. 三维观测系统设计原则

三维观测系统设计应遵循工区的地质情况、地表条件、目的层、采集系统的记录道数及地

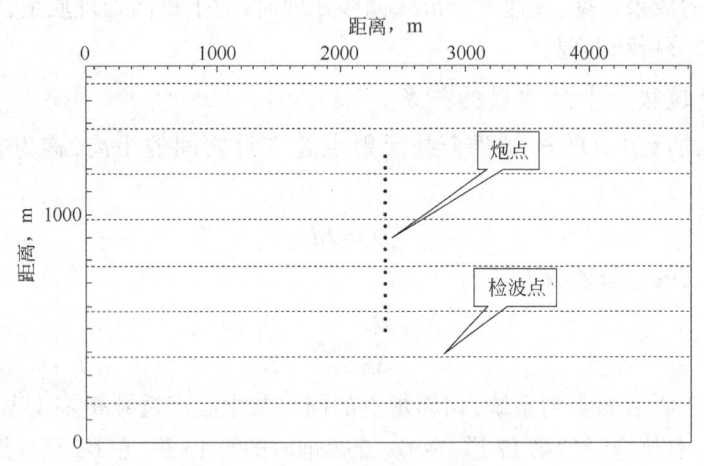

图 3.2.4　正交观测系统模板图

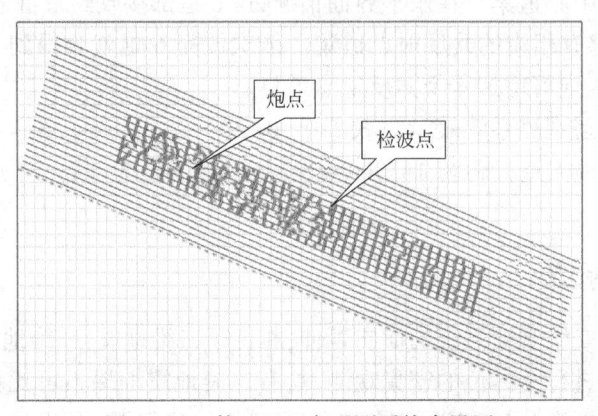

图 3.2.5　某工区正交观测系统布设图

质任务来进行。要使得三维地震资料有较高的信噪比,能够满足地质任务要求的垂向和横向分辨率,设计原则如下:

(1)炮点距、道间距、接收线距、炮线距和接收道数应相同,炮检距应当从小到大均匀分布,能够满足浅、中、深各目的层。同时炮检距设计应考虑生产效率和施工难度,道间距应小于视波长的一半(满足采样定理),接收道数通常为仪器总道数的50%~70%。

(2)一个共中心点(CMP)道集内方位角应尽可能均匀分布在360°方位上。

(3)地下各点的覆盖次数应尽可能相同或相近,从而保证地震记录特征稳定,有利于复杂地质结构、岩性研究。实践和理论证明,剖面的信噪比与覆盖次数 n 的平方根成正比。但是,不能仅靠覆盖次数来提高地震采集的质量。

(4)三维观测系统还需考虑地层倾角、地表条件和规则干扰波类型等因素。

2.常见的三维观测系统

1)十字形观测系统

十字形观测系统是规则观测系统中最基本的形式,其特点是激发点排列与接收点排列相互垂直,形成一个正交的"十"字排列(图3.2.6)。施工时,接收点排列不动,炮点沿炮线逐点激发。在每一炮点与接收点之间,对应的反射点是一个点;在每一炮点与接收排列之间,对应的反射点是一条线;一排炮点与一排接收点之间,对应的反射点分布在一个面积上。十字形观测系统一般用于地震仪道数不多的情况,是早期三维地震工作采用的一种观测系统。

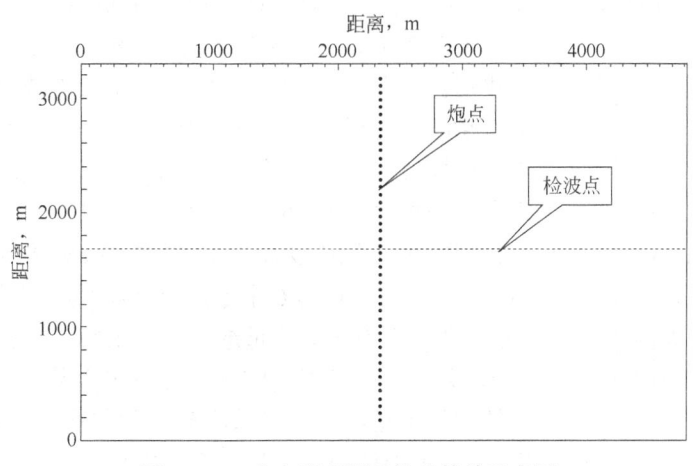

图 3.2.6 十字形观测系统的简单示意图

2) 线束形观测系统

地震线束形观测系统是目前三维地震施工中最常用的类型。该系统是由多条平行的接收排列和垂直的炮点排列组成。接收排列线数的多少与仪器的道数和排列长度有关,炮点线可以在检波点线中间、端点或有一定偏移距,炮点距可以相等或有规律地布置。

野外观测时,接收排列不动,一排炮点逐点激发,完成一次基本测网。这种观测系统的一个基本测网完成后,在中部有横向上的满覆盖次数,两侧的覆盖次数则不足。应在纵向和横向上移动这个基本测网(或称三维排列)。首先将炮点排列和接收排列同时沿前进方向滚动,再进行下一排炮点的激发,直到完成整条线束面积。然后再垂直于原滚动方向整个移动炮点排列及接收排列,重复以上步骤进行第二束线、第三束线,……,第 n 束线的施工,直到完成整个探区面积的多次覆盖观测。设计该类观测系统的经验公式为

$$v_x = \frac{MS}{2N_x} \tag{3.2.5}$$

$$d = v_x \Delta x \tag{3.2.6}$$

$$v_y = \frac{PR}{2N_y} \tag{3.2.7}$$

$$n = N_x N_y \tag{3.2.8}$$

式中 v_x——纵向上整个排列(包括检波点线和炮点线)每次向前移动的距离与纵向上每条检波点线上的道距之比,同式(3.2.2)中的 γ;

v_y——横向上排列(包括检波点线和炮点线)每次向前移动距离与横向炮点距之比;

d——纵向上整个排列(包括检波点线和炮点线)每次向前移动的距离,m;

N_x——纵向的覆盖次数;

N_y——横向的覆盖次数;

n——总覆盖次数;

M——排列中一条检波点线上的接收道数;

Δx——排列中检波点线上的道间距,m;

P——每条炮点线上的炮点数;

R——一个排列中的检波点线数。

当根据地质任务要求,给出有关的数据,就可以设计出相应的观测系统。

图 3.2.7 是一个 6 线 4 炮端点激发、线束形观测系统的一个排列:1 条炮线包含 4 个炮点,6 条检波线接收,每条检波线上有 96 道,道距 40m,检波线距 160m,炮点距 80m,偏移距(炮点线与检波点线之间的距离)为 300m。当设计要求观测系统纵向覆盖次数为 16,横向覆盖次数为 2 时,由上式可计算出整个排列每次纵向应移动 3 道(即炮点线和接收点线纵向移动 3 道,120m)、横向移动 6 个炮点距,也就是三个检波点线距 480m(陆上观测系统通常不重炮)。因此这种观测系统横向覆盖次数 16 次,纵向覆盖次数 2 次,总覆盖次数为 32 次。线束观测系统的优点是可以获得从小到大均匀的炮检距和均匀的覆盖次数,适用于复杂地质条件的三维地震勘探。

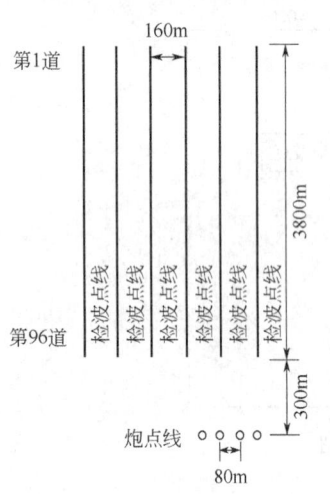

图 3.2.7 6 线 4 炮线束状观测系统的一个排列

在三维观测系统确定之后,需要根据三维工区的地质、地球物理特征计算和选取各采集参数。这些参数包括道距、接收线距、炮线距、最大炮检距、最小炮检距、总覆盖次数、检波器或炮点的组合形式等(图 3.2.8)。三维地震采集参数与二维地震采集参数的计算和选择原则基本相似,但是三维地震采集参数又有自身的特点,在此不再介绍。

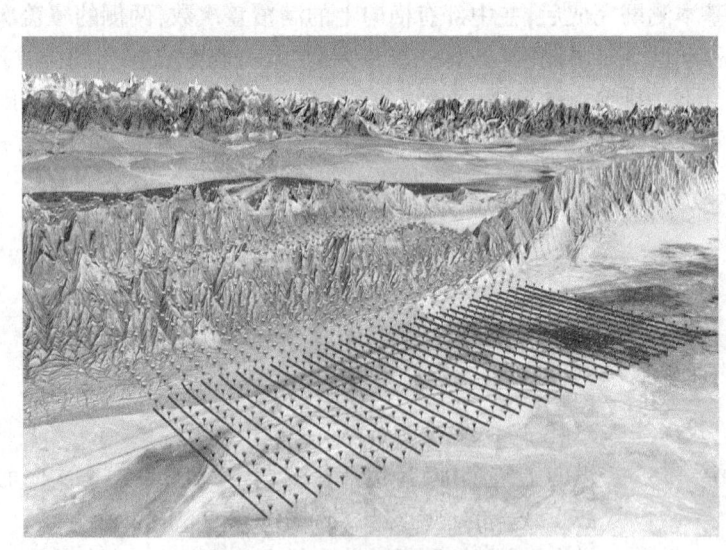

彩图 3.2.8

图 3.2.8 野外三维观测系统示意图

3)海上地震勘探观测系统

海洋油气勘探历来是地震勘探的重点。近些年,为了解决海上地震勘探碰到的问题,海上地震勘探技术得到了快速的发展,由早期的拖缆观测系统(图 3.2.9),发展成多船宽方位观测系统(图 3.2.10)、环形拖缆观测系统(图 3.2.11)和海底电缆观测系统(图 3.2.12)等。

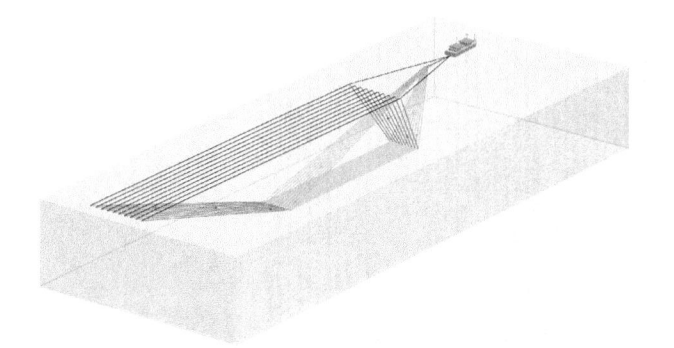

图 3.2.9　海上拖缆观测系统示意图

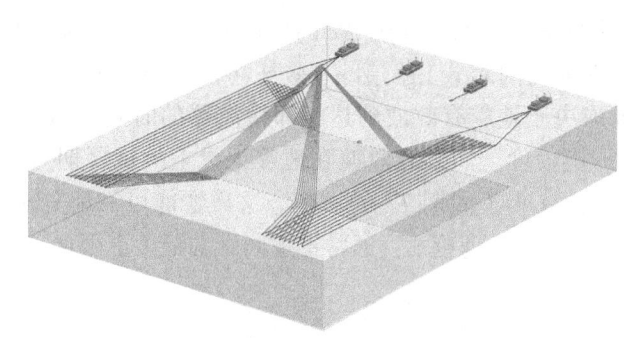

图 3.2.10　多船宽方位观测系统示意图

图 3.2.11　海上环形拖缆观测系统示意图
图示为环形采集时拖缆排列移动轨迹

3.2.4　观测系统重要参数设计

1. 道间距

道间距 Δx 是指排列中相邻检波器之间的距离。道间距的大小直接影响到地震资料的解释工作：如道间距 Δx 过大，将导致同一层有效波追踪辨认的可靠性受到影响；道间距 Δx 过小，则会增加野外工作量，因此要选择合适的道间距。

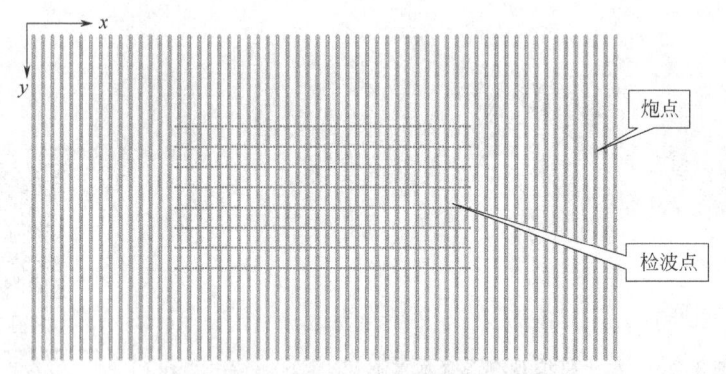

图 3.2.12 海底电缆观测系统示意图

道间距的选择实质上是空间采样率的问题。确定 Δx 的原则有二：一是应能满足清晰分辨勘探的最小地质体宽度；二是能在地震剖面上正确追踪有效波同相轴，不产生空间假频。

能否可靠分辨同一相位，主要取决于地震有效波到达相邻检波器的时间差 Δt、记录有效波的视周期及其他波对有效波的干扰程度。如果有效波在地震记录上的视周期为 T^*，那么道间距 Δx 选择的基本原则应使时间 Δt 小于周期 T^* 的一半。这样才能可靠地分辨有效波，不产生空间假频。另外考虑到地震有效波视速度 v^*，通常把道间距的最大上限定义为

$$\Delta x = \frac{1}{2} v^* T^* \tag{3.2.9}$$

目前石油地震勘探中道间距通常为 30m，煤田地震勘探通常为 10m。

2. 接收段长度

在道间距确定后，排列长度也可以确定，有

$$L = (n-1)\Delta x \tag{3.2.10}$$

式中　L——排列长度；

　　　n——单个接收线检波器的个数；

　　　Δx——道间距。

排列长度的选择必须要合适。排列长度小，会导致野外工作量大、生产效率低；排列长度过大，会增加野外施工的难度，同时在动校正时易产生拉伸畸变、反射波和折射波干涉问题。

3. 最大炮检距

最大炮检距 x_{max} 取决于诸多因素，主要包括反射系数的稳定性、叠加效果、动校拉伸、多次波压制、速度分析以及 AVO 分析等。

当入射角较小时，反射系数变化缓慢且稳定；当入射角大于临界角时，反射系数变化剧烈，反射波的相位会发生变化，影响叠加后波形的稳定性。因此，对于反射系数稳定性来讲，炮检距不能太大。

在后期动校正时，大炮检距的地震道容易产生动校拉伸畸变。因此，对于动校拉伸来讲，最大炮检距 x_{max} 不能太大。

在后期速度分析时，炮检距太小不容易正确识别速度信息。因此，对速度分析来讲，最大炮检距 x_{max} 不能太小。

利用叠加压制多次波，主要是根据地震波动校正后存在时差这一特性。时差越大，越容易

被压制。因此,对于多次波压制来讲,最大炮检距 x_{max} 不能太小。

从以上分析可以看出,最大炮检距 x_{max} 的设计是多种要求的折中考虑结果。

4. 最小炮检距

最小炮检距应不大于最浅的目的层深度。在多次覆盖中,近似将 x_{min} 当作最小偏移距。为了更好压制多次波,x_{min} 应足够大,但 x_{min} 足够大会损害有效波,特别是浅层大炮检距的反射波。因此,x_{min} 应满足不大于最浅的目的层深度的要求,一般不超过500m。

3.3 地震激发与接收

3.3.1 地震激发

地震勘探的震源基本上分为两大类,一类是炸药震源,另一类是非炸药震源。目前,陆地上勘探以炸药震源为主,海上勘探基本采用非炸药震源。一般陆上勘探的常用震源为圆柱状的 TNT 或铵梯炸药震源。这些炸药震源具有能量强、激发的地震波有良好脉冲等优点。

首先,激发的地震波要有足够强的能量。因为在石油勘探中用地震反射法查明地下数千米的地层构造形态,需要地震波能量传到目的层,并返回到地表被检波器接收到,所以没有足够的能量是不行的。此外,在激发有效波的同时会产生各种各样的干扰波,因此在实践中要求有效地震波有较强的能量、显著的频谱特性和较高的分辨能力。

实践中对地震波的激发要求是:

(1)激发出的有效波具有相当强的能量,以保证获得需要深度岩层的反射;

(2)有效波的频谱适中,适于地震检波器及地震仪器的接收,并要求有效波与干扰波有较大差别,有效波特征清晰;

(3)要求具有高信噪比、高分辨率和高保真能力。

1. 炸药震源

从20世纪20年代初到如今,通常采用炸药为主要震源。实践证明,在油气地震勘探中使用炸药震源有良好的效果,优点是具有较强的能量、激发出的地震波频带宽。炸药震源通常需要雷管引爆,产生的脉冲尖锐、频带宽,而且一般需要钻炮井,井深根据实验获得,通常在10m以上。炸药起爆时有相当一部分能量消耗在岩石破碎上,因此炸药震源有以下缺点:钻炮井和使用炸药的费用较大,时间较长,在需要钻深井才能获得良好激发条件的地区,耗费更大;沙漠等缺水地区地形复杂、基岩裸露、表层为砾石、流沙、沼泽等地区,炸药震源施工不便;在工业区、人口稠密地区、海上、湖泊等处,因安全及环境保护不宜使用炸药;激发效果难以控制,不能使各次激发的效果相同;无法控制地震脉冲的频率;炸药的运输、保管和使用中容易发生危险。

在炸药震源激发条件的选择上,应从以下几个方面考虑:

(1)激发岩性。在什么岩石中激发,实际上是选择阻抗耦合度的问题,阻抗耦合度在地震勘探中可通俗地理解为井壁与炸药结合的紧密程度。它涉及产生的地震波频谱及各种波的能量分配。爆炸时所产生的频谱很大程度上取决于岩石的性质,如在松散干燥的地层或淤泥中爆炸,频率较低。由于爆炸所产生的大部分能量被松软的岩石吸收,所以效果不佳。如果在坚硬的岩层中爆炸,大部分能量消耗在破坏周围岩石上,向下传播的能量较少。因此激发岩性不能选择上述两类,应选择潮湿的可塑性岩层,如黏土等岩层,这样的激发效果较好(图3.3.1)。

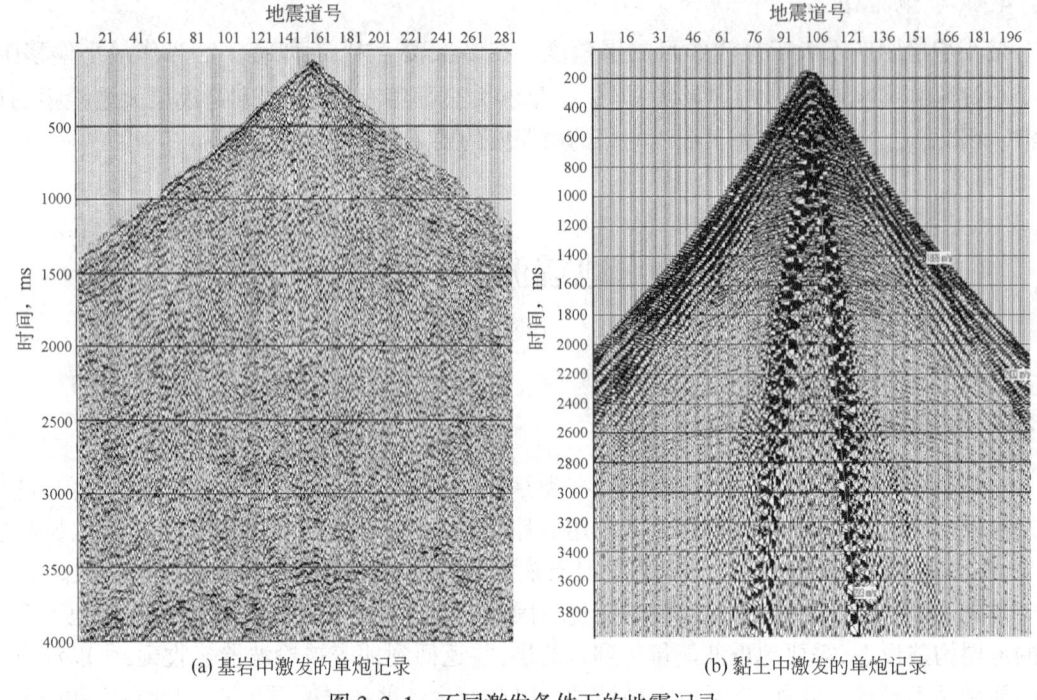

(a) 基岩中激发的单炮记录　　(b) 黏土中激发的单炮记录

图3.3.1　不同激发条件下的地震记录

(2) 激发深度。激发深度问题基本上仍是阻抗耦合问题,通常激发深度选择在潜水面以下,一般为潜水面以下3~5m,不同地区根据野外实验来确定。爆炸深度太浅时,容易产生强面波干扰。激发深度太深时,不仅成本增加,而且会产生虚反射。因此,激发深度选择适中为好。

(3) 炸药量。正确的选择炸药量,首先要保证激发的有效波有足够的能量。当炸药量小时,增加药量可以提高波的振幅,但增大到一定量时药量对振幅的影响并不明显。因此,如果单井药量产生的振幅仍然达不到要求时,可选择组合激发方法。

(4) 施工要求。井中爆炸的效果与野外施工质量密切相关,实际操作时炸药要包紧,使得炸药密度足够大,炸药包直径与井眼直径之差尽量小,以将炸药包顺利下井为限。炸药包要下到设计井深,注满水,在无水区应用泥沙填埋、压紧。这样不仅可以避免产生声波干扰,降低面波能量,也能改善几何耦合度和阻抗耦合度。

2. 非炸药震源

为了克服炸药震源的缺点,特别是为了解决复杂地区钻炮井的高耗费等问题,使得地震勘探可以在沙漠、黄土覆盖等地表条件恶劣的地区开展工作,人们发明了非炸药震源。早期由于其能量弱、干扰强和信噪比低等问题未得到很好的解决,一直很少用于生产,直到20世纪60年代,各种新型非炸药震源才有实际应用价值。陆上非炸药震源主要分为撞击型(如重锤震源和气动震源)和振动型(如可控震源和空气枪震源)。

1) 气动震源

气动震源是一种车装非炸药震源,震波发生器为密闭的扁平圆柱体,由高强度的金属构成一个侧壁可以伸缩的爆炸室,爆炸室顶部为一较重的反冲体,底板与地面接触。震波发生器放置好后,将丙烷及氧气混合物导入爆炸室,在 2 个大气压的条件下,由电火花引爆。爆炸时,较轻的底板能迅速作出反应,将脉冲传至地下,传至地下所需时间为 2ms。在野外进行激发操作时,载运器上有装置将震波发生器与地面接触,然后车体的后部抬起,以使车体后部的重量均压在震波发生器上。车体和爆炸室上部的重块共同构成近 10t 的大反冲体。从爆炸室充满可燃气体,到爆炸产生脉冲,需要大约 5s 的时间。另外,必须在每一激发点进行多次脉冲激发,然后叠加形成不同频率成分的信号。该类型震源属于低频、低能量震源,因而对于噪声的压制、提高分辨率等问题,需要后期很多措施加以解决。

2) 重锤震源

重锤震源系统是由车载的机械装置将 3t 以上的重锤高举至 3m,然后让其坠落至地面,这样冲击可以产生地震信号。在重锤撞击地面之后就马上把它从地面提起,以便使重锤在几秒钟之内在另一个地点再次落下。在这段时间,卡车向前移动一点距离,每次激发的地震波由一个排列接收,记录在磁带上以便后期处理。由于重锤的撞击产生的面波较强,因此使用多检波器组合、组合激发以及叠加处理。

3) 可控震源

这是一种可以控制激发地震波频带的震源,所以称为可控震源。它是装在大型卡车上的振动器,将数吨的冲击力加到地面,并利用机械振动的方式向地下发射一个频率随时间变化的扫描信号(图 3.3.2),该扫描信号可以是线性信号,也可以是非线性信号。将扫描信号与检波器接收到的信号进行自相关后,即可得到与地层反射时间一致的地震记录。

图 3.3.2 可控震源设备

可控震源设备其工作原理如图 3.3.3(a)所示,扫描频率信号在发送到地下的同时,在震源附近的一个参考检波器也进行记录,如图 3.3.3(b)中的曲线 a。在图 3.3.3(b)中若检波器接收到地下三个反射层的反射时间分别为 t_1、t_2、t_3,分别对应于图中的 b、c、d 曲线,实际得到的地震记录应该是三个信号叠加的结果(图中的曲线 e);由于扫描信号的延续时间很长,因此曲线 e 根本无法分辨反射层的位置,此时利用曲线 a 与曲线 e 做互相关得到曲线 f,此时记录上会出现三个脉冲,分别对应三个反射层;将一系列的地震道与曲线 a 做互相关,可以得出许多新的道,它们能组成一张新的地震记录,在这张记录上可以进行波的对比识别。需要注意的是,这个记录的信号不是反射信号本身,而是它的自相关函数。

可控震源与炸药震源相比,具有以下三个优点:

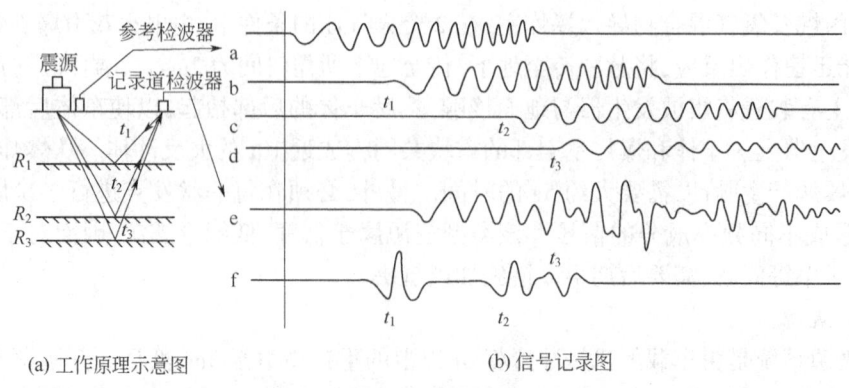

(a) 工作原理示意图　　　　　　　(b) 信号记录图

图 3.3.3　可控震源记录原理图

（1）可控震源不产生地层易吸收的频率成分，从而节约能量。炸药能量一部分会消耗在产生无用的频率成分上，而可控震源可以根据地层特性选择损耗最少、最适于地层传播的频率确定扫描的频带，这样可使震源的能量发挥最大效果。

（2）不破坏岩石，不消耗能量于岩石的破碎上。可控震源冲击地面的力量一般为 5~15t，对岩石破坏力较小，大部分能量转化为弹性波能量。

（3）抗干扰力强。由于可控震源采用相关技术，可避免许多干扰，提高资料的信噪比，激发时测线上也不必警戒。

但可控震源也存在缺点：结构庞大复杂，在地表复杂地区使用不便；对地震道的某些特征分析（如 AVO 分析），可控震源得到的地震资料不如炸药震源。

4) 空气枪震源

空气枪震源是利用压缩空气的快速排出而产生冲击波的装置，常用于海上地震勘探，其主要部件包括枪身、活塞、电磁阀。枪身包括有上、下气室，如图 3.3.4 所示。充气时，高压空气从压缩空气源（气瓶或压缩空气机），经气管充进上、下气室，并用活塞密封住下气室，然后通电，打开电磁阀门，使来自气源的压缩空气沿上气室右壁的孔道进入，从下向上对气动活塞加压，从而启动活塞使之以极高速度向上移动，下气室中的压缩空气快速从四个排气孔中喷出，形成一个大气泡，产生强烈的冲击波。上、下气室排气后可重复充气、排气过程，并再次激发，

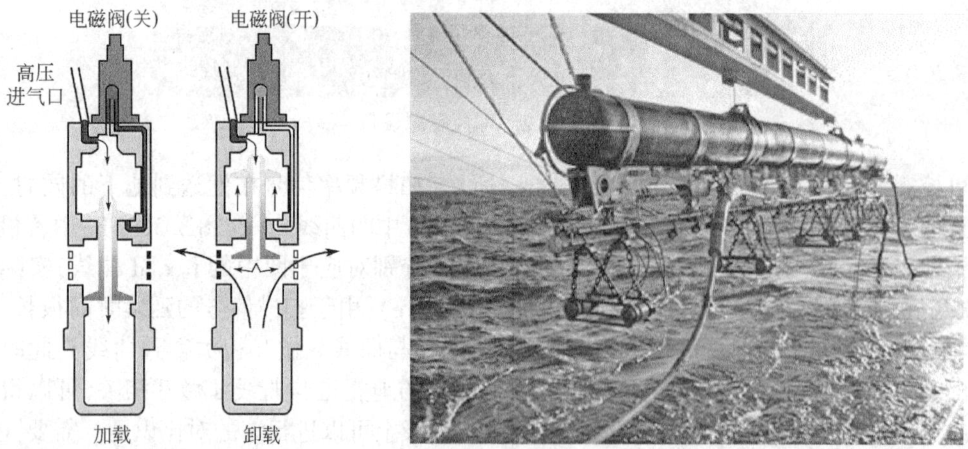

(a) BoltPar空气枪结构示意图（据Dobrin, 1976）　　　(b) 海上空气枪震源

图 3.3.4　BoltPar 空气枪结构及海上采集设备

每次激发约需 2s 时间。

空气枪激发的波,其频率受空气枪沉放深度、枪内压力、气室容积控制。激发时空气枪埋深越大,频率越高;枪身压力越大,频率越低;气室容积越大,频率越低。

空气枪震源的优点是:震源脉冲重复性好、安全方便、省钱(原料为空气),但单枪的功率不大,有气泡效应,且易产生重复冲击,因此使用时一般采用多枪组合激发,这不仅可以提高波的强度,而且可避免重复冲击,提高信噪比和分辨率。

非炸药震源共同的优点是安全、经济、可靠、破坏性小、有利于环境保护,其普遍的弱点是干扰强、能量弱。因此一般非炸药震源都需进行组合激发、叠加等技术处理,以获得足够的能量和满意的信噪比。

3.3.2 地震接收

震源激发后,会产生地震波向下传播,经过界面反射、折射后,产生反射波、折射波等各种上行波后返回到地表,由布置在地面或水下的地震检波器接收并记录下来,因此会涉及地震波的接收。本书只简单介绍有关地震波接收的知识,如观测系统参数选择等。观测系统参数选择主要包括道间距、最大炮检距、最小炮检距、排列长度及覆盖次数等。

1. 检波器埋置

为了采集地震信号,需要提前在地面埋置检波器,检波器可将震动的模拟信号转化为数字信号,检波器根据使用场景可分为陆地和海洋两大类型(图3.3.5)。

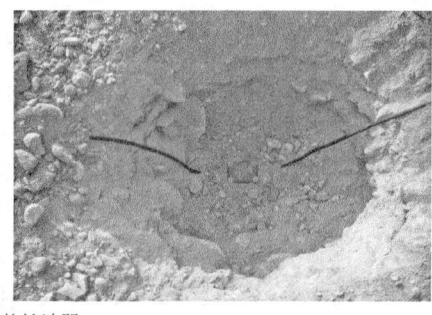

(a) 陆地常用的检波器

(b) 海洋常用的海底电缆(检波器)

图 3.3.5 各类型检波器

为了使检波器接收到的地震波不失真,除本身设计、制造水平外,必须使检波器与地面很好地耦合。因此,野外工作时对检波器的埋置有严格的要求。陆上检波器都带有尾锥,要求将尾椎插入地下,固定在预定位置,使检波器达到平、稳、正、直、紧(图3.3.6)。

图 3.3.6　野外检波器的埋置

2. 检波器组合

陆上采集时,通常将检波器安置在地表或浅坑中。随着采集技术的发展,出现了检波器组合技术,即在一个位置埋置多个检波器,将几个检波器的信号叠加输出作为一道信号,形成检波器组合。

地震勘探组合法一般指组合检波和组合爆炸方法。组合检波是指用一组检波器产生一道地震信号。通常把检波器沿测线布置成一条直线的组合称为线性组合,把检波器沿测线布置成一个平面上的组合称为面积组合。

反射波地震勘探方法中的有效波是一次反射波,来自地下深处的反射波传到地表时,由于低速带的存在,射线成近似垂直地面到达接收点,而面波等干扰波的传播方向则是沿地表的。所以地震勘探组合法的基本原理就是利用信号和噪声传播方向的差异来突出有效波,压制干扰波,提高信噪比。组合主要分为线性组合和面积组合,目前常用的检波器组合形式如下:图3.3.7为线性组合,图3.3.8为"米"字形检波器组合,图3.3.9为"川"字形检波器组合。

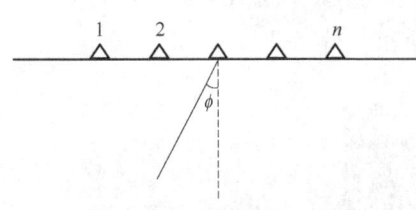

图 3.3.7　线性组合示意图

3.3.3　地震信号中的干扰波

为了更好满足野外采集和处理的需要,一般根据噪声分布是否具有规律性将噪声分为规则噪声和随机噪声。规则噪声是有规律可循的,具有一定的主频和视速度,通过特定的采集和处理手段是可以压制的,如面波、浅层折射波、散射波、侧面波、交流电干扰波、多次波、随机噪声等。

1. 面波

面波是地震记录上最常见的一种干扰。地表面是岩石和空气接触的分界面(称为自由表面),在地下还有许多不同岩层的分界面,地震波激发后,除了纵波和横波外,还会产生一些与

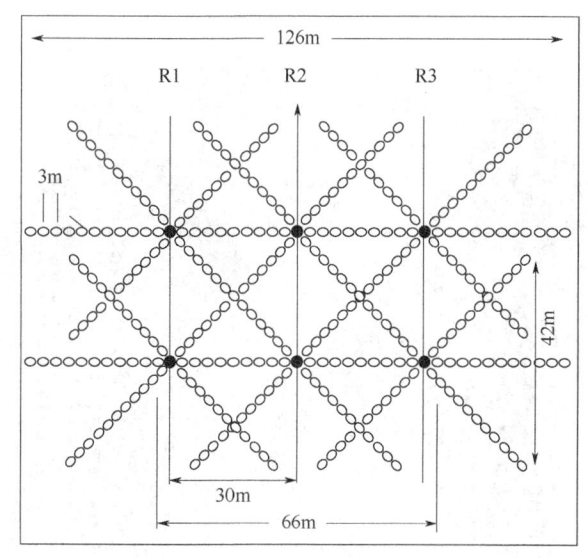

图 3.3.8 "米"字形检波器组合示意图

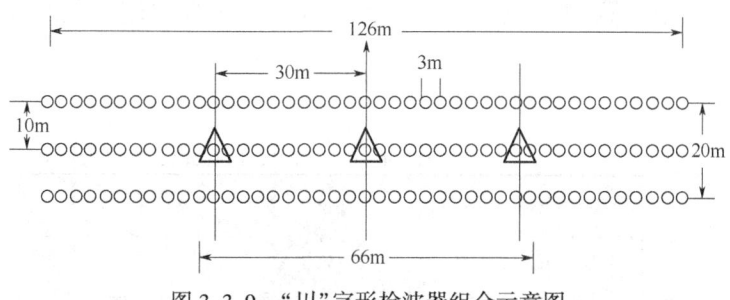

图 3.3.9 "川"字形检波器组合示意图
三角形为中心检波器,与其平行的三串为检波器组合

自由表面、岩层分界面有关的特殊波。这些波只在自由表面或不同介质分界面附近能够观察到,其强度随传播距离的增大而迅速衰减,这种波称为面波。根据面波产生源的不同可以分为源生面波和次生面波。不同工区或同一工区不同地段因表层介质结构的差异性,面波表现形式与强弱有所不同。戈壁区通常发育多种源生面波,山体区一般仅发育一种源生面波,如图 3.3.10 和图 3.3.11 所示。

2. 浅层折射波

在浅层如果存在高速层或下面的老地层埋藏较浅,可以观测到浅层折射波。在戈壁地区由于风化层下面存在第四系稳定高速层,折射波比较明显(图 3.3.12),其特征是频率和波长与反射波较为接近,而且在视速度相等时,二者的时距曲线相切。

3. 散射波

散射波即通常所说的次生干扰,是造成某些构造或地段记录信噪比低的重要原因之一。当由震源产生的首波、源生面波等传到特殊地形及不均匀介质体时,受其激发而成为次生震源,形成散射干扰波。相对测线而言,这些散射源或左或右,或上或下,呈三维分布,因此散射波将以不同方位传向检波器,形成复杂的三维性质干扰。由于不同构造或不同地段的条件差异,其强弱和表现形式有所不同,散射波主要存在于山体或山体与戈壁的交接处。

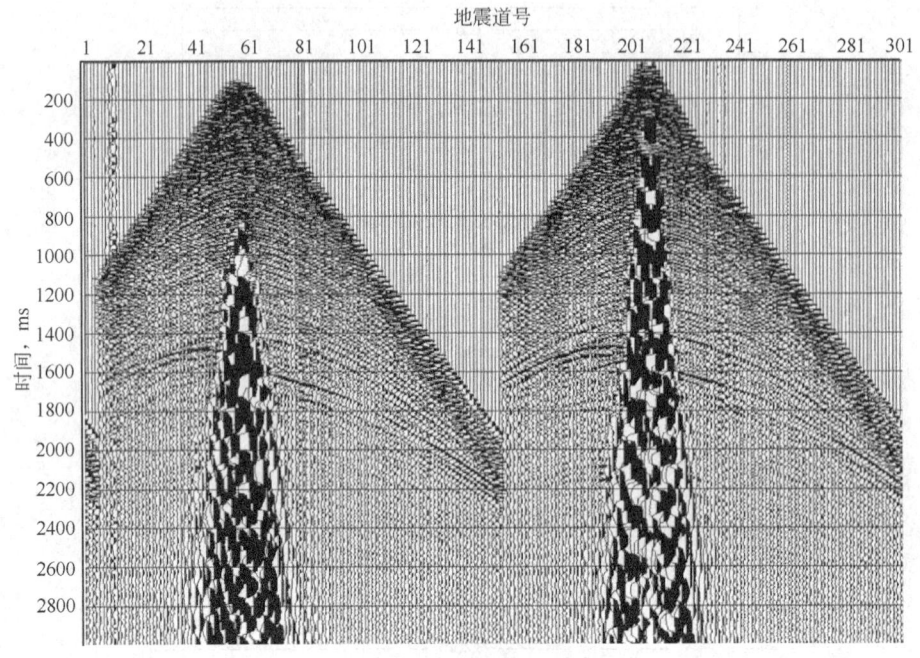

图 3.3.10 平原地区面波

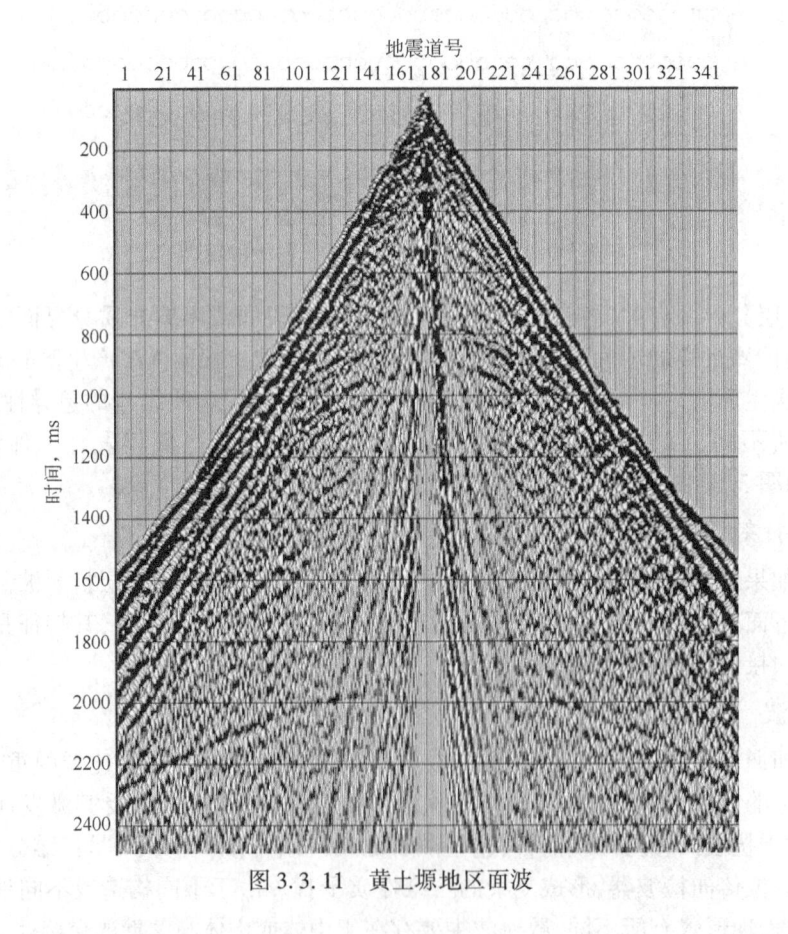

图 3.3.11 黄土塬地区面波

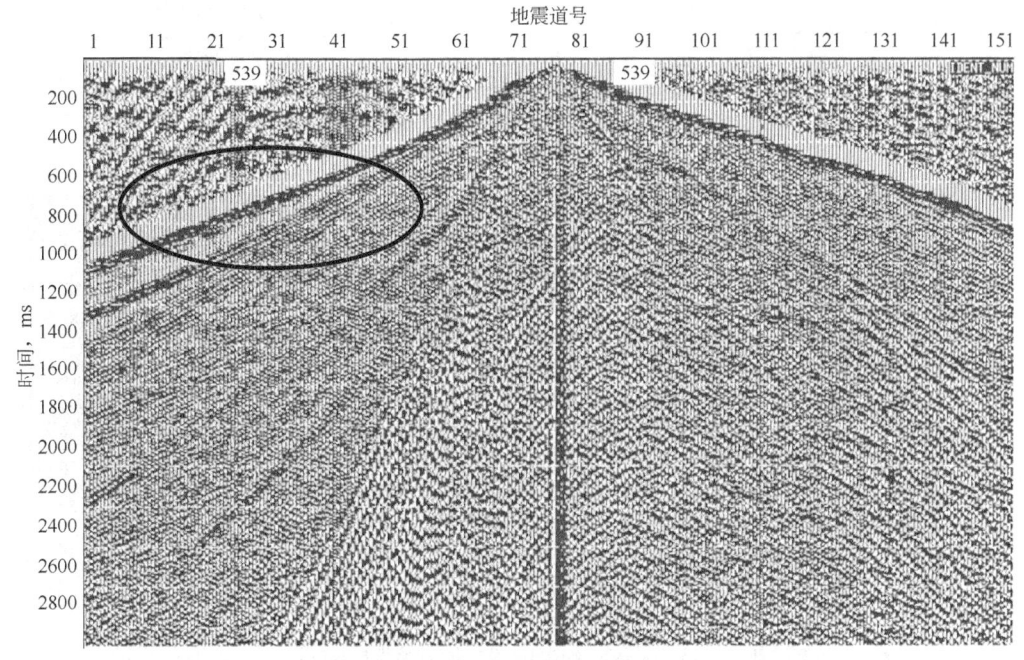

图 3.3.12 浅层折射波剖面

散射可分为正向散射、反向散射和双向散射(图3.3.13)。所谓正向散射,是指散射波传播方向与初至传播方向一致;反向散射是指散射波传播方向与初至传播方向相反;双向散射也叫正反向散射,是指由一个散射源产生的散射波同时既有正向也有反向传播。炮记录散射波有以下基本特点:直达首波、折射波、源生面波都可形成散射波,但从数量和强度看,主要是由源生面波激发散射源引发,所以散射波主要分布于源生面波所在狭小的三角区内(图3.3.14)。

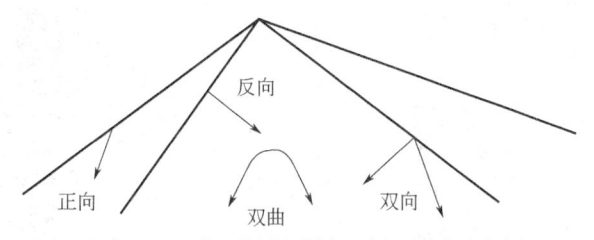

图 3.3.13 常见散射波剖面表现形式示意图

4. 侧面波

来自非射线平面内来的波均称为侧面波,一般影响深层记录,是一种规则干扰波。

例如山地由于水系切割,形成沟谷交错的复杂地形,冲沟和山体的相对高差达数百米,地层与空气的接触面形成一个强波阻抗分界面,因此地震波激发后,传播到这些界面,被反射回来,记录上可能出现来自不同方向的具有不同视速度的干扰波,这种干扰波是一种侧面波。

侧面波来源主要分布在地形变化剧烈的地区:断面、不整合面;向斜两翼等。

5. 交流电干扰波

工业交流电干扰波是通过感应或电缆漏电耦合到电路,同地震信号一起被送到地震仪而被记录下来的干扰波。在输电线下面的一道或几道上的交流电干扰特别强,其他道较弱,而被干扰的道从头至尾都有 50Hz 干扰信号(图3.3.15)。

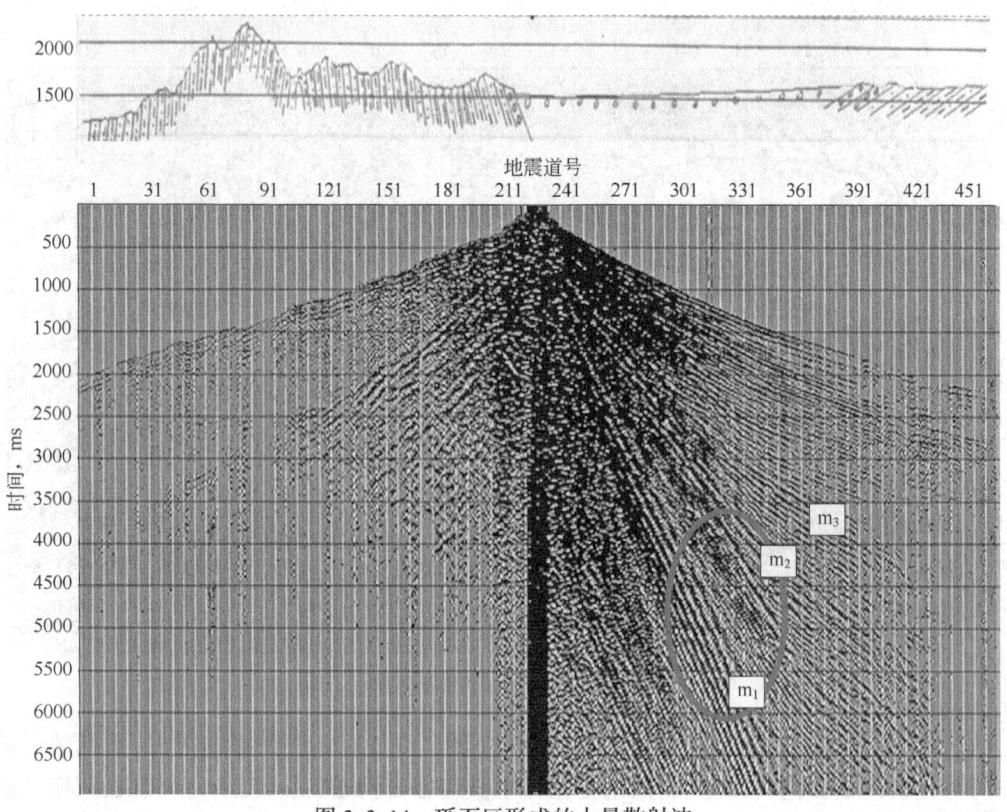

图 3.3.14 砾石区形成的大量散射波

m_1、m_2、m_3 为三组源生面波；m_1 下方为散射波

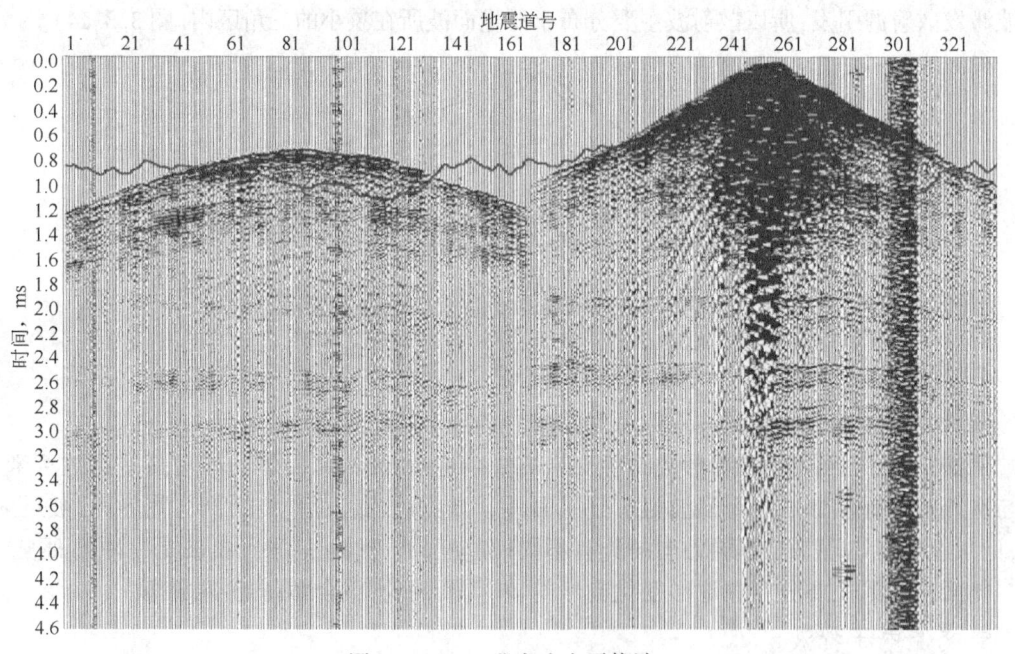

图 3.3.15 工业交流电干扰波

6. 多次波

从震源出发,到达接收点时,在地下界面之间发生一次以上反射的波,称为多次波,其特点

是:多次波和一次波在频谱和视速度上相近,多次波的主频和视速度偏低,但差异不大;多次波的传播速度比同时到达一次反射波的传播速度要低;多次波比反射波多一个或多个反射界面,对于简单多次波,其旅行时间是一次波的倍数,如图 3.3.16、图 3.3.17 和图 3.3.18 所示。

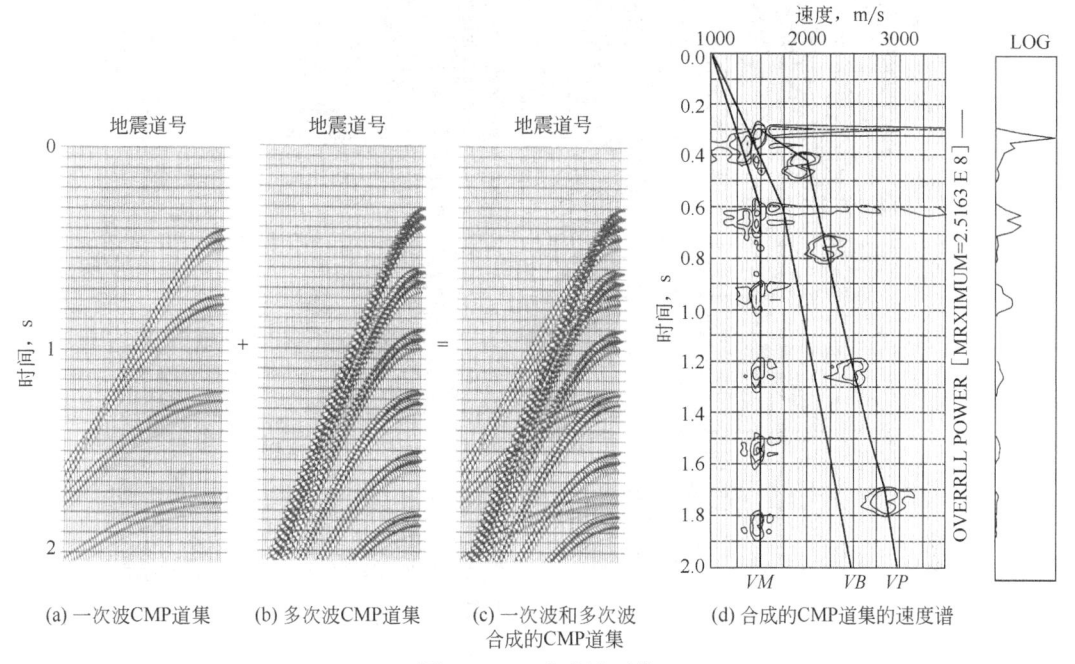

(a) 一次波CMP道集　(b) 多次波CMP道集　(c) 一次波和多次波合成的CMP道集　(d) 合成的CMP道集的速度谱

图 3.3.16　多次波干扰

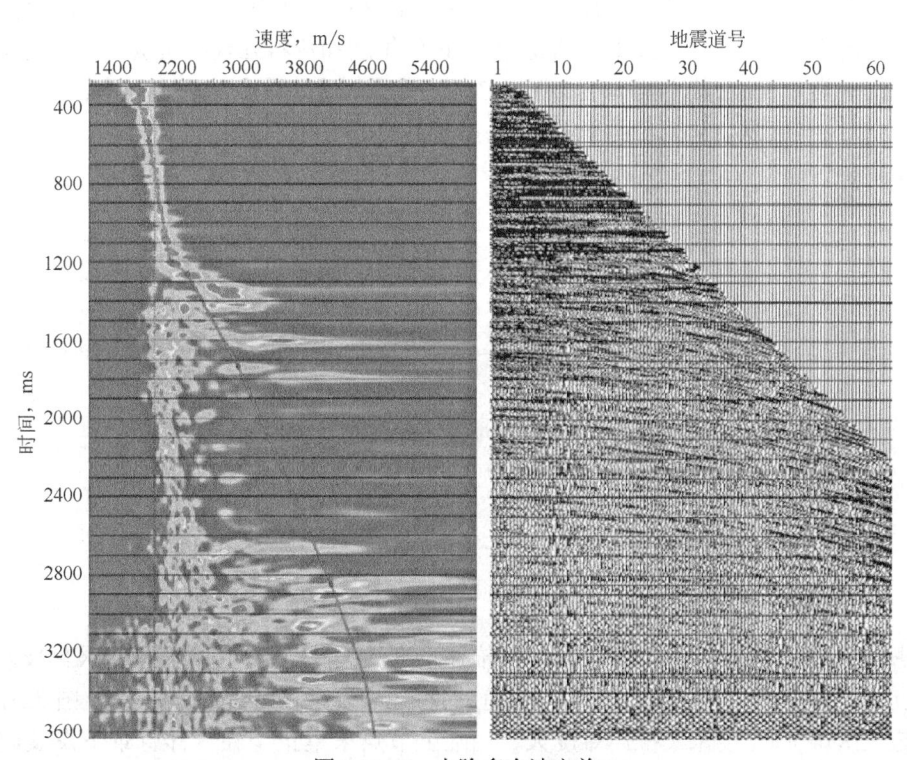

图 3.3.17　去除多次波之前

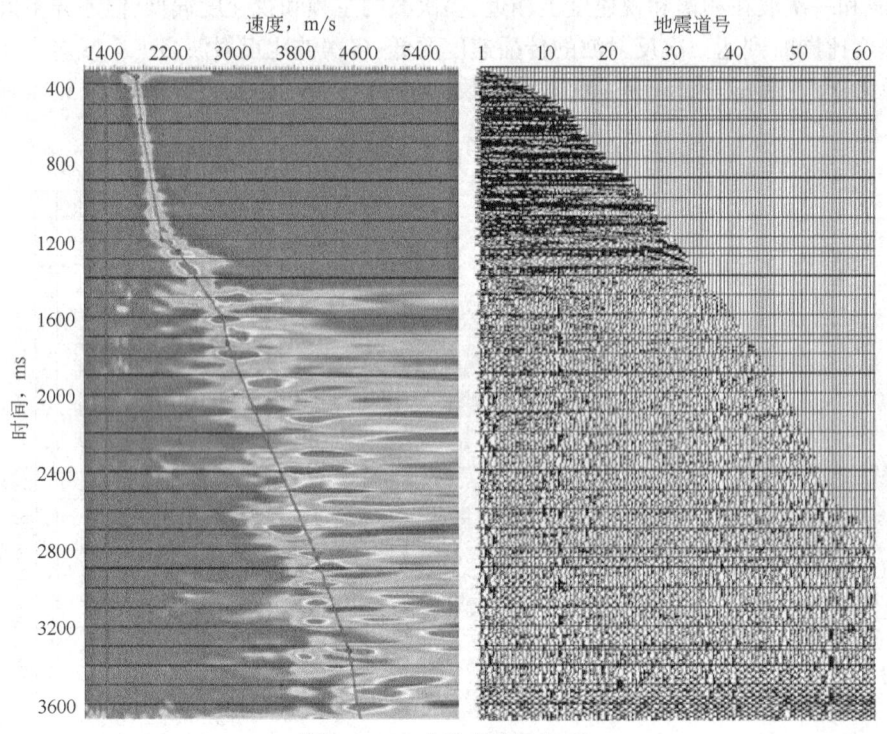

图 3.3.18 去除多次波之后

7. 随机噪声

随机干扰无处不在,特别在高频部分它是主要的噪声。随机噪声的存在不但会引起地震资料信噪比的降低,而且会直接影响到动、静校正的精度和资料处理的质量。它是地震勘探中不可避免的一类干扰波,其主要类型如图 3.3.19 所示。随机噪声无固定频率,也无固定的传播方向,在记录上形成杂乱无章的干扰背景,虽然其分布是没有规律的,但是可以应用统计特性来压制它。

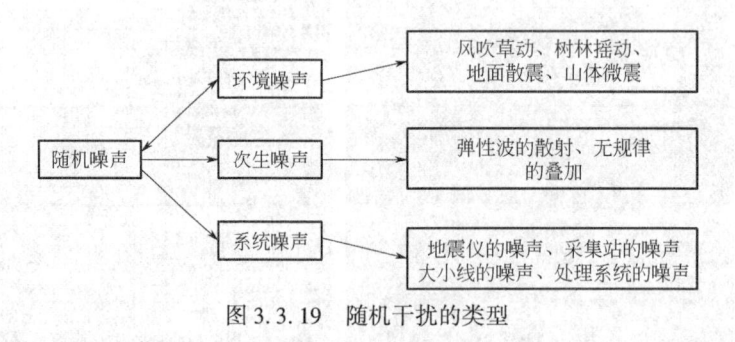

图 3.3.19 随机干扰的类型

3.3.4 陆上节点采集

高密度空间采样是提高资料品质和油藏描述精度的关键,随着"两宽一高"采集技术的广泛推广及应用,地震采集接收道数已达几十万道,而在地表复杂区、高陡山体区等(图 3.3.20),由于野外施工困难,高密度采集推广难度大。而陆上节点采集正是在这样背景下发展起来的新型地震采集技术,其相比于传统的有线地震采集方式,灵活性更好,效率更高。

图 3.3.20　塔里木盆地秋里塔格构造带高陡山体区

有线仪器受制于先天条件,在带道能力、排列检查、布设难度、使用成本等方面严重制约了高精度地震采集技术在地形复杂区的推广应用,为摆脱线缆对地震仪器的束缚,技术人员开始研发能自主记录地震数据的"无缆"设备。美国 Geospace 公司在 2007 年推出了首款节点仪器 GSR(图 3.3.21),标志着陆上节点地震仪器采集技术的逐步成型。

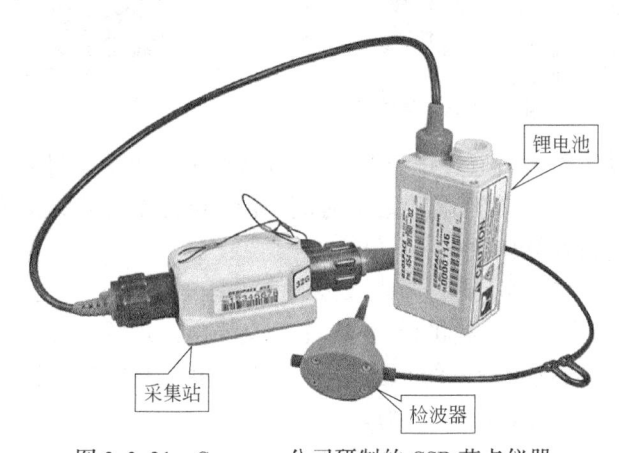

图 3.3.21　Geospace 公司研制的 GSR 节点仪器

GSR 节点仪器通过与 ISS(可控震源高效采集)技术的结合,在 2012 年伊拉克鲁曼拉勘探项目崭露头角,名噪一时。随后,Fairfield 公司推出了 Z-Land 节点仪器,Sercel 公司推出了 UNITE 新产品。而国内的东方地球物理公司也推出具有完全自主知识产权的 eSeis2.0 节点仪器,目前 eSeis2.0 节点仪器已在国内各探区开展规模应用(图 3.3.22),取得较好的效果。

陆上节点采集技术是指使用节点采集系统进行野外地震勘探作业的采集方法,陆上节点采集系统一般由节点仪器,数据管理系统,充电、下载机柜,节点状态监控设备等主要设备组成(图 3.3.23),和有线仪器相比,节点具有重量轻、无带道限制、布设方便、安全环保、等待作业时间短等优点。

节点仪器将数据采集、存储、通信、时钟、供电五个主要模块集合在一起,摆脱了对线缆的依赖。主要工作流程如下:

首先,节点仪器首先在室内进行自检,合格后被布设到野外;

图 3.3.22　eSeis2.0 节点仪器在国内各探区应用场景

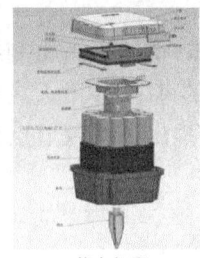

节点仪器　　　　数据管理系统　　　　充电、下载机柜　　节点状态监控设备

图 3.3.23　陆上节点采集系统

彩图 3.3.23

其次，野外工作人员通过排列助手将其激活，节点仪器通过时钟模块与卫星通信，获取精确至微秒级的时间，随后开始连续采集地震信号，并存储于自身存储模块中；

最后，等待采集任务结束，节点仪器被回收至数据下载中心，由数据管理系统通过充电—下载机柜，将存储于模块内的地震数据进行下载，下载完成后，数据管理系统依据激发系统导出的时间进行数据切割，并合成为炮集数据（图 3.3.24）。

彩图 3.3.24

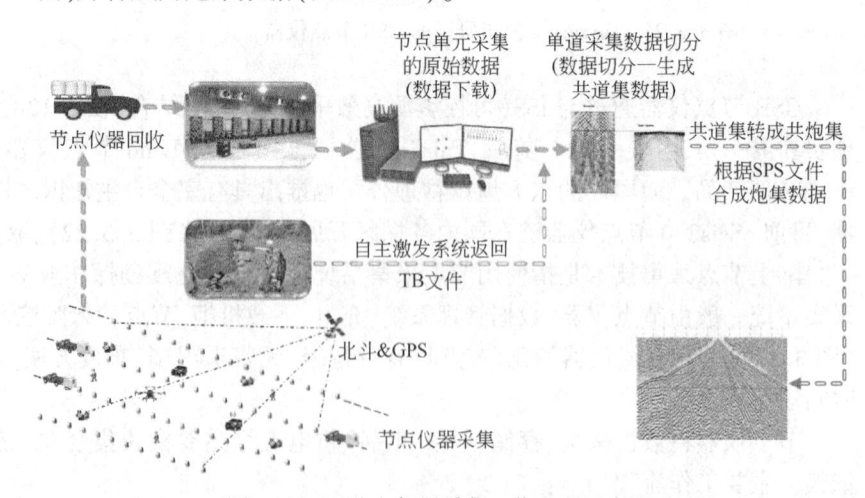

图 3.3.24　节点仪器采集工作流程示意图

3.3.5 海底节点采集

早在20世纪60年代,自主采集的海底节点仪器的研制就被提出,到1970年,美国石油公司开始研究自主式无缆地震采集技术,也拉开了海底节点仪器研发的序幕。海底节点仪器,英文全称Ocean Bottom Node,简称OBN,是一种能单独布设在海底进行自主采集地震资料的多分量地震仪器。目前OBN海上采集的施工流程大致为:利用水下机器人将OBN布设在海底→开机后自主进行地震采集→回收OBN→下载数据。

由于海底环境极为复杂,施工过程中会遇到各种各样难以预料的状况,如何将大量的OBN准确高效地布设在设计好的点位是大家关注的问题。野外施工普遍采用TMS(Tether Management System,线缆管理系统)和ROV(Remotely Operated Vehicles,远程遥控机器人)设备完成OBN的高效布设。布设OBN的过程就像在海底"放风筝",施工人员通过TMS控制收放线,将携带有OBN的ROV释放指定位置后,ROV携带OBN自主到达预设点位,完成OBN的准确布设。但一台ROV可搭载OBN数量有限,为了提高OBN布设效率,技术人员研发了专门运输OBN的HSL(High Speed Loader,快速装载系统),当ROV搭载的OBN即将布置完毕时,HSL就会满载OBN运输到ROV所在位置,完成后续OBN布设。借助ROV的监视系统,可将OBN准确布置在设计好的点位,这大大提高了后期油藏数据的准确性,同时OBN底部具有较强的抓地能力,可以很好地与海底地层进行耦合,极大提升了地震数据的采集质量。

思 考 题

1. 地震测线布置的一般原则是什么?
2. 一般来讲在哪个勘探阶段进行三维地震勘探?
3. 什么是观测系统?多次覆盖观测系统的主要参数有哪些?在参数选择时应考虑哪些因素?
4. 请设计一个4次覆盖的二维观测系统。
5. 如何进行观测系统道间距选择?
6. 最有利的炸药震源激发环境是什么?
7. 检波器组合种类有哪些?
8. 地震勘探中主要的干扰波有哪些?它们的特点是什么?
9. 节点采集系统有哪些环节,试想它可能会在哪些油田产生较好的应用效果?

第4章 地震波的速度

地震波的速度是地震勘探最重要的一个参数,是地震波的运动学特点之一。具体地说,在资料处理和解释的过程中,速度资料在许多环节都是一个重要的参数。例如,在进行动校正时要有叠加速度资料,进行偏移叠加时要有偏移速度,时深转换时要有平均速度资料。通过速度谱分析,可以获得叠加速度,进而求取均方根速度和层速度,为层位对比及岩性研究提供新的途径和资料。因此,了解有关的速度概念以及速度资料的求取方法是很重要的。

这一章,首先讨论影响地震波传播速度的主要因素,然后介绍目前用于地震勘探的几种速度概念和求取速度资料的一些方法,进而分析各种速度之间的关系,介绍其互换公式。

4.1 地震波在岩层中的传播速度

地震勘探以研究地震波在岩层中的传播为基础。岩石的弹性性质不同,地震波在其中传播速度也就不同,地震勘探正是利用这种关系研究地下地层的地质构造问题。

理论研究和大量实践证明,地震波在岩层中的传播速度和岩层的性质(如弹性常数或岩石的成分)、密度、埋藏深度、地质年代、孔隙度等因素有关。下面定性分析影响地震波在岩层中传播速度的主要因素和岩层中速度的一般变化规律。由于目前在石油地震勘探中主要利用纵波勘探,故本节在谈到波速时,除特别说明外,都是指纵波(P 波)速度。

4.1.1 影响地震波传播速度的主要因素

以下讨论对影响地震波在岩层中传播速度的主要地质因素,并用图 4.1.1 表明这些因素与速度的变化关系。

1. 流体密度

对浅层非固结、时代新的碎屑岩来说,流体密度(孔隙中流体的变化)对岩石速度有明显影响。根据经验,一般深 1800m 以下的孔隙中流体对速度影响较小,而孔隙度本身对速度的影响要大,如图 4.1.1(a)所示。

2. 基质密度

较重岩石的速度比较轻的岩石高。根据弹性理论分析可知,纵波速度 v_P 与密度 ρ、杨氏模量 E 之间满足:

$$v_P = \sqrt{\frac{\lambda+2\mu}{\rho}} = \sqrt{\frac{E(1-\sigma)}{\rho(1+\sigma)(1-2\sigma)}} \tag{4.1.1}$$

图 4.1.1 影响速度 v_P 的因素

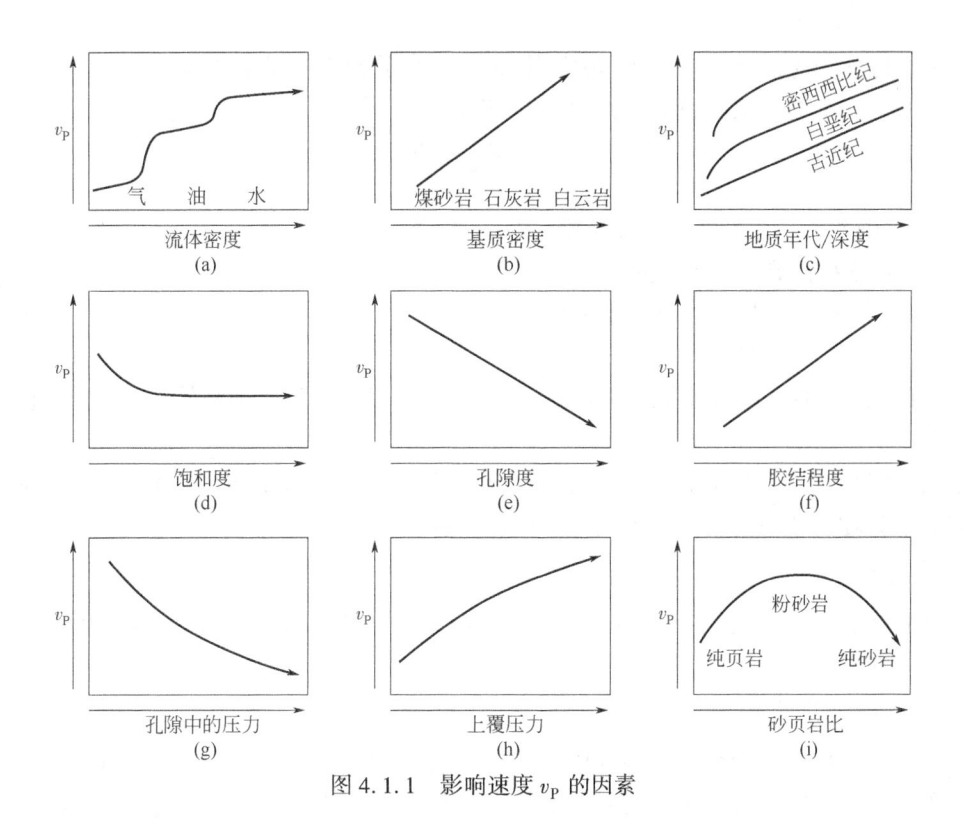

式中 λ——拉梅系数；
μ——切变模量；
σ——泊松比。

从式(4.1.1)可以看出,虽然密度 ρ 和速度 v_P 是倒数关系,但通常分子中的杨氏模量要比分母中的密度增加得快。因此随着岩石密度的增加,地震波的速度不会减少反而增加,如图 4.1.1(b)所示。

3. 地质年代/深度

这两个参数通常是影响速度的次要因素,它们的增加使岩石胶结程度增加、孔隙度减小和固结程度增加。一般情况下,随着埋藏深度或者地质年代的增长,地震波的传播速度会增大,如图 4.1.1(c)所示。

4. 饱和度

在浅层,非固结沉积物中含气会使得岩石速度产生显著变化(速度减小)。一旦岩石含油5%,再增加含气饱和度只对岩石速度产生很小的影响。所以,有经济价值的气藏与枯竭的气藏在速度异常上反映是相似的,如图 4.1.1(d)所示。

5. 孔隙度

关于地震波在沉积岩中的传播速度与岩石的孔隙度和含水性的关系问题,已经进行了较多的研究。因为岩石孔隙中含油、水、气时,岩石的波速度及密度会发生变化,并引起波阻抗的变化,最后导致在该界面的反射波振幅的变化。利用地震波振幅变化与反射界面波阻抗的关系进行找油找气的方法就是所谓的亮点技术。同时,在储层的横向预测中,孔隙度也是不可缺少的地震参数。

一般认为,在孔隙发育的碎屑岩中,孔隙度是决定岩石中地震波传播速度的主要因素之一。研究孔隙度与速度之间的关系,最常用、简单又合适的方法是关于流体速度、颗粒速度与孔隙度之间的一个简单关系,称作时间平均方程:

$$\frac{1}{v} = \frac{\phi}{v_f} + \frac{1-\phi}{v_t} \tag{4.1.2}$$

式中 v——波在岩石中的实际传播速度;

v_f——波在孔隙中的传播速度;

v_t——波在岩石基质中的传播速度;

ϕ——岩石的孔隙度。

公式(4.1.2)的适用条件是岩石孔隙中只有油、气或水中的一种流体,并且流体压力与岩石压力相等。

总之,孔隙度、岩石孔隙的形状、孔径的大小对地震波在岩层中的传播都有较大的影响,一般可以表示为随着 ϕ 的增大而减小,如图4.1.1(e)所示。

6. 胶结程度

通常胶结程度随着地质年代增加而增加,从而使孔隙度减小,岩石的弹性模量增加,如图4.1.1(f)所示。

7. 孔隙中的压力

当上覆压力保持不变而孔隙中的压力增大时,表明存在异常压力地层。此时流体往往引起振动而产生更多的弹性摄动,以致岩石变得更不固结,其传播速度也就会比正常压力下的低,如图4.1.1(g)所示。

8. 上覆压力

若增加上覆压力,而孔隙中的压力保持不变,那么固体的基质将被挤压在一起,使岩石的弹性系数增加,密度也有一定的变化,因此速度随上覆压力的增加而增大。但是,若上覆压力减去孔隙压力为常量(即有效压力保持不变,为一常数),则视速度变化不大,如图4.1.1(h)所示。

9. 砂页岩比

纯页岩和纯砂岩的速度要比粉砂岩的低,如图4.1.1(i)所示。

注意:对有较少或没有孔隙的岩石,地震波的传播速度主要取决于构成岩石矿物自身的弹性。从上面的分析中可以归纳出:岩石的矿物成分、结构、密度、孔隙度以及孔隙中流体的物理性质、饱和度,是决定地震波传播速度的主要因素。

4.1.2 岩石中地震波传播速度的一般变化规律

1. 不同类型岩石的地震波传播速度

标志岩石的组成特征有三种成分:构造岩石的固体物质——矿物的颗粒和晶体;骨架——空的多孔岩石;骨架中的充填物质——流体。由于各类岩石的组成特征不同,所以不同岩性的岩石地震波传播速度不同,并且同一岩性的岩石地震波传播速度会在一定范围内变化(表4.1.1)。

表4.1.1 几种主要类型的岩石速度变化范围

岩石	沉积岩	花岗岩	玄武岩	变质岩
速度,km/s	1.6~6.0	4.5~6.5	4.5~8.0	3.5~6.5

大多数火成岩和变质岩只有很少的孔隙或没有孔隙,因此地震波的传播速度主要取决于构成岩石矿物自身的弹性。一般来说,火成岩的波速比变质岩和沉积岩的波速高,且变化范围小。变质岩的波速变化范围较大。沉积岩的波速低,变化范围宽。因为沉积岩的结构比较复杂,受孔隙度和孔隙中流体性质的影响较大。

2. 沉积岩中地震波传播速度的一般分布规律

在沉积岩剖面中,地震波传播速度的空间分布受沉积顺序、岩石类型及区域地质结构的控制,具有成层性、递增性、方向性和分区性。

(1)成层性。地层成层分布是沉积剖面的基本特点之一。根据沉积时的颗粒、岩性及孔隙度的不同,整个地质剖面可以划分为许多速度不同的、成层分布的速度剖面,如图4.1.2所示。这对应用地震勘探来研究地质问题创造了良好的条件。

(2)递增性。地震波传播速度不仅是岩石类型的函数,而且与岩石的埋藏深度和地质年代有关。由于受沉积地质作用的控制,沉积剖面中的地震波传播速度分布随着深度的增加而递增。但是,速度变化的梯度随着深度增加而递减。

(3)方向性。地震波传播速度在垂直方向随着深度而变化。在横向上受地质构造和沉积岩性的控制,在水平方向也会发生变化。不过一般来说,速度水平梯度的变化不大。如果区域中发生构造破坏或出现地层不整合或地层尖灭时,速度的水平梯度就会发生突变。可见速度沿水平方向的变化,完全取决于地质结构和沉积特点,从而缺乏一定的规律性。因此,若要细致地处理和解释资料,考虑速度的水平梯度是必要的,这个问题正在引起人们的注意。

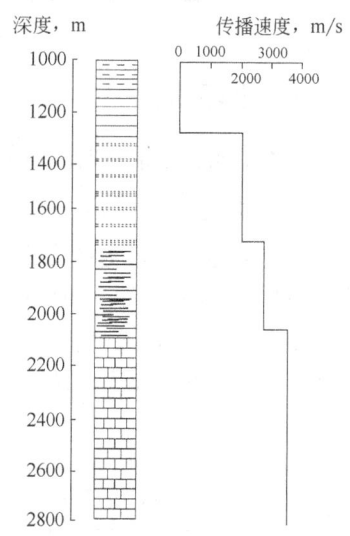

图4.1.2 沉积岩剖面中的地震波传播速度分布

(4)分区性。在不同地区,由于沉积环境不同和岩性的变化,地震波传播速度在平面内的分布具有分区带的特点。在不同区域或不同地带,速度随着深度变化的规律及其梯度变化形式彼此不同。例如在石灰岩发育地区,速度高,但速度梯度小;在砂泥岩区,速度低,但速度梯度大。因此,在实际工作中进行速度分析时,分区分带地研究速度的变化规律与岩性的内在联系是十分重要的。

从以上的讨论可知,岩石中地震波的传播速度是反映岩石性质和地质构造分布的重要参数。因此,研究影响地震波传播速度的地质因素,掌握沉积剖面中速度的分布规律,对于在地震勘探中通过测定地层的速度来划分岩性、推测区域的岩性变化以及确定沉积环境都具有十分重要的作用。在有利的条件下,根据与地震波传播速度有关的资料,可以直接寻找油气藏。

4.2 几种速度概念

地震波在地层中的传播速度是一个十分重要的参数,但又很难精确测定它的数值。因为严格地讲,速度是矢量,具有大小和方向,它是空间坐标的函数,即 $v=(x,y,z)$。这就是说,即使在同一岩层的不同位置和不同方向,地震波的传播速度也各不相同。但是在实际生产工作中,不可能真正精确确定这种函数关系,只能根据当时生产工作的需要和地震勘探方法技术所能达到的水平,对复杂的实际情况作各种简化,建立相应的简化介质模型,并引入各种速度概念。本节讨论的各种速度概念,就是根据介质的不同简化,或者获得速度的原始资料和计算方法不同,或者用途的不同等原因引出。必须明确,每种速度概念都有它的意义、引入它的原因、计算或测定的方法以及使用范围等。地震勘探中的各种速度概念是随着地震勘探方法技术本身而出现、变化和被淘汰的。

下面分别说明几种目前常用的速度概念,并对其求取方法、用途、精度、使用范围作一些讨论。

4.2.1 平均速度

为了将地震记录从时间域转换为空间域,需要使用平均速度。

1. 平均速度的概念

平均速度的引入,是将反射面上覆盖的若干地层,近似地简化为均匀的单一地层(图4.2.1)。显然,波在这种假定的介质中应该以直射线和恒速传播。在前文中,已经讨论了平均速度的定义和计算公式,其定义是:一组水平层状介质中某层以上介质的平均速度就是地震波垂直穿过该层以上各层的总厚度与总的传播时间之比,对 m 层水平层状介质,有

$$v_{\mathrm{av}} = \frac{\sum_{i=1}^{m-1} h_i}{\sum_{i=1}^{m-1} \frac{h_i}{v_i}} = \frac{\sum_{i=1}^{m-1} t_i v_i}{\sum_{i=1}^{m-1} t_i} \tag{4.2.1}$$

式中,h_i、v_i 和 t_i 分别表示分层的厚度与波在分层中传播的速度和时间。从式(4.2.1)中可以看出,平均速度不是各分层速度值的线性平均,而是各分层中波的垂直传播时间对各分层速度的加权平均。垂直传播时间大的速度层对平均速度影响大,垂直传播时间小的速度层对平均速度影响小。这就意味着,低速分层或者厚度大的分层影响大,高速度分层或厚度小的分层影响小。

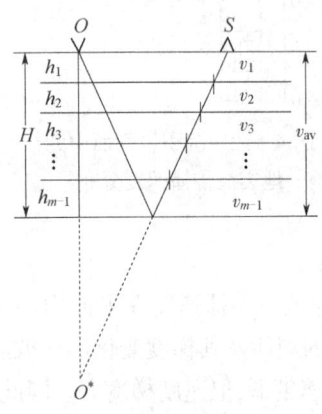

图4.2.1 水平层状介质的平均速度

按照平均速度的含义,波在水平层状介质应以直射线传播。但事实上,当远离爆炸点观测地震波时,根据透射定律,波是以折线传播的。在这种情况下,平均速度只有在垂直入射或者炮检距范围不大的情况下才是正确的,所以它只适用于把时间剖面转换成深度剖面中。

2. 平均速度的测定

地震勘探中的平均速度主要用地震测井求得。下面将简单介绍地震测井的野外工作和资料整理。

1) 地震测井的野外工作

进行地震测井工作时,将测井检波器用电缆放入深井中(图4.2.2),检波器隔一段距离向上提升一次,在井口附近爆炸激发地震波。测井检波器记录从井口到检波器深度处直达波的传播时间 t,检波器的深度 H 可由电缆长度测得。这样就可以求得深度 H 以上的平均速度。

2)地震测井资料的整理

地震测井的情况及有关参数可以用图 4.2.3 表示。激发点在地面的位置是 O,但真正的位置是井底 O';爆炸井深度 h_c,爆炸井同深井的水平距离是 d。通过测井得到的原始数据是每次测井检波器沉放深度 H 以及记录的透过波传播时间 t_c。

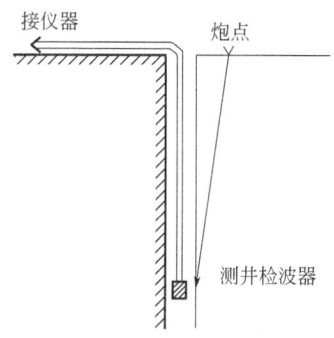

图 4.2.2 地震测井示意图

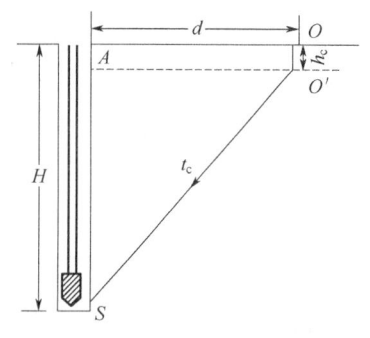

图 4.2.3 地震测井的有关参数示意图

计算速度时,从炮井井底 O' 算起,有

$$O'S = \sqrt{d^2 + (H-h_c)^2} \quad (4.2.2)$$

如果在均匀介质中沿着 $O'S$ 传播的时间为 t_c,则波沿 $AS=H$ 传播的时间 t 可用式(4.2.3)求出:

$$t = \frac{H}{\sqrt{d^2+(H-h_c)^2}} t_c \quad (4.2.3)$$

利用近炮点资料,根据式(4.2.3)可以求出时间 t,然后根据下式计算平均速度 v_{av}:

$$v_{av} = \frac{H}{t} \quad (4.2.4)$$

通过地震测井资料的整理,能得到如下成果:

(1)利用式(4.2.3)和式(4.2.4)计算出 t 和 v_{av},先把 t 换算为法向双程旅行时间 t_0,即 $t_0 = 2t$,把数据画在 v_{av}—t_0 的坐标系中,就得到平均速度随着 t_0 变化曲线(图 4.2.4)。

(2)把 H—$t_0/2$ 的对应数据点在 H—$t_0/2$ 坐标系中得到地震波沿垂直向下传播的距离与传播时间的关系曲线,称为垂直时距曲线。

(3)当地层剖面的速度分层明显时,在垂直时距曲线上将表现为由许多斜率不同的折线组成,每一段折线反映了一种层速度的地层。折线的斜率的倒数就是这一地层的层速度 v_n,$v_n = \Delta H/\Delta t$。利用这一关系求出这一地层的层速度,可作出 v_n—H 曲线,反映层速度随深度变化的情况。

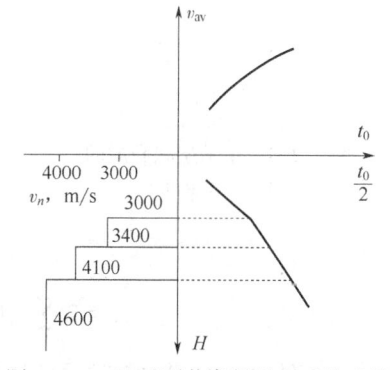

图 4.2.4 地震测井资料整理后的成果

用地震测井求取的平均速度和层速度是比较可靠的速度资料,有条件时要多进行地震测井。还需要指出,这里介绍的是一般整理地震测井资料的基本内容,各工区因具体做法不同,资料整理也有所不同,有时还要进行各种校正,这里不详细叙述。

· 99 ·

4.2.2 均方根速度

为了计算正常时差或进行记录的动校正,需要采用均方根速度。

通过本书前面内容的学习,已经知道均匀介质在水平界面情况下反射波的时距曲线是一条双曲线,有

$$t = \frac{1}{v}\sqrt{4h_0^2 + x^2}$$

$$t = \sqrt{\left(\frac{2h_0}{v}\right)^2 + \left(\frac{x}{v}\right)^2}$$

也就是

$$t^2 = (t_0)^2 + \left(\frac{x}{v}\right)^2 \tag{4.2.5}$$

式中 h_0——界面的深度;

t_0——双程垂直反射时间;

x——接收点与激发点的距离;

t——在 x 处接收到反射波的时间。

该式的意义在于,如果一条时距曲线方程可以写成这样的形式,就表示波是以常速传播,并且波速的数值就等于式中 x^2 项分母的平方根。后文在引入几个速度概念时都会按这个思路,先把有关的方程化成式(4.2.5)的形式,从 x^2 项的分母中找出所引入的速度概念。

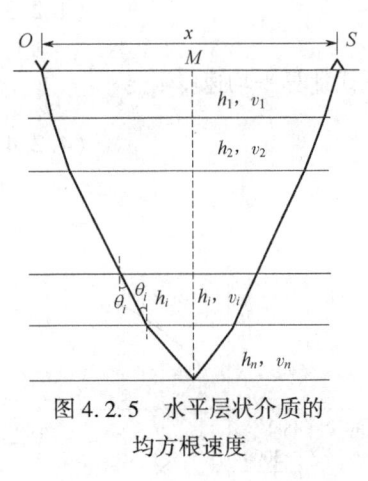

下面以水平层状介质为例,按照上面思路进行具体讨论、计算,导出均方根速度的概念。

设有图 4.2.5 所示的水平层状介质。在 O 点激发,在 S 点接收到的第 n 层底面的反射波传播时间 t 和相应的炮检距 x 的关系,根据斯奈尔定律公式,并设 $P = \sin\theta_i / v_i$,则有

$$t = 2\sum_{i=1}^{n} \frac{t_i}{\sqrt{1 - P^2 v_i^2}} \tag{4.2.6}$$

$$x = 2\sum_{i=1}^{n} \frac{P t_i v_i^2}{\sqrt{1 - P^2 v_i^2}} \tag{4.2.7}$$

图 4.2.5 水平层状介质的均方根速度

式中,$t_i = h_i / v_i$ 为第 i 层单程垂直旅行时间。对式(4.2.6)用二项式展开,有

$$t = 2\sum_{i=1}^{n} t_i \left(1 + \frac{1}{2} P^2 v_i^2 + \frac{1}{2}\frac{2}{3} P^4 v_i^4 + \cdots\right)$$

当 θ_i 较小且 $Pv_i = \sin\theta_i \ll 1$ 时,可以略去 Pv_i 的四次方以上的高次项,于是

$$t \approx 2\sum_{i=1}^{n} t_i \left(1 + \frac{1}{2} P^2 v_i^2\right) \tag{4.2.8}$$

由图 4.2.5 可知,其中心点 M 的回声时间 t_0 为各层单程垂直旅行时间 t_i 之和的两倍,即

$$t_0 = 2\sum_{i=1}^{n} t_i \tag{4.2.9}$$

将式(4.2.9)代入式(4.2.8),得

$$t = t_0 + \sum_{i=1}^{n} P^2 v_i^2 t_i$$

对上式两边取平方,并略去 Pv_i 的四次方有关项,得

$$t^2 = t_0^2 + 2t_0 \sum_{i=1}^{n} P^2 v_i^2 t_i \tag{4.2.10}$$

同理,对式(4.2.7)用二项式展开,并略去高次项,得

$$x = 2\sum_{i=1}^{n} h_i P v_i = 2\sum_{i=1}^{n} v_i^2 t_i P$$

于是

$$P = \frac{x}{2\sum_{i=1}^{n} v_i^2 t_i} \tag{4.2.11}$$

将式(4.2.11)代入式(4.2.10),便得到水平层状介质的反射波时距曲线方程:

$$t^2 = t_0^2 + 2t_0 \frac{x^2}{4\sum_{i=1}^{n} v_i^2 t_i} = t_0^2 + \frac{x^2}{\dfrac{\sum_{i=1}^{n} v_i^2 t_i}{\sum_{i=1}^{n} t_i}} \tag{4.2.12}$$

记

$$v_R^2 = \frac{\sum_{i=1}^{n} v_i^2 t_i}{\sum_{i=1}^{n} t_i}$$

于是式(4.2.12)可写成

$$t^2 = t_0^2 + \frac{x^2}{v_R^2} \tag{4.2.13}$$

定义

$$v_R = \sqrt{\frac{\sum_{i=1}^{n} v_i^2 t_i}{\sum_{i=1}^{n} t_i}} \tag{4.2.14}$$

式(4.2.14)为 n 层水平层状介质的均方根速度。

由此可以看出,式(4.2.13)与均匀介质中波以直射线传播的公式形式相似。它代表的时距曲线是一条双曲线。如果用式(4.2.6)计算传播时间 t,用式(4.2.7)计算炮检距 x。因包含高次项,则它代表的时距曲线应是一条高次曲线。这就是说,对于水平层状介质,理论上的反射波时距曲线应是一条高次曲线,而近似简化时,略去高次项,取前项作为一级近似。这就意味着把实际的层状介质当成均匀介质,把波以折线传播当成以直射线传播,从而把地面观测的高次曲线近似地当成双曲线,限定这条双曲线的速度就是均方根速度。

通过以上的分析,也可以这样给均方根速度下定义:把水平层状介质情况下的反射波时距

曲线近似地当成双曲线,求出的波速就是这一水平层状介质的均方根速度。

从式(4.2.14)中可以看出,与式(4.2.1)相比,它是以速度v的一次方作为权系数,这就意味着速度高的地层影响大,从而在一定程度上反映了均匀介质的折射效应。应该指出,均方根速度v_R是常速,它与炮检距无关。也就是说,对同一反射层来说,不论入射角和炮检距多大,v_R都是不变的。但实际上,层状介质中反射波的真正传播速度是随着炮检距x的增大而增大的。所以v_R还不是准确的速度,只不过比平均速度更精确而已,但当炮检距很大时,v_R就出现明显的误差。关于均方根速度和平均速度的关系和差别在以下还会进一步讨论。

均方根速度主要用于水平地层的动校正处理。在实际工作中,可以从地层水平地带的速度谱中求取。

4.2.3 等效速度

前文已经推导出倾斜界面、均匀覆盖介质情况下的共中心点时距曲线方程为

$$t=\frac{1}{v}\sqrt{4h_{OM}^2+x^2\cos^2\varphi}$$

式中 v——介质的速度;

h_{OM}——共中心点处界面的法线深度;

φ——界面的倾角。

上式还可以改写为

$$t^2=t_{OM}^2+\frac{x^2}{\dfrac{v^2}{\cos^2\varphi}} \quad (4.2.15)$$

其中

$$t_{OM}=2h_{OM}/v$$

如果引用符号v_φ

$$v_\varphi=\frac{v}{\cos\varphi} \quad (4.2.16)$$

则式(4.2.15)可写成与均匀介质水平界面情况下一样的形式,即

$$t^2=t_0^2+\frac{x^2}{v_\varphi^2} \quad (4.2.17)$$

对于层状介质,有

$$v_\varphi=\frac{v_R}{\cos\varphi} \quad (4.2.18)$$

则v_φ称作倾斜界面均匀介质情况下的等效速度。

等效速度这个概念的意义是:式(4.2.17)表明用v_φ代替v,倾斜界面共中心点时距曲线就可以变成水平界面形式的共反射点时距曲线,也就是说用v_φ按水平界面动校正公式,对倾斜界面的共中心点道集进行动校正,可以取得较好的叠加效果,减小剩余时差。但不要忘记,从地质效果来说,反射点分散的问题并没有解决,这个问题只有偏移才能妥善解决。

等效速度可以从地层倾斜地带的速度谱求取,等效速度主要用于倾角不太大倾斜地层的动校正处理。

4.2.4 叠加速度

1. 叠加速度的概念

从上面的讨论可以知道,在一般情况下对各种介质的共中心点时距曲线,都可以用一条双曲线来近似它,即

$$t^2 = t_0^2 + \frac{x^2}{v_a^2} \tag{4.2.19}$$

式中,v_a 为叠加速度。所谓叠加速度,就是共中心点叠加取得最佳叠加效果的速度。

对于不同的介质结构 v_a 就有更具体的意义,例如对倾斜界面均匀介质,v_a 就是 v_φ;对于水平层状介质,v_a 就是 v_R,见表4.2.1。叠加速度是实际工作中用于动校正的速度。

表 4.2.1 v_a 的地质意义

构造	时距曲线方程	$v_a = f(v)$
水平单层 (a)		$v_a = v_1$
倾斜单层 (b)		$v_a = \dfrac{v_1}{\cos\varphi} = v_\varphi$
水平多层 (c)	$t^2 = t_0^2 + \dfrac{x^2}{v_a^2}$	$v_a = v_R$ $v_R^2 = \dfrac{\sum\limits_{i=1}^{n} v_i^2 t_i}{\sum\limits_{i=1}^{n} t_i}$
倾斜平行多层 (d)		$v_a = \dfrac{v_R}{\cos\varphi}$
倾斜非平行多层 (e)		迭代射线追踪

2. 叠加速度的求取

求叠加速度的方法主要有两种:一是速度谱,二是速度扫描。在地震地质条件比较简单、

记录信噪比高的地区,用速度谱的方法能得到理想的叠加速度。由于速度谱的处理方法简单,一般计算机都能实现,所以应用十分广泛。但是,当地震地质条件比较复杂、记录信噪比较低时,速度谱的效果不佳。采用速度扫描的方法就能得到可靠的叠加速度。由于速度扫描的计算量大、处理方法较复杂,应用时受到了限制。下面分别介绍速度谱、速度扫描的方法求取叠加速度谱的基本原理。

1) 速度谱

根据上述分析,共中心点时距曲线可以看成是一条双曲线。如果固定 t_0 时间,选择一个速度 v 值,用下式

$$t_i = \sqrt{t_0^2 + \frac{x_i^2}{v^2}} \tag{4.2.20}$$

计算反射波的到达时间 t_i,再按照 t_i 时间取出各道记录的振幅,并进行相加。这样可以得到一个对应于速度 v 的叠加振幅 $A(v)$。显然,叠加振幅的大小和选择的速度值紧密相关。如果速度值选择正确,即 $v=v_a$,按式(4.2.20)计算出来的反射波到达时间与实际记录同相轴的相位时间一致,由于同相叠加,叠加振幅最大(图4.2.6);如果速度值选择不正确,即 $v \neq v_a$,按式(4.2.20)计算出来的反射波到达时间与实际记录同相轴的相位时间不一致,因而不能同相叠加,造成叠加振幅变小。

按照上述原理,在作速度谱时是先固定 t_0 时间,给出一系列不同的速度值 $v_1, v_2, \cdots, v_k$,用式(4.2.20)计算反射波的到达时间,按计算时间取出各道记录的振幅值进行相加。这样就得到与速度值相对应的一系列不同的叠加振幅值 $A_1, A_2, \cdots, A_k$,并作出叠加振幅与速度的关系曲线(图4.2.7),该曲线称为速度谱线。从谱线上看哪一个速度值的叠加振幅最大,则其速度值就是对应于 t_0 时间的速度值。然后改变 t_0,重复上述步骤,又得到一条和 t_0 对应的谱线。从浅至深作出不同 t_0 时间的谱线,这种图称为速度谱(图4.2.8),各谱线的最大值连线,就是该速度谱的叠加速度 $v_a(t_0)$ 曲线。

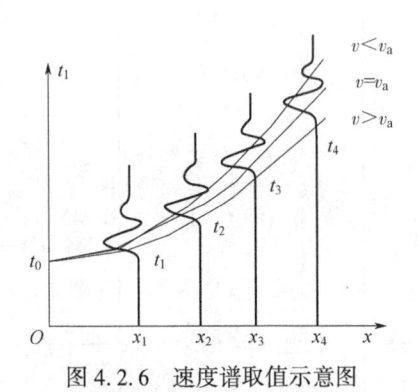

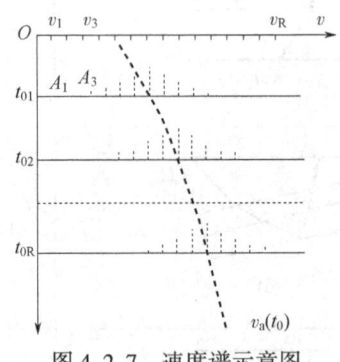

图 4.2.6　速度谱取值示意图　　　图 4.2.7　速度谱示意图

实际上,判断速度的准则很多,归纳起来可分为两大类:一是叠加类;二是相关类。叠加类是把各道的振幅值相加,然后计算平均振幅或平均振幅能量,根据平均振幅或平均振幅能量的最大值,来判断正确的速度值。相关类则是计算各道的相关性,根据互相关系数值的大小,来判断速度正确与否。用叠加类计算的速度谱称为叠加速度谱,用相关类计算的速度谱称作相关速度谱。

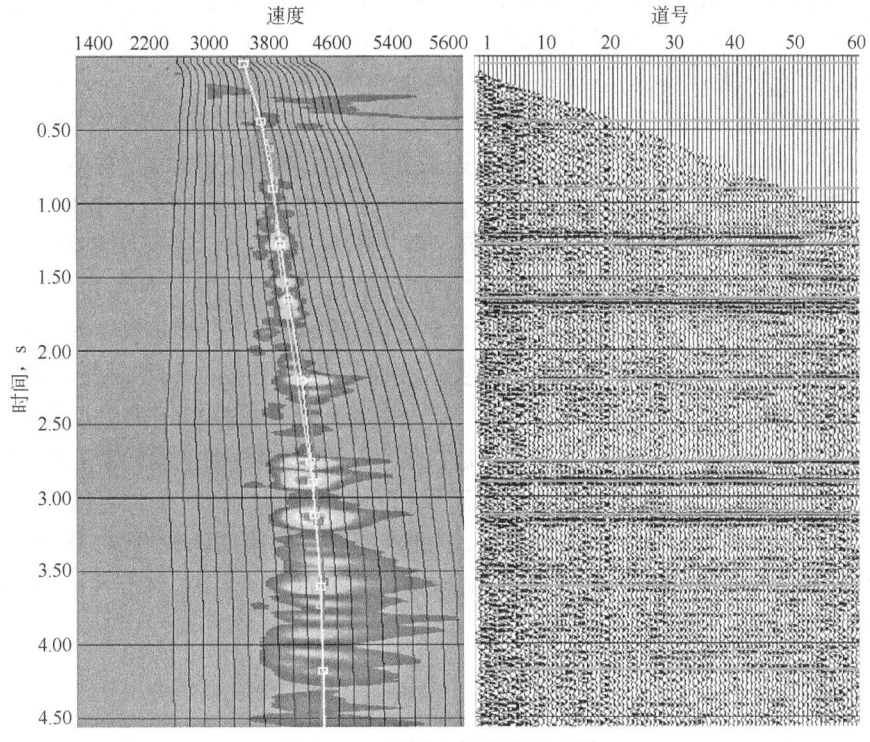

图 4.2.8　野外实际数据速度谱

2) 速度扫描

用速度扫描求取叠加速度的方法也有两种:一是对一张共炮点记录或共中心点记录,用一系列不同的速度进行动校正,根据动校正后反射波同相轴是否拉直,来判断速度的正确与否;二是对一个或几个共中心点叠加段,用一系列不同的速度进行动校正和水平叠加,根据叠加后反射波同相轴的能量大小、连续性好坏来判断正确的速度值。现以第一种方法为例加以说明。

对于共炮点记录或共中心点记录,反射波的同相轴可近似为双曲线,有

$$t_i^2 = t_0^2 + \frac{x_i^2}{v_a^2}$$

式中,v_a 为叠加速度。如果选择一个速度 v_1 值,按下式

$$\Delta t_i = \sqrt{t_0^2 + \frac{x_i^2}{v_1^2}} - t_0 \tag{4.2.21}$$

计算各道不同 t_0 时间的动校正能量,然后对整张记录从浅至深的反射波同相轴都进行动校正,其结果将产生三种情况(图 4.2.9):

(1) 对于叠加速度 v_a 小于动校正速度 v_1 的反射波,由于动校正的速度 v_1 过大,按式(4.2.21)计算的动校正量偏小,动校正不足,校正后的反射波同相轴仍是向上弯曲的曲线。

(2) 对于叠加速度 v_a 和动校正速度 v_1 相同的反射波,按式(4.2.21)计算的动校正量合适,动校正后的反射波同相轴被拉成直线。

(3) 对于叠加速度 v_a 大于动校正速度 v_1 的反射波,按式(4.2.21)计算的动校正量偏大,动校正后反射波同相轴被拉成向下弯曲的曲线。

由此可见,如果用速度 v_1 值进行动校正,动校正后被拉成直线的反射波,它所对应的 t_{01}

时间就是该速度值的 t_0 时间。换句话说,时间为 t_{01} 的叠加速度则是动校正速度 v_1,即 $v_1(t_{01})$。改变一个速度 v_i 值,重复上述过程,又可以找到一个平直反射所对应的 t_{02} 时间,得 $v_2(t_{02})$。继续进行下去,可求出不同 t_0 时间的叠加速度 $v_a(t_0)$ 曲线。

速度扫描的第二种方法,是用一系列不同的速度值,对一组共中心点道集记录进行动校正和水平叠加,它使用的动校正速度,不随着 t_0 时间的不同而变化,而普通的水平叠加的动校正速度,则随 t_0 时间的变化而变化。显然,叠加效果的好坏直接和扫描速度有关,对于适合于扫描速度的反射波来说,由于动校正后同相轴被拉成水平直线,叠加效果好,能量强。对于那些不适合于扫描速度的反射波而言,因动校正后同相轴拉不成水平直线,叠加后效果差、能量差。所以根据叠加剖面上反射波同相轴能量的强弱、连续性的好坏,可求出叠加速度随着 t_0 时间的变化规律。该方法由于采用的共中心点较多,有时直接从叠加剖面上求取叠加速度,因此求出的叠加速度比较可靠,适用于地质条件复杂、速度谱不好的地区。但是,当速度扫描个数较多、叠加段又长时,计算量大、成本高,从而限制了它的广泛应用。

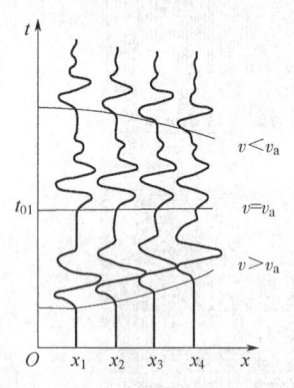

图 4.2.9 一张实际的速度谱

4.2.5 层速度

1. 层速度的概念

层速度指在层状地层中地震波传播的速度。通常速度分层与地层岩性的分层是一致,但一般速度分层不如地层分层细。

由于层速度 v_n 与地层岩性有关,因而可用于判断地层的岩性或获得其他地质信息,例如研究沉积环境与相变以及推测流体成分的变化、确定岩性横向变化的小幅度构造等。

2. 层速度的求取

求取层速度的方法主要有以下三种,分别简述如下:

(1) 用声波测井求取层速度。这种方法求出的层速度分层细致、准确,但测井资料毕竟还是少的。关于声波测井原理在此不作叙述。

(2) 根据地震测井资料计算层速度。在本章中已经讲过地震测井求取层速度的方法,但这种层速度比较粗,只能反映一些大段地层的速度差别。

(3) 由均方根速度计算层速度。利用叠加速度,经过倾角校正可得均方根速度,由均方根速度可以进一步利用下面的公式(Dix 公式)换算出层速度。

设有 n 层水平层状介质,各层层速度为 v_i,厚度为 h_i,在各小层中单程垂直传播时间为

$$t_i = \frac{h_i}{v_i} \quad (i = 1, 2, 3, \cdots, n) \tag{4.2.22}$$

显然,根据式(4.2.14),第一层至第 n 层的均方根速度 $v_{R,n}$ 为

$$v_{R,n}^2 = \frac{\sum_{i=1}^{n} v_i^2 t_i}{\sum_{i=1}^{n} t_i} = \frac{2\sum_{i=1}^{n} v_i^2 t_i}{t_{0,n}} \tag{4.2.23}$$

$t_{0,n}$ 为第一层到第 n 层的 t_0 时间。第一层至第 $(n-1)$ 层的均方根速度 $v_{R,n-1}$ 为

$$v_{R,n-1}^2 = \frac{\sum_{i=1}^{n-1} v_i^2 t_i}{\sum_{i=1}^{n-1} t_i} = \frac{2\sum_{i=1}^{n-1} v_i^2 t_i}{t_{0,n-1}} \tag{4.2.24}$$

式(4.2.23)减去式(4.2.24),可得

$$t_{0,n} v_{R,n}^2 - t_{0,n-1} v_{R,n-1}^2 = 2\sum_{i=1}^{n} v_i^2 t_i - 2\sum_{i=1}^{n-1} v_i^2 t_i = 2v_n^2 t_n \tag{4.2.25}$$

又因为

$$t_{0,n} - t_{0,n-1} = 2\sum_{i=1}^{n} t_i - 2\sum_{i=1}^{n-1} t_i = 2t_n \tag{}$$

所以

$$t_n = \frac{t_{0,n} - t_{0,n-1}}{2} \tag{4.2.26}$$

将式(4.2.25)和式(4.2.26)合并得

$$t_{0,n} v_{R,n}^2 - t_{0,n-1} v_{R,n-1}^2 = 2v_n^2 \frac{t_{0,n} - t_{0,n-1}}{2}$$

所以

$$v_n^2 = \frac{t_{0,n} v_{R,n}^2 - t_{0,n-1} v_{R,n-1}^2}{t_{0,n} - t_{0,n-1}} \tag{4.2.27}$$

这就是利用均方根速度求取层速度的 Dix 公式。当已知第 n 层、第 $(n-1)$ 层的均方根速度以及这两层的 t_0 时间,就可以用式(4.2.27)计算第 n 层的层速度。式(4.2.27)是由均方根速度计算层速度的基本公式,也是地震勘探中常用公式之一。具体做法可根据实际情况及条件采用不同方法进行计算。

在实际生产中,有时会发现在排列长度不大的条件下,水平层状介质反射波的叠加速度可以近似地看作是均方根速度。但一般野外所用排列都较大,且反射界面多有倾角。在这种情况下再把叠加速度认为是均方根速度,用 Dix 公式计算层速度,其误差就不容忽略。针对这一问题,国内外有专家学者在探索新的层速度计算方法。例如有一种基于模型正演的方法已经用于实际生产,基本原理是首先给出初始的地下层速度模型,然后求出共炮点或共中心点理论时距曲线,最后按此曲线与实际记录上的反射波同相轴进行相关。通过模型的修改得到不同的相关函数,其相关最好的层速度模型即为所求速度模型,这种方法简单、实用,而且精度较高。由于利用的是单炮记录或者 CMP 道集记录,因此计算工作量大,并且要求资料信噪比较高。

4.2.6 射线平均速度

在非均匀介质中,波沿着射线传播的速度称为射线速度。这种速度是随着射线路径而变的。在实际工作中很难测定,但作为一种近似可以计算。它可以作为一个判别各种速度精度的标准,与其他各种速度进行比较。同时,在数字处理中进行偏移时也是十分有用的。假设地震波在非均匀介质中传播时,各射线路径上的速度是不一样的,将波沿某一条射线传播的总路径除以传播的总时间称作沿这条射线传播的射线平均速度,记为 v_α。

对于水平层状介质,射线平均速度为

$$v_\alpha = \frac{\sum_{i=1}^{n} \frac{h_i}{\sqrt{1-P^2 v_i^2}}}{\sum_{i=1}^{n} \frac{h_i}{v_i \sqrt{1-P^2 v_i^2}}} \qquad (4.2.28)$$

对于连续介质,射线平均速度为

$$v_\alpha = \frac{\int_0^z \frac{\mathrm{d}z}{\sqrt{1-P^2 v_i^2(z)}}}{\int_0^z \frac{\mathrm{d}z}{v(z)\sqrt{1-P^2 v_i^2(z)}}} \qquad (4.2.29)$$

可见,射线平均速度是对射线速度的一种近似,每条射线都是不一样的。它既是沿着射线路径传播时间的函数,也是射线出射角的函数,射线平均速度较精确地反映了波在非均匀介质中传播的真实速度。

4.2.7 平均速度、均方根速度和射线平均速度的比较

平均速度和均方根速度都是对介质模型作了不同的简化,引入不同假设后导出的速度概念。

为了比较它们之间的差别和精度,可以选用射线平均速度作为标准,来分析平均速度和均方根速度的特点,看看在什么条件下,哪一种速度概念反映实际情况比较精确。下面通过一个例子来说明。

设一组由三个水平均匀层组成的层状介质模型。各层参数如图 4.2.10 所示。现在分别计算 R_3 界面以上介质的平均速度和均方根速度;计算分别以入射角 $\alpha_1, \alpha_2, \alpha_3$ 等入射到 R_1 界面,向下传播,然后在 R_3 界面发生反射的各条射线的平均速度 v_α。

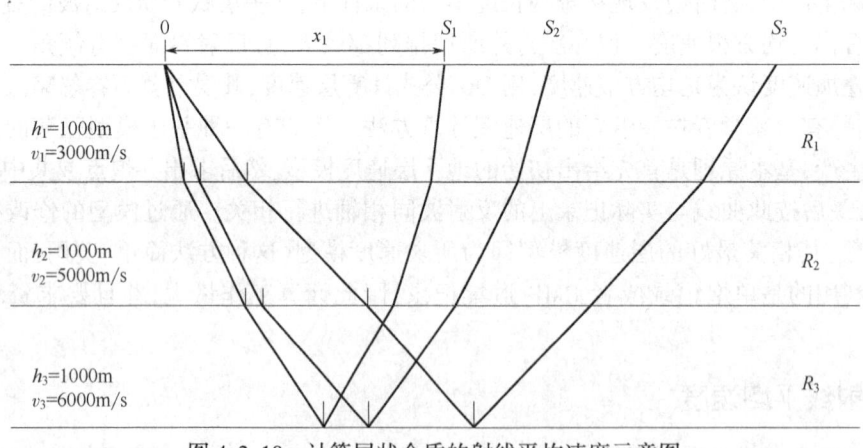

图 4.2.10 计算层状介质的射线平均速度示意图

对于该模型的平均速度 v_{av},均方根速度 v_R 和射线平均速度 v_α,分别按式(4.2.1)、式(4.2.14)和式(4.2.28)计算,其速度值列于表 4.2.2,v_{av}、v_R 和 v_α 三种速度的关系曲线绘在图 4.2.11 中。

表 4.2.2 v_{av}, v_R 和 v_α 计算的平均值

出射角	炮检距,m	平均速度 v_{av},m/s	均方根速度 v_R,m/s	射线平均速度 v_α,m/s
10°	1684	4286	4472	4310
20°	3977	4286	4472	4420
25°	6003	4286	4472	4560
27°	7570	4286	4472	4670
29°30′	15458	4286	4472	5160
30°	27025	4286	4472	5450

分析上面的数据和图表,可以得到以下几点认识:

(1) 当介质不均匀时,地震波沿不同射线传播的速度是不同的,因此可以用射线平均速度作为衡量其他速度的精度和特点的标准;对于同一介质构造,炮检距越大,射线平均速度越大。在炮检距逐渐增大时,射线平均速度趋近于剖面中速度最高层的层速度。

(2) 平均速度与均方根速度都是把层状介质看成某种假想的均匀介质,因此对某一种介质构造,只有一个平均速度和一个均方根速度。由理论可以证明:平均速度一定小于或等于均方根速度。这说明用同一速度对道集中各道作动校正,严格说来是不能完全校正准确的。这种误差随着炮检距增大而增大。

(3) 从图 4.2.11 中可以看出,$x=0$ 时,平均速度与射线平均速度相等,但均方根速度与射线平均速度有差别。可见 $x=0$ 时,平均速度精度高。随着 x 的增加,平均速度和射线平均速度的差别越来越大,而均方根速度与射线平均速度逐渐接近,在某一 x 处,两者相等,然后两者差别也逐渐增大。可见在炮检距为某一数值附近(本节例子是在 $x=5000$m 附近)时,均方根速度精度较高。但是当 x 很大时,均方根速度的误差也将增大。当 $x\to\infty$ 时,射线平均速度曲线是以最高速层的速度曲线(平行于 x 轴的直线)作为渐近线。这表明,各种速度的概念、数值和用途是不同的,如果混用速度,必然引起误差。

由以上分析可见,了解各种速度的概念,分清不同速度的用途,对地层资料的解释和地质应用是十分重要的。

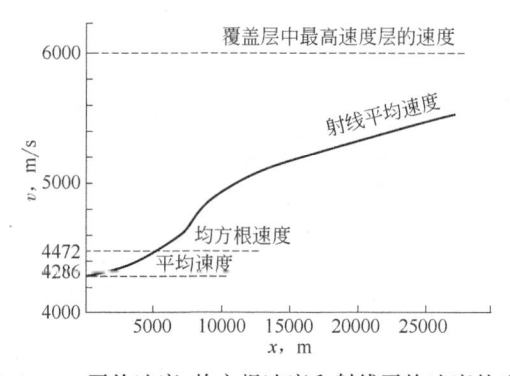

图 4.2.11 平均速度、均方根速度和射线平均速度的比较

思 考 题

1. 地震波在沉积岩中传播速度具有什么特点?

2. 目前用于地震勘探的有哪几种速度？
3. 用于动校正的速度一般如何确定？
4. 如何利用 Dix 公式求取层速度？
5. 每种速度的用途是什么？
6. 如何从速度谱中确定多次波？
7. 速度谱和速度扫描的异同点是什么？
8. 在时深转换过程中，使用的是哪种速度？
9. 一个共中心点道集速度谱所反映的是一个点速度信息还是一系列点的速度信息？

第5章 地震资料数字处理

地震勘探的数据采集、处理和解释是相互紧密联系在一起的。地震数据处理以数据采集为基础，其结果会直接影响到地震资料解释的正确性和可靠性。地震数据处理的结果取决于地震数据处理方法、处理流程和处理参数选择的正确性和合理性，并且要适合勘探地区的地质特点和地质任务。

地震数据处理方法种类繁多，主要涉及静校正、去噪、反褶积、速度分析、动校正、叠加、偏移、反演和地震监测等方面的内容。其中最主要的是反褶积、叠加和偏移三类方法。反褶积是压缩地震子波以提高地震资料纵向分辨率的主要处理方法；叠加是增强有效反射波信号、压制规则和随机干扰、提高地震资料信噪比的主要处理方法；偏移是实现反射界面空间归位、提高地震资料横向分辨率和地震信号保真度的主要处理方法。上述方法相互联系，但在整个地震资料处理过程中各个方法有其独特的任务要求。例如在地形和地表条件复杂的勘探区域，静校正处理将起到关键性作用。因此，根据勘探地区的地质特点及任务要求，应选择正确和有效的地震资料处理方法，选择适当的处理参数，才能得到高质量的处理成果。

目前，地震数据处理发展的趋势主要有以下四个特点：

（1）从二维地震向三维地震方向发展。随着三维地震勘探的采集、处理和解释技术的进步，目前已经发展到以三维地震工作为主的阶段。

（2）从地表条件和地质构造的简单地区向复杂地区发展。

（3）从构造勘探向地层、岩性勘探方向发展。

（4）从勘探地震向开发地震方向发展。

根据上述地震数据处理的发展方向，总的来说随着油气勘探和开发工作难度的增大，对地震处理工作的要求也越来越高。为了达到复杂构造油气藏和地层、岩性油气藏勘探以及开发地震、油气藏动态监测的任务要求，地震数据处理必须向高信噪比、高分辨率和高保真度的"三高"方向发展，这是今后地震数据处理的主要发展方向。

5.1 地震资料处理基本流程

在实际地震资料处理中，一般根据处理目的、地质任务要求以及原始资料的特点，会选用一些处理方法，建立处理流程。用于实现叠加和偏移的常规处理流程如图5.1.1所示，并对预处理、反褶积、共中心点道集分选、速度分析、动校正和叠加、叠后处理和偏移等内容进行详细介绍。

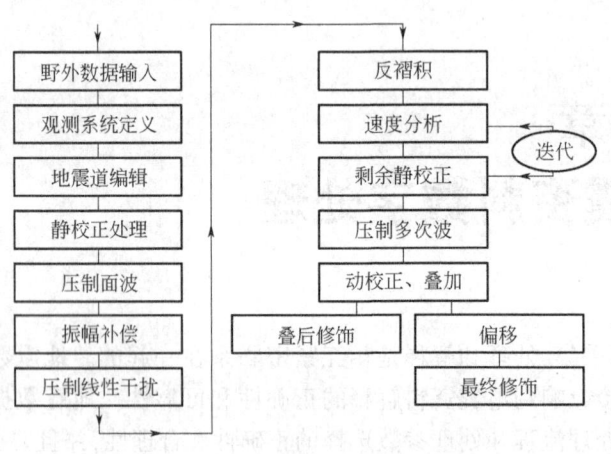

图 5.1.1　地震资料常规处理流程

5.1.1　预处理

所谓预处理,就是对原始地震资料进行初步加工,使其满足计算机和处理方法的要求。各种处理流程中的预处理所包括的具体内容是不尽相同的,一般包括数据重排、道编辑和增益恢复等内容。

1. 数据重排

它是预处理中最基础的工作。在野外地震观测中,地震数据可能是以按时分道的形式[图 5.1.2(a)]记录在数字磁带上,即数据按同一时刻的各样点值依次排放,在时间维度上不连续,在空间维度上连续,但是在地震数据处理时通常要求数据应以按道分时的形式排列[图 5.1.2(b)]。为此,需要将地震数据从时序排列形式转变为道序排列形式,该处理过程就称为数据重排或数据解编。

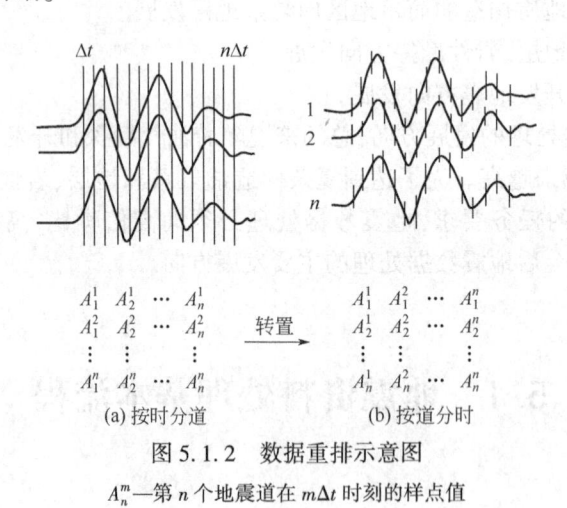

图 5.1.2　数据重排示意图

A_n^m—第 n 个地震道在 $m\Delta t$ 时刻的样点值

数据重排在数学上对应的是矩阵转置,变换之后数据按地震道读出,并且各地震道是按照共炮点的不同偏移距记录。在此阶段,数据被转换为通用格式,并且在后续处理过程都使用这种格式。数据格式是由处理系统的类型和相关协会组织确定。在地震勘探行业中,数据交换的一种通用格式是 SEG-Y,它是由勘探地球物理学家协会制定的。

图 5.1.2 中,Δt 表示采样间隔,它的大小由采样定理确定。采样定理一般表述为:只有采样频率 f(采样间隔 Δt 的倒数)大于信号最高频率成分 f_c 的两倍时,在信号恢复时才不会引起原信号失真(动态图 12),即

$$\frac{1}{\Delta t}=f>2f_c \tag{5.1.1}$$

动态图 12　对 4 个波形用 6 种不同的速率采样,两个波形在稀疏采样时会出现扭曲变形

根据采样定理可以推断,若地震信号的采样间隔是 Δt,则可以恢复的最高频率是 $1/(2\Delta t)$,它也被称为尼奎斯特频率(Nyquist frequency)。实际地震数据采集的采样间隔一般为 2ms,高分辨率采集情形则可能为 0.5ms。

2. 道编辑

对于一些不符合要求的地震信息,它们若参加处理会影响成像效果。因此,为了提高成像质量并使处理流程具有通用性,需要将这些地震信息进行充零或者剔除。

不正常炮是指缺炮或废炮记录,若缺炮则需要补充一个零记录,而对于废炮需要在加载后将该炮所有道的数据充零。对工作不正常的地震道也应充零,如噪声道或单频信号道(图 5.1.3),极性反转的地震道则需要将各采样值乘上 -1。

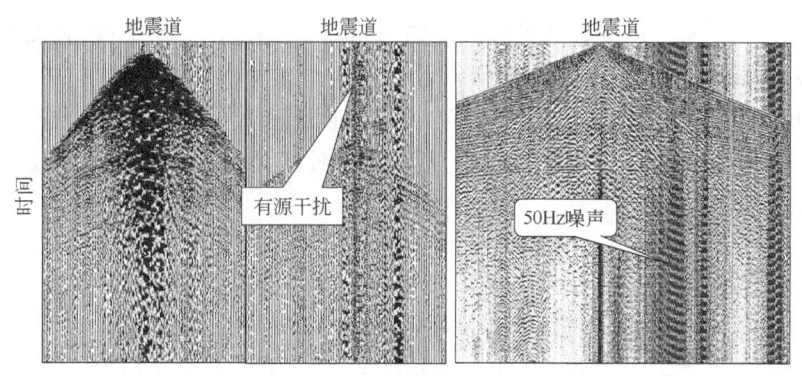

图 5.1.3　包含各种噪声的地震记录

3. 增益恢复

地震信号到达检波器时的振幅值是 A,经过数字地震仪器增益控制,最终记录在磁带上的振幅值为 A_0。如果增益控制所用的增益值为 2^k,则数字磁带上的振幅值应为

$$A_0 = A \times 2^k \tag{5.1.2}$$

增益恢复就是将数字磁带上记录的振幅值 A_0 恢复为检波器实际接收到的振幅 A,即

$$A = \frac{A_0}{2^k} \tag{5.1.3}$$

恢复后的振幅值 A 可以认为是反射信号的真振幅。此外,还需要对地震数据应用增益恢复函数以补偿球面波前散射所造成的振幅衰减(图 5.1.4)。因为使用到几何扩散补偿函数,所以振幅补偿依赖于反射时间以及区域平均速度。

地震数据还涉及特定的观测系统,这是因为根据陆上的观测系统或海上的导航资料,需要

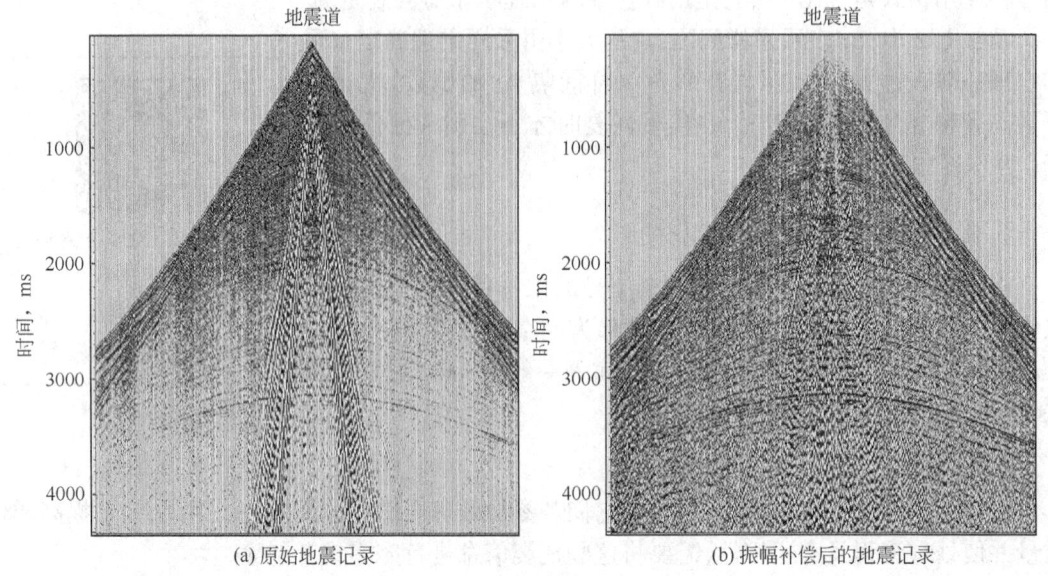

(a) 原始地震记录　　　　　　　　　　　(b) 振幅补偿后的地震记录

图 5.1.4　地震记录的振幅补偿

将所有地震道的炮点和接收点位置坐标等信息存储于地震道道头位置。根据观测记录中的道头信息,可以进行灵活多变的资料处理,例如按偏移距进行增益处理。不正确的观测系统定义会降低处理质量。不管处理参数选择多么准确,只要观测系统信息不正确,叠加剖面的质量都将会受到较大的影响。

对于陆上资料,在预处理阶段还需要静校正,将观测记录校正到统一基准面。该参考面可以是平的,或者是沿测线可变(浮动)的。将观测记录校正到基准面通常需要校正近地表风化层、震源和检波点位置的高程。

5.1.2　反褶积

典型的反褶积(如脉冲反褶积)是通过压缩地震记录中的震源子波,使其成为脉冲信号来提高时间分辨率。反褶积前后的共炮点记录如图 5.1.5 所示,与原始地震记录相比,可以看出

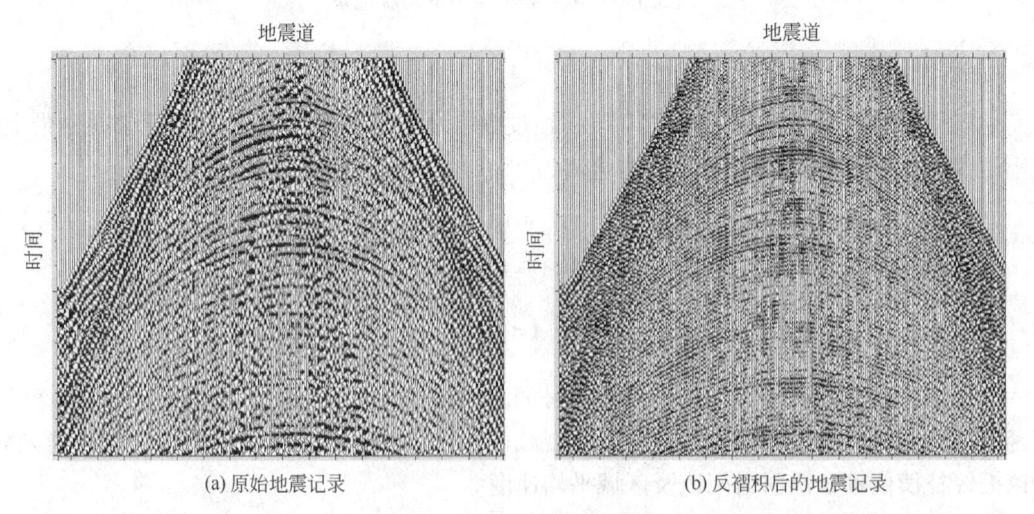

(a) 原始地震记录　　　　　　　　　　　(b) 反褶积后的地震记录

图 5.1.5　地震记录的反褶积

子波得到明显的压缩,并且有效反射之外的交混回响能量通过反褶积也能得到很好的压制。因为噪声和信号的高频都加强,所以反褶积后需要进行带通滤波。此外,反褶积之后应对各地震道进行振幅均衡,以使地震数据达到通常的均方根振幅。下一节还会详细介绍反褶积相关知识,此处不再赘述。

5.1.3 共中心点道集分选

地震勘探的多次覆盖数据采集是在炮点—接收点坐标系中进行的。图5.1.6是记录观测系统的示意图,显示出炮点—检波点坐标系与共中心点—偏移距坐标系的重叠位置关系。将野外地震记录道根据需要按照一定的规则重新排列,这项工作称作道集分选。根据野外观测系统,每一道均放置在该道所属炮点和接收点位置的中心。将具有同一中心位置的所有地震道放在一起,就组成了CMP道集。

常用道集共有四种(图5.1.7):共接收点道集、共炮点道集、共炮检距道集和共反射点(共中心点)道集。在数据处理中,用得最多的是共炮点道集和共反射点道集。因此,地震数据需要按共反射点序号进行重排,把属于一个共反射点的地震道集中在一起,当第一个共反射点地震道排完之后,再排第二个共反射点的地震道,依次下去就可形成共反射点道集记录。

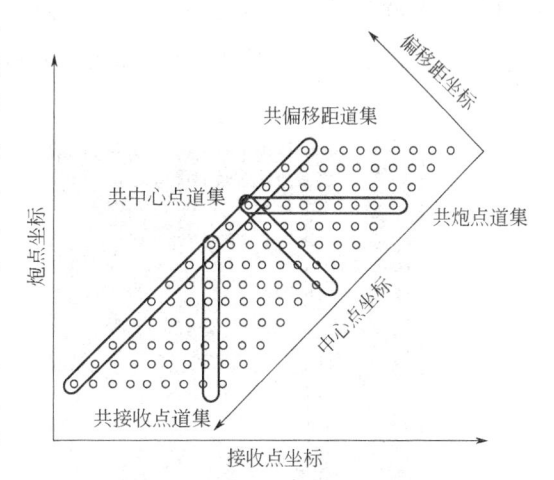

图5.1.6 地震观测示意图
每一个小圆圈代表一道,炮点—检波点与中心点—偏移距坐标系成45°

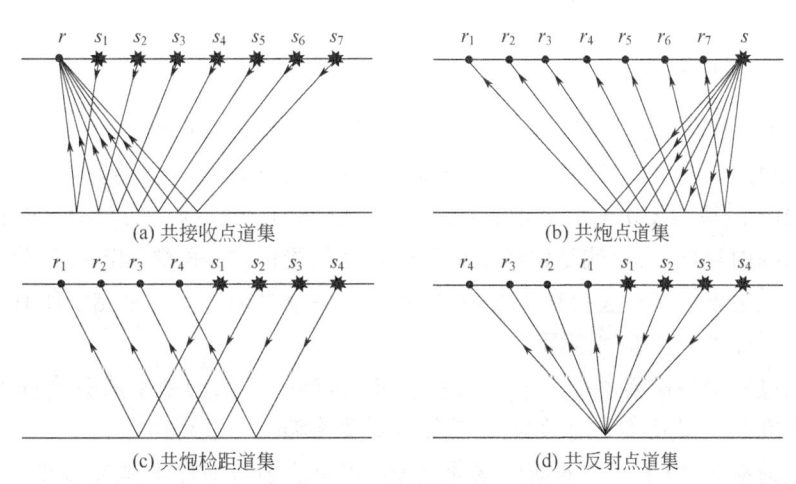

(a) 共接收点道集

(b) 共炮点道集

(c) 共炮检距道集

(d) 共反射点道集

图5.1.7 不同类型的道集

5.1.4 速度分析

多次覆盖地震记录除了能提高信噪比,还可以用来求取地下速度信息。速度分析是通过所选择的CMP道集或多道集组合来实现。速度分析的输出结果之一是将速度作为零偏移距双程旅行时间的函数(速度谱),其数值代表沿双曲线信号相干性的一种量度。

图 5.1.8(a)是某一 CMP 位置上的速度谱。该谱的水平轴表示扫描正常时差的速度值,速度范围可以设定为 1000~5000m/s,垂向轴代表零偏移距双程旅行时间。速度谱中的数值代表相干能量,图中的曲线代表速度函数,它是基于所选速度的时距曲线与一次反射波有最大相干值。沿着解释曲线将给出相应的旅行时间和速度值,用分析点所得到的速度函数进行空间内插,即可得到沿测线的介质速度场。在复杂构造区域速度谱常常不能提供足够精确的速度值,在这种情况下可以用不同速度对部分道集进行动校正和叠加,以此求取速度值,如图 5.1.8(b)所示。

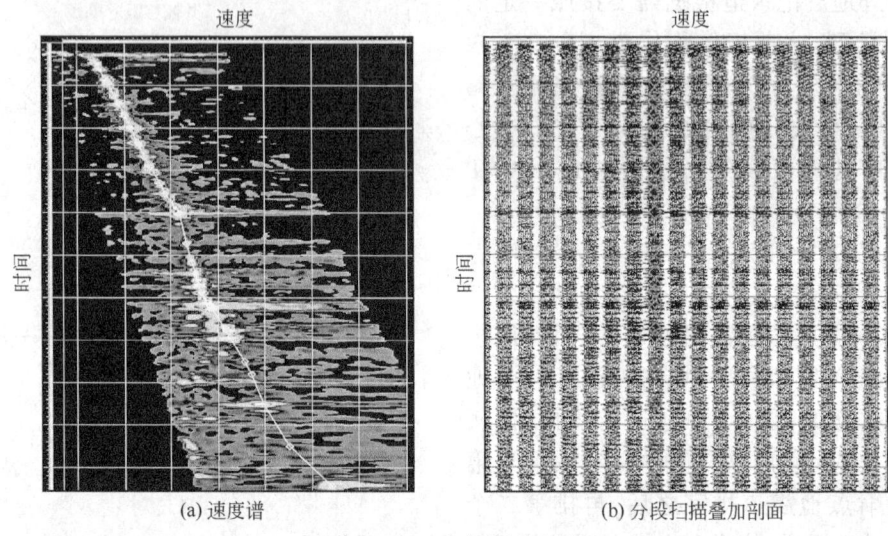

彩图 5.1.8

(a) 速度谱　　　　　　　　　　(b) 分段扫描叠加剖面

图 5.1.8　速度分析过程

5.1.5　动校正和叠加

通过速度分析得到的速度场可以用于 CMP 道集的动校正(即 NMO 校正)。根据 CMP 道集上作为偏移距函数的反射波时距曲线是双曲线的假设,动校正将会消除正常时差对旅行时间的影响。CMP 道集动校正前后的地震记录变化如图 5.1.9 所示。从图中可以看出,同相轴在各偏移距范围内被拉平,也就是说地震记录旅行时间受偏移距的影响已被消除。此时,CMP 道集内的各地震道累加在一起会在该 CMP 位置形成一个叠加道。将沿测线所有 CMP 位置的叠加道依次排列即可产生叠加剖面。

在动校正过程中各地震道被相应的时变拉伸,所产生结果的频率成分会向低频端移动。为了防止地震剖面浅层成像受到影响,在叠加前需要将畸变带进行切除。

在复杂构造地区,由于速度的横向变化,CMP 道集反射波时距曲线是双曲线的假设不再成立。此时动校正和 CMP 叠加将不能得到正确成像。在这种情况下,有必要进行深度偏移成像和叠前偏移成像处理。

5.1.6　叠后处理

典型的叠后处理包括以下几个方面:

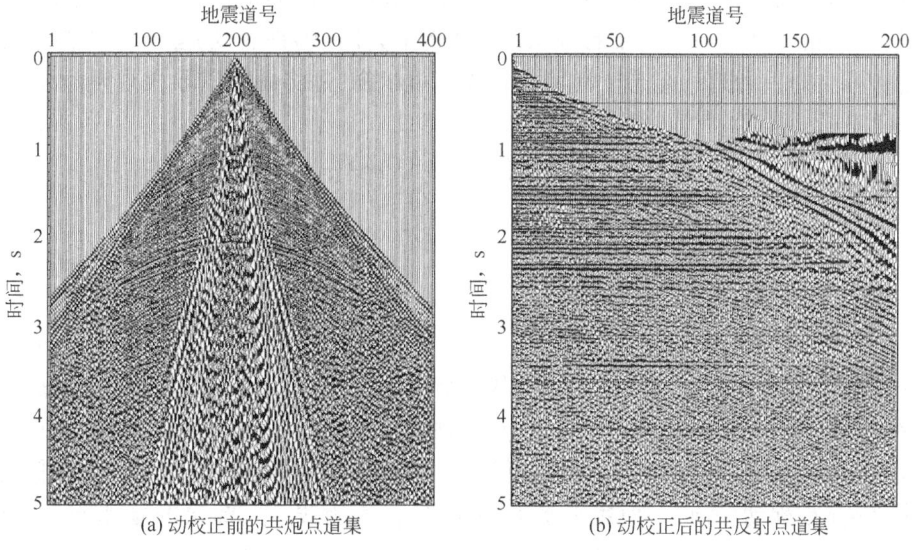

(a) 动校正前的共炮点道集　　　　(b) 动校正后的共反射点道集

图 5.1.9　地震道集的动校正

（1）通常使用叠后反褶积来恢复 CMP 叠加所造成的高频损失，并且该处理对于压制交混回响和短周期多次波也是有效的。

（2）利用高频补偿进一步拓宽频谱并校正震源子波的时变特征。

（3）通过滤波消除信号在高频端和低频端出现的噪声。

（4）在显示叠加剖面时使用一定的增益。为了保持真振幅，避免叠加道的振幅出现时变特征，一般在道与道之间应使用统一的相对振幅恢复函数，增强深层的弱反射能量，这样不会破坏道与道之间的振幅关系。

为了进一步改善叠加剖面的质量，还需要作一些加工和修饰（图 5.1.10）。常用的有组合、相干加强和道内平衡等。

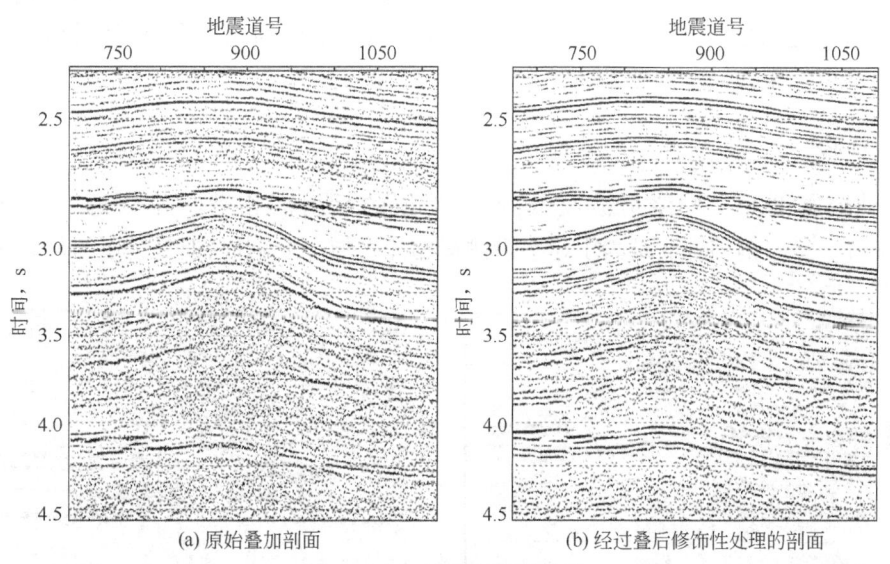

(a) 原始叠加剖面　　　　(b) 经过叠后修饰性处理的剖面

图 5.1.10　地震剖面的修饰

组合是提高地震资料信噪比的有效处理方法。在叠加剖面上进行组合,其原理与野外组合一样,均是利用干扰波与有效波的特征差异及传播方向(即视速度)差异来压制干扰。处理中的组合实际上是一种道间组合。常用的相邻三道组合,是将中间道取权重系数 1/2,左右相邻道取权重系数 1/4 的不等灵敏度组合,即

$$\widetilde{A}_i(k) = \frac{A_{i-1}(k) + 2A_i(k) + A_{i+1}(k)}{4} \tag{5.1.4}$$

式中　　k——采样点序号;

　　　　i——记录道序号;

　　　　$\widetilde{A}_i(k)$——组合后的记录道振幅。

相干加强是改善地震记录同相性、削弱随机干扰的一种方法,一般用于叠加之后。它的基本思想是:根据剖面上每个记录道与相邻记录道的相干性进行加权,相干性越好加权值越大。这样能使各道间的反射同相轴得到加强,并进一步减弱随机干扰,但有时会产生虚假成像。

道内平衡(或称动平衡)一般用于水平叠加之后,均衡浅、中、深层的叠加能量,便于在记录剖面上同时显示。在一个能量变化较大的记录道上,选定一个时窗并计算振幅的平均值 $\overline{A}_i$,然后除时窗内的各样点值 $A_i(k)$,得

$$\overline{A}_i(k) = \frac{A_i(k)}{\frac{1}{m}\sum_{i=1}^{m}|A_i(k)|} = \frac{A_i(k)}{\overline{A}_i} \tag{5.1.5}$$

式中　　m——振幅非零的样点数。

对于浅层,当 $A_i(k)$ 值较大时,平均值 $\overline{A}_i$ 也大;对于深层,当 $A_i(k)$ 值较小时,平均值 $\overline{A}_i$ 也小,因而使浅层与深层的输出值 $\widetilde{A}_i(k)$ 达到均衡。

此外,滤波与反滤波也可用于叠加剖面修饰性处理,它们在提高记录剖面信噪比和分辨率方面都有明显的效果。但是应该指出:不论哪种修饰性处理方法,虽然它们能改善信息的显示效果,但不可避免地会损失弱的反射信息,模糊地下构造细微的地质现象,降低地震剖面的保真度,因此需要慎重使用。

5.1.7　偏移

偏移使地震剖面上的绕射波收敛,倾斜地层的反射同相轴归位到地下的真实位置(图 5.1.11)。虽然偏移剖面是为了显示沿测线的深度域地质剖面,但是为了与输入叠加剖面

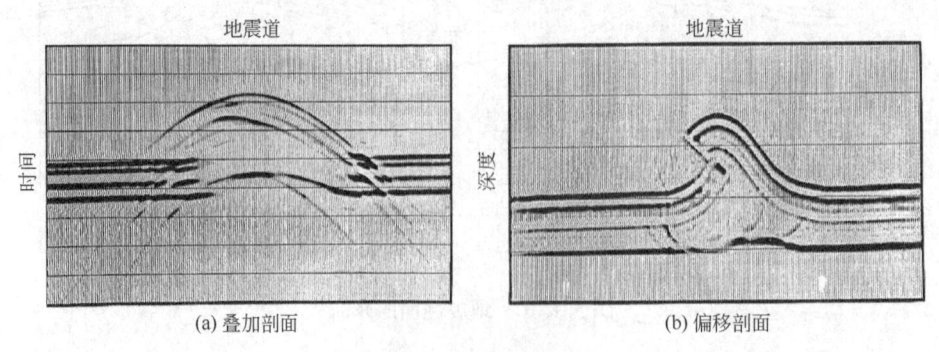

图 5.1.11　地震偏移

相对应,偏移剖面通常是在时间域显示。如果地下介质的速度横向变化适度,时间偏移的结果是可以接受的,但是对于复杂构造来说深度偏移是必须的:

(1)与断层和盐丘两翼有关的陡倾角同相轴,在叠加时常与缓倾角或者相邻水平同相轴发生冲突,解决该问题的方法是叠前时间偏移。

(2)非双曲线时差是由较大的横向速度变化引起的,与复杂构造(如盐丘或逆掩断层)有关。如果基于双曲线时差假设,在处理时会发生时距曲线和振幅的扭曲,解决这一问题的方法是叠前深度偏移。

5.2 地震资料的数字滤波

任何波形函数 $f(t)$ 都具有一个相应的频谱 $F(f)$。换句话说,$f(t)$ 是由振幅和相位随频率变化的很多个简谐振动累加的结果。从这个角度看,所谓滤波,就是改变原始波形函数 $f(t)$ 的频谱组成,保留有效波的频率成分,滤掉干扰波的频率成分,从而改变地震记录的波形特征,以便达到突出有效波、压制干扰波、提高信噪比的目的。

在地震波激发、传播、接收和记录的过程中,传播介质和仪器性能的改变都会影响地震脉冲的波形特征,从广义的角度上讲这些都是滤波。如今,利用计算机、数学运算可以达到各种滤波的目的,这些方法统称为数字滤波。它是地震资料处理中一个重要的组成部分。本节首先介绍数字滤波的基本原理,然后分别对一维频域滤波、二维 $f\text{-}k$ 滤波和反滤波进行详细介绍。

5.2.1 数字滤波的基本原理

任何一个数字滤波器,都可以看作与电滤波器相似的四端线性网络。若在其输入端输入一个波形信号 $x(t)$,在其输出端则得到一个输出信号 $y(t)$,如图5.2.1所示。该图下半部分的 $X(f)$ 与 $Y(f)$ 分别表示信号 $x(t)$ 与 $y(t)$ 的频谱,字母 FT 与 IFT 分别是傅里叶正变换和逆变换的英文缩写。如果输入的波形信号是一个单位脉冲函数 $\delta(t)$,那么输出信号是 $h(t)$,其频谱为 $H(f)$。该输出函数可以用来描述滤波器的特性。

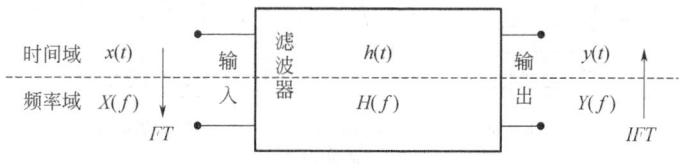

图 5.2.1 滤波过程示意图

单位脉冲函数 $\delta(t)$ 描述的是一个延续时间 Δ 趋于零、振幅 $1/\Delta$ 趋于无限大、二者乘积为1的理想化矩形信号。其频谱为常数1,单位脉冲函数是由频率从 $-\infty$ 到 $+\infty$、振幅为1、初始相位为零的无穷多个简谐振动合成。如果将它作为输入信号加载到滤波器,那么输出信号 $h(t)$ 称为滤波器的脉冲响应,又称时间特性;其频谱 $H(f)$ 则称为滤波器的频率响应或频率特性。一般说来,滤波器的频率特性是一个复函数,可以表示为

$$H(f) = |H(f)| \exp[\mathrm{i}\phi(f)] \tag{5.2.1}$$

式中　$|H(f)|$——复函数的模,是$h(t)$的振幅谱,又称为滤波器的振幅特性;
　　　$\phi(f)$——$h(t)$的相位谱,又称为滤波器的相位特性。

从上面的讨论不难看出,当一个单位脉冲输入滤波器时,输出信号是滤波器的脉冲响应。响应信号与输入信号是不同的。同一个单位脉冲输入不同的滤波器,脉冲响应也是不同的。这就是说,滤波器的特性直接影响输出信号。如果输入信号是短脉冲,则响应信号可以看成是一系列单位脉冲响应的叠加。如果希望通过滤波器改变输入信号,可以针对期望输出信号选择滤波器的特性或设计滤波因子,然后将输入信号加载到选择的滤波器,即可获得期望输出信号。该过程也是实现输入信号滤波的基本原理。

所谓数字滤波,是将输入信号离散取样转变为数字信号,并且将滤波器的特性设计为数学函数,然后通过数字信号与数学函数的运算,得到新的输出信号。

如图5.2.1所示,在滤波器的输入端加载一个输入信号$x(t)$,其频谱为$X(f)$,只要知道滤波器的脉冲响应或频率特性,则输出信号$y(t)$及其频谱$Y(f)$可以表示为

$$\begin{cases} Y(f) = X(f) \times H(f) \\ y(t) = x(t) * h(\tau) \end{cases} \tag{5.2.2}$$

式中,*表示褶积运算。式(5.2.2)是实现信号滤波的数学表达。

数字滤波可以在频率域、时间域两个域中实现。其中,在频率域进行滤波的原理较为直观,如图5.2.2(a)所示。根据式(5.2.2)的第一式,输出信号的频谱$Y(f)$是输入信号频谱$X(f)$与滤波器频率特性$H(f)$的乘积。也就是说在需要压制的干扰波频率范围内,使$H(f)$的值接近或等于零,反之在需要保留的有效波频率范围内,使$H(f)$的值接近或等于1,再根据式(5.2.2)进行乘法运算,输出信号中的干扰波便会得到压制,从而能提高信噪比。通过调节频率特性$H(f)$,可以达到各种预定的滤波目的。

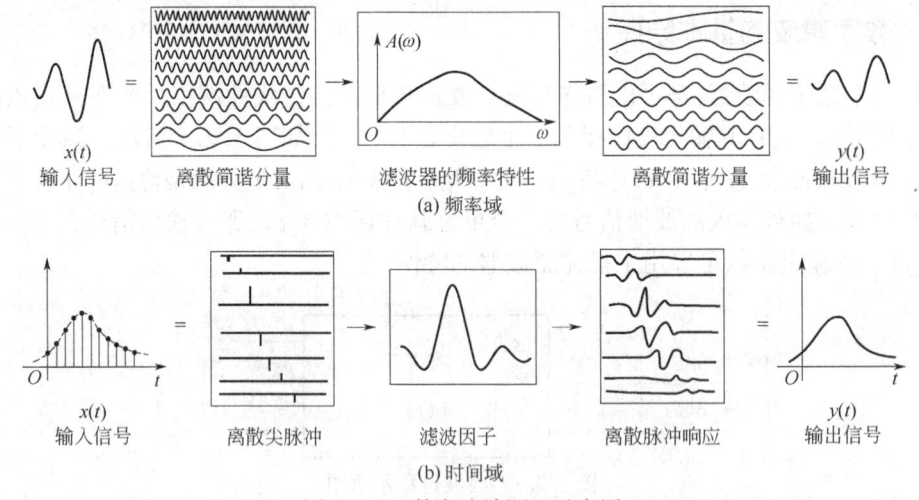

图5.2.2　数字滤波原理示意图

如果数字滤波在时间域中进行,其原理如图5.2.2(b)所示。根据式(5.2.2)中的第二式,将输入信号$x(t)$与滤波器的脉冲响应$h(\tau)$作褶积运算,即可得到期望输出信号$y(t)$,该过程也称为褶积滤波。具体的滤波过程是:首先将输入信号$x(t)$按照一定的采样间隔Δ,离散为一系列振幅为$x_i(i=1,2,\cdots,n)$、宽度为Δ的矩形脉冲。然后按$i=1,2,\cdots,n$的次序,先后输入各脉冲。每一脉冲通过滤波器将会产生一个波形与滤波器脉冲响应$h(\tau)$相似的输出,将这

n 个输出波形分别按时间顺序排列并对应相加,便得到输出信号 $y(t)$。频率域滤波需要执行从 $x(t)$ 到 $X(f)$、从 $Y(f)$ 到 $y(t)$ 的正、反两次傅里叶变换。当地震记录较长、离散采样点较多时,在时间域进行褶积滤波的计算量会相对较小。所以,对地震记录道进行数字滤波,一般是在时间域用褶积滤波实现的。

表 5.2.1　震源子波(1,-1/2)与反射系数序列(1,0,1/2)的褶积

反射系数序列					输出响应
	1	0	1/2		
-1/2	1				1
	-1/2	1			-1/2
		-1/2	1		1/2
			-1/2	1	-1/4

褶积运算的具体实现过程见表 5.2.1。反射系数序列(1,0,1/2)对地震子波(1,-1/2)的响应由两个信号序列的褶积得到。首先,将反射系数序列作为固定的数列,震源子波反转(折叠)并且在每一时间间隔整体向右移动一个样点,将两信号序列对应项相乘累加,便得到该时刻的输出。

5.2.2　一维频域滤波

1. 频域滤波的分类

当所用子波的振幅谱发生改变而它的零相位特征不变时,会出现什么样的结果？首先,如果许多个频率分量叠加会产生新的子波,即傅里叶合成。注意在时间域中的子波随着频带宽度的增加会被压缩。因此,尖脉冲信号是从零到 Nyquist 频率所有频率分量的同相合成。零相位、频带有限的子波可以作为地震道的滤波器,输出道仅包含滤波信号的频率成分。这里所介绍的内容都是零相位频率滤波,因此它不改变输入道的相位谱,仅对振幅谱的频带进行限制。

频率滤波是用滤波算子的振幅谱乘以输入地震道的振幅谱,该过程描述如图 5.2.3 所示；另一方面时间域滤波则是用滤波算子与输入时间序列进行褶积,图 5.2.4 是时间域设计和滤波应用的总结。频率域和时间域形式的滤波可以表述为:时间域的褶积相当于频率域的相乘,而频率域的褶积则相当于时间域的相乘。

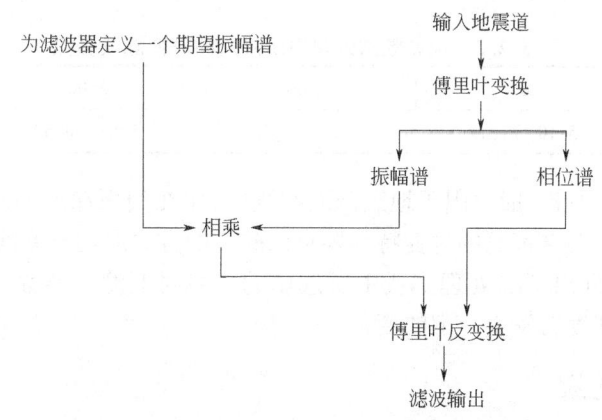

图 5.2.3　频率域设计和零相位频率滤波应用

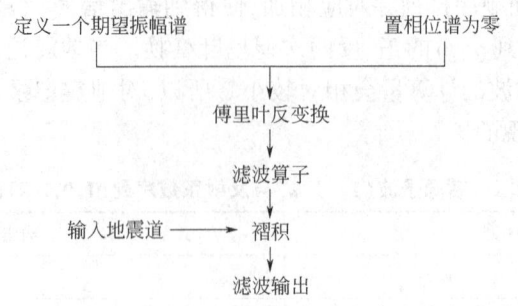

```
定义一个期望振幅谱        置相位谱为零
              │                │
              └────────┬───────┘
                       ▼
                   傅里叶反变换
                       │
                       ▼
                    滤波算子
                       │
     输入地震道 ──────▶ 褶积
                       │
                       ▼
                    滤波输出
```

图 5.2.4 时间域设计和零相位频率滤波应用

频率滤波可以是带通、带阻、高通(低截)或低通(高截)滤波。其中,带通滤波使用最为广泛,因为典型的地震道包含某些低频噪声(面波)以及某些高频环境噪声。有用的地震反射波频带范围是 10~70Hz,而主频一般在 30Hz 左右。

带通滤波可以应用于数据处理的各个阶段。例如在反褶积之前需要使用带通滤波压制面波以及高频环境噪声,否则噪声会破坏信号的自相关性;在计算速度谱时带通滤波可以改善对速度的检测;在估计剩余静校正时,CMP 道集中的地震道与标准道互相关以前需要使用窄带通滤波;对叠加剖面进行时变带通滤波则可以增加显示效果。

2. 频域滤波的应用

在频率域和时间域应用滤波器都会产生相同的结果。实际上时间域方法更有效,因为褶积包含一个短的数列(如滤波算子),比傅里叶变换计算效率更高。频率滤波器的基本性质是:频带越宽,滤波算子将被压缩,则所需的滤波系数越少。

设计一个带通滤波器的目的是让某些频率分量通过,基本不做改变,但是要尽可能地压制频谱其余部分。通常,带通滤波器可以采用如下的滤波算子振幅谱:

$$A(f)=\begin{cases}1, & f_1<f<f_2\\ 0, & 其他\end{cases} \quad (5.2.3)$$

式中,f_1 和 f_2 为截断频率。该滤波器也就是常见的箱状振幅谱。

3. 时变滤波

地震频谱中,特别是高频部分在地震波传播时会出现吸收衰减,这是地球内部所固有的衰减。分析叠加剖面从浅层到深层的频带分布,有时会发现浅层的频带为 5~80Hz,而在深层的频带则变为 5~50Hz。

表 5.2.2 地震数据处理中所采用的时变滤波参数

时间,ms	0	2500	3500	5000
滤波带,Hz	5,10~70,80	5,10~60,70	5,10~50,60	5,10~40,50

有效信号的高端频带一般仅限于地震剖面的浅层,而在剖面深层的时间分辨率会相对降低。从实用的观点看,信号带宽的时变特性要求以时变的方式应用频率滤波,从而将环境噪声有效排除。表 5.2.2 列出了在处理实践中所选用的一组时变滤波参数。对于不同的地震资料,从上至下的频带宽度会发生一定的变化。

5.2.3 二维 f-k 滤波

多道处理定义为需要对几个数据道同时进行处理。多道处理一般是根据逐道识别倾角或正常时差来识别和压制噪声。二维傅里叶变换是分析和完成多道处理的基础。

如图 5.2.5(a)中所示的六个零偏移距剖面,每个剖面有 24 道,道距为 25m。记录中全部是频率为 12Hz 的单频同相轴,倾角从 0 变为每道 15ms。由一维傅里叶变换的讨论可知,频率对应于时间变量,但是此处地震波场不仅是时间的函数,还是空间变量(如偏移距)的函数。空间变量的傅里叶变换定义为空间频率,即波数。波数是由沿水平方向单位距离(如 1km)内的波峰数来确定的。如同时间折叠频率,空间折叠波数定义为

$$k = \frac{1}{2\Delta x} \tag{5.2.4}$$

式中,Δx 为空间采样间隔。图 5.2.5(a)中剖面的道间距是 25m,所以折叠波数是 20km^{-1}。

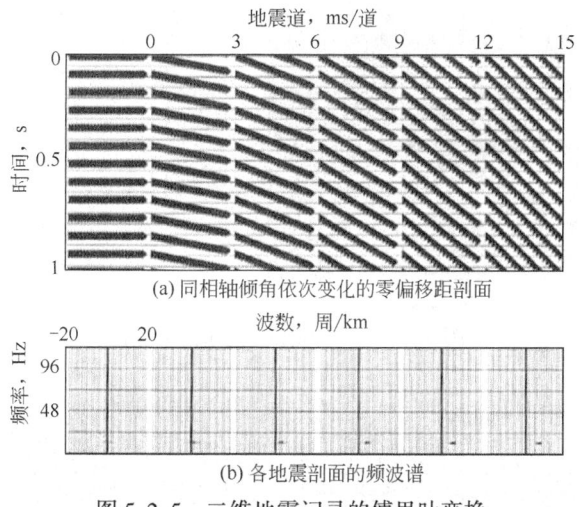

图 5.2.5 二维地震记录的傅里叶变换

频率—波数平面(即 f—k 平面)如图 5.2.5(b)所示。同相轴倾角为零的剖面是频率 12Hz 方向上的一个点,零倾角相当于零波数。图中的脉冲值相当于构成剖面单频波的峰值振幅,所以 f—k 平面实际上代表 t—x 域剖面的二维振幅谱。数据由 t—x 域变换到 f—k 域,此过程在数学上可以通过二维傅里叶变换完成。时间—空间变量(t,x)与频率—波数变量(f,k)之间有着确切的关系。通过倾角时差定义斜率为 $\Delta t/\Delta x$,由图 5.2.5(a)最后一列可以得到斜率的倒数为

$$\frac{\Delta x}{\Delta t} = \frac{23 \times 25\text{m}}{23 \times 15\text{ms}} = \frac{0.575\text{km}}{0.345\text{s}} = 1.67\text{km/s}$$

另外,该倾斜同相轴沿剖面方向的周期数为 0.345s×12 周/s=4.14 周,所以与倾斜同相轴 15ms/道及 12Hz 频率有关的波数是 4.14 周/剖面/(即 0.575km/剖面)= 7.2 周/km。此时计算比值,有

$$\frac{f}{k} = \frac{12\text{s}^{-1}}{7.2\text{km}^{-1}} = 1.67\text{km/s}$$

由此可知,在 t—x 空间测得倾角时差的倒数等于该同相轴所对应的频率与波数之比:

$$\frac{\Delta x}{\Delta t} = \frac{f}{k} \tag{5.2.5}$$

注意在图 5.2.5(a)中所有剖面有相同的频率成分,但是各剖面同相轴倾角时差从 0~15ms/道

依次变化,所以对于给定的频率倾角越大,波数越大。

图 5.2.6 是一张合成地震记录以及它的二维振幅谱,即 f-k 谱。此时,在振幅谱上识别和分析地震剖面中的同相轴非常简单。水平同相轴的振幅谱与频率轴相平行,波数为零;当同相轴向右下倾时,其振幅谱在第一象限,并且随着同相轴倾角的增大,振幅谱会逐渐偏离频率轴方向;当同相轴向右上倾时,其振幅谱则在第二象限。在实际地震资料处理中,如果地震记录中存在规则的线性干扰,可以根据二维振幅谱特征对噪声进行识别,然后将其置零或者衰减,再通过傅里叶反变换转变到时间—空间域,即可达到去除噪声的目的,该处理过程通常称为 f-k 滤波(图 5.2.7)。

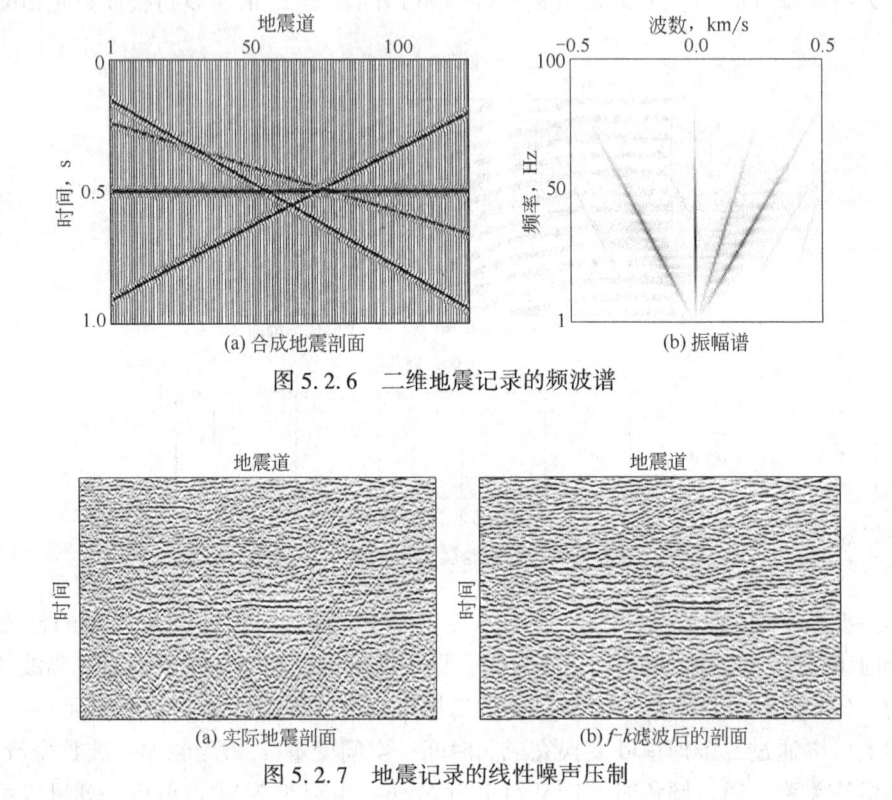

图 5.2.6 二维地震记录的频波谱

图 5.2.7 地震记录的线性噪声压制

5.2.4 反滤波

1. 反滤波概述

反滤波亦称反褶积,实际上是消除某种特定滤波作用的褶积滤波。地震脉冲在传播和接收过程中,往往因高频成分损失较多导致地震信号的频谱变窄,信号的延续时间增长,使得地震勘探的分辨率降低。反褶积可以消除上述不利的滤波效应,通过压缩地震子波的延续时间来提高时间分辨率。反褶积通常应用于叠前资料,也可以用于叠后资料。

要了解反滤波,首先要明确地震记录的构成。地层由不同岩性和物理特性的岩层组成。从地震角度来说,岩层可以通过密度和地震波传播速度来定义。密度和速度的乘积称为地震波阻抗。相邻岩层之间的波阻抗差会形成地震波的反射,然后由沿地表的测线记录下来。地震记录可以表示为一个褶积模型,即地层脉冲响应与地震子波的褶积。

所谓地震子波,是指当地震波传播一定距离后,波形逐渐稳定且具有一定延续时间的地震波,它是地震记录的基本元素。一般认为它是由震源发出的尖脉冲经地层滤波而形成的。在时间域,地震子波根据能量分布特点可以分为四种类型(图5.2.8):(1)最小相位子波,其能量集中在子波的前部;(2)最大相位子波,其能量集中在后部;(3)混合相位子波,其能量分布特征不同于前两种;(4)零相位子波,属于混合相位,其波形是对称的。

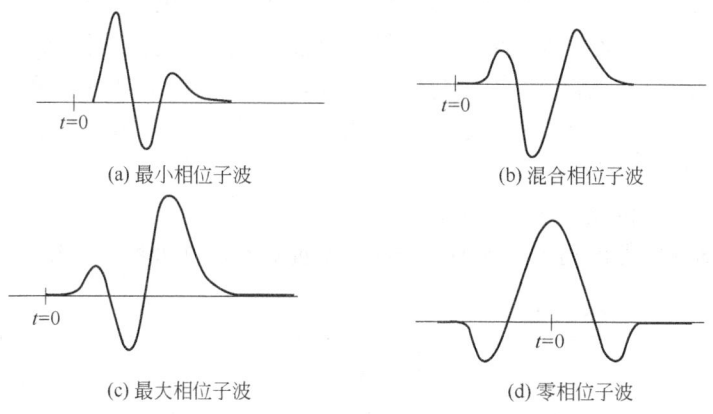

(a) 最小相位子波　　(b) 混合相位子波

(c) 最大相位子波　　(d) 零相位子波

图 5.2.8　子波的分类

实际地震子波由地震的地质结构决定。在理论上,常用雷克子波作为实际地震子波的近似(图5.2.9)。雷克子波是一种可以选用不同主频的零相位子波,其数学表达式为

$$u(t) = (1 - 2\pi^2 f_m^2 t^2) e^{-(\pi f_m t)^2} \tag{5.2.6}$$

式中　t——从中心点起算的时间;

　　　f_m——地震子波的主频。

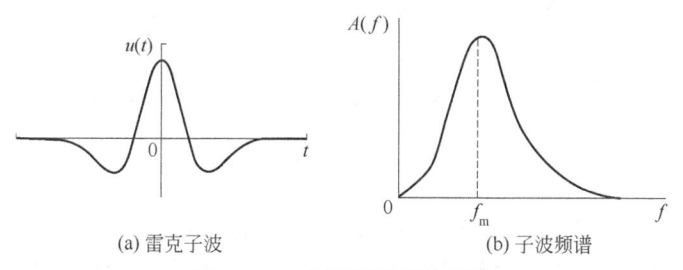

(a) 雷克子波　　(b) 子波频谱

图 5.2.9　地震子波及其频谱

理想的反褶积应该能压缩子波,在地震道内只留下地层反射系数。压缩子波可以通过设计反滤波器作为反褶积算子来实现,将它与地震子波作褶积,地震子波可以转变成尖脉冲。当应用于地震合成记录时,反滤波器的输出应该为地层脉冲响应。

通过测井得到速度和密度信息,这时可以将地震资料与地下地质信息联系起来。下面说明测井与地震记录道之间的关系。首先,地震波阻抗定义为密度和速度的乘积,其次为了建立地震正演模型需要给出以下假设。

假设1:地层由具有常速的水平层组成。

假设2:震源产生一个平面压缩波(纵波),垂直入射到地层界面上,在这种情况下不会产生剪切波(横波)。

假设1在复杂构造区或具有较大横向相变的区域是不成立的。假设2隐含了地震正演模型是基于零偏移距记录的条件。另一方面,如果地层界面深度大于排列长度,可以假设在此界

面上的入射角是很小的,从而可以忽略反射系数随入射角的变化。结合以上两个假设可以得到一维垂直入射的地震记录,地震反射系数 c 可以定义为

$$c = \frac{I_2 - I_1}{I_2 + I_1} \qquad (5.2.7)$$

式中,I 为各层位的地震波阻抗,是密度 ρ 和压缩波速度 v 的乘积。

对于垂直入射,反射系数为反射波和入射波的振幅比。因此,根据水平地层和垂直入射地震模型所得到的反射波振幅是随着波阻抗的变化而变化的。在介质密度变化较小的情形下,反射系数序列 $c(z)$ [图 5.2.10(b)] 是由声波测井 $v(z)$ [图 5.2.10(a)] 得到的,其中 z 为深度。从图 5.2.10(b) 中可以发现:

(1) 每个尖脉冲的位置表示地下界面的深度;
(2) 每个尖脉冲的数值相当于入射单位振幅平面波在界面处所产生反射波的振幅。

(a) 声波测井数据　(b) 由(a)得到的反射系数序列　(c) 将(b)中的反射系数序列由深度坐标转换为双程旅行时间坐标　(d) 包含反射波和多次波的脉冲响应　(e) 将(d)与图5.2.9(a)中震源子波褶积后得到的合成地震记录

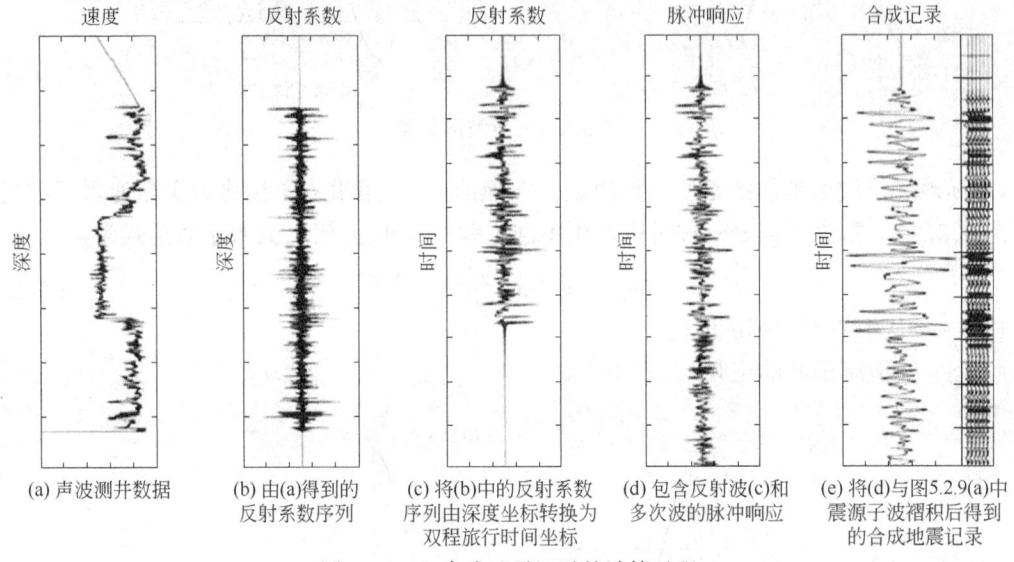

图 5.2.10　合成地震记录的计算过程

将由声波测井得到的反射系数序列 $c(z)$ 转换为时间序列 $c(t)$,即使用测井的速度信息将深度坐标转换为双程旅行时间坐标[图 5.2.10(b)]。此时,所建立的反射系数序列仅包含一次反射波。为了得到水平层状模型完整的一维地震响应,还需要加入多次反射波。如果震源子波为单位振幅脉冲,记录到的零偏移距记录就是地层脉冲响应。图 5.2.10(d) 就是包含了反射波和多次波的脉冲响应。

由脉冲震源(如炸药或空气枪)所产生的压力波称为震源信号。所有信号都可描述为有限长度的带限子波。当这种子波在地层内传播时,由于波前扩散会使振幅降低,同时因为岩石的吸收效应使高频衰减,所以波形随时间变化具有不稳定性。此处所讨论的褶积模型不考虑震源子波的不稳定性,所以需要假设 3:震源波形在地下传播过程中不变。

2. 褶积模型

假定震源子波以平面波的形式垂直向下传播,当遇到一个波阻抗界面时,界面相应的反射系数用尖脉冲表示,反射结果则是震源子波的重现,它的大小由反射系数确定。如果有多个地层界面,则子波以相同的方式在各界面处重现。脉冲序列对震源子波的响应是各脉冲响应的

叠加。它可以通过震源子波与反射系数序列褶积得到。若要从合成记录识别出反射界面,则必须消除震源波形以得到脉冲序列。此过程实质上是反射系数序列与震源子波褶积的反过程,通常将该过程称为反褶积。

为了更真实地表示一个地震记录,还需要加上噪声。此时,便能得到合成地震记录的褶积模型。在数学上,褶积模型由下式给出

$$x(t) = w(t) * e(t) + n(t) \tag{5.2.8}$$

式中　$x(t)$——地震记录;
　　　$w(t)$——地震子波;
　　　$e(t)$——地层脉冲响应;
　　　$n(t)$——随机噪声;
　　　符号 $*$——褶积运算。

反褶积则是试图从地震记录中恢复反射系数序(或脉冲响应)。在方程(5.2.8)中通常已知的是地震记录 $x(t)$,需要估计地层脉冲响应 $e(t)$。震源波形 $w(t)$ 通常也是未知的,但是在某些情况下震源波形可以通过测量得到。为了求解未知函数 $e(t)$,需要作进一步的假设,即噪声成分 $n(t)$ 是零,已知震源波形 $w(t)$。

在上述假设下,可以得到方程:

$$x(t) = w(t) * e(t) \tag{5.2.9}$$

如果震源子波已知(如记录到的震源信号),则反褶积问题的解是确定性的。无噪声地震记录褶积模型可以用方程(5.2.9)表示。时间域褶积相当于频率域中的乘积,这意味着地震记录的振幅谱等于地震子波振幅谱与地层脉冲响应振幅谱的乘积,即

$$A_x(\omega) = A_w(\omega) A_e(\omega) \tag{5.2.10}$$

式中,$A_x(\omega)$、$A_w(\omega)$ 和 $A_e(\omega)$ 分别为 $x(t)$、$w(t)$ 和 $e(t)$ 的振幅谱。

3. 反褶积的实现

如果反褶积的滤波算子定义为 $f(t)$,则 $f(t)$ 与已知地震记录 $x(t)$ 的褶积将得到地层脉冲响应 $e(t)$ 的估计:

$$e(t) = f(t) * x(t) \tag{5.2.11}$$

将方程(5.2.11)代入方程(5.2.9),得到

$$x(t) = w(t) * f(t) * x(t) \tag{5.2.12}$$

消去 $x(t)$,得

$$\delta(t) = w(t) * f(t) \tag{5.2.13}$$

式中,$\delta(t)$ 代表 Kronecker 函数,且

$$\delta(t) = \begin{cases} 1, & t=0 \\ 0, & 其他 \end{cases} \tag{5.2.14}$$

求解方程(5.2.13)得到滤波算子 $f(t)$,即

$$f(t) = \delta(t) * \frac{1}{w(t)} \tag{5.2.15}$$

因此,由地震记录计算地层脉冲响应所需的滤波算子 $f(t)$,其实就是地震子波 $w(t)$ 在数学上的逆。方程(5.2.15)意味着反滤波是将地震子波转换为在 $t=0$ 时的尖脉冲。同样,反滤波是将地震记录转变为确定地层脉冲响应的尖脉冲系列,如图 5.2.11 所示。

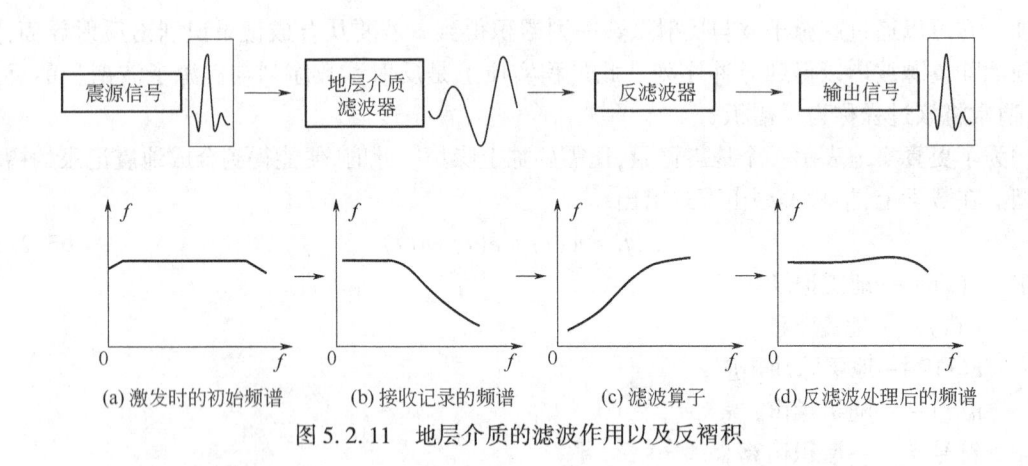

(a) 激发时的初始频谱　　(b) 接收记录的频谱　　(c) 滤波算子　　(d) 反滤波处理后的频谱

图 5.2.11　地层介质的滤波作用以及反褶积

5.3　地震资料的静校正

5.3.1　近地表问题

静校正是研究地形、地表结构对地震波旅行时间的影响,把由于激发和接收的地表因素变化所引起的时差求取出来,再对地震记录进行校正,使畸变的时距曲线恢复成双曲线,以便对地下构造作出精确解释的过程。

地表条件通常包括低降速带的厚度和速度分布,激发接收条件包括震源和检波器的类型、埋深情况等,这些条件结合在一起便形成了与地表位置有关的地表因素。地表因素对地震反射波的作用包括时间延迟、振幅衰减和波形变化。近地表低降速带风化层的厚度和速度的横向变化是引起上述变化的主要因素。

图 5.3.1 说明了地表因素对地震反射波的影响。在地表相对平缓的地方,地震记录中的反射波[图 5.3.1(b)]基本符合双曲线的时差规律,而在地表起伏区域,地震记录[图 5.3.1(c)]的反射波则严重偏离正常的双曲线时差规律。地震记录的时差变化是由地表的非一致性所造成的,该畸变可以通过静校正予以消除。

近地表处的低降速带由风化层和降速带(或次风化层)组成。其介质包括沙石、风化岩石、河道沉积、碎屑冲积和未固结沉积等,压实程度很低,孔隙中一般充填有空气。在风化层和降速带之间会有一个潜水面,炸药震源一般在潜水面之下激发。在地震勘探中,一般会见到不同的表层结构特征,典型情况包括:

(1)山地表层结构:指峰峦起伏、坡陡沟深、高差较大且经历过强烈构造运动的地带。在基岩出露的地表,折射界面断续或缺失,横向空间变化剧烈。这种结构不仅会降低检波器的接收效果,而且会形成侧面反射和岩层多次折射波。

(2)沙漠区表层结构:由第四系风成沙粒和尘土组成,沙丘连绵起伏,沙梁交错密布,相对高差从几米到上百米,如图 5.3.2(a)所示。

(3)黄土源表层结构:介质成分是第四系干燥的砂土、粉沙、沙粒和石英等。其间可能夹

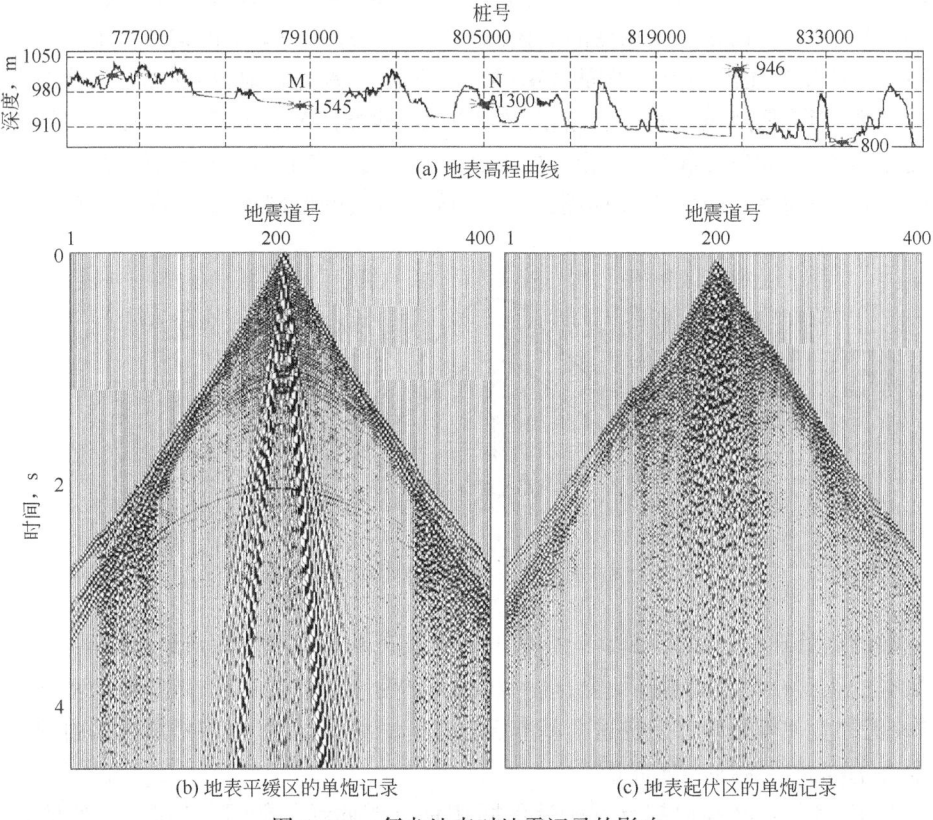

图 5.3.1 复杂地表对地震记录的影响

(b)和(c)的炮点位置分别标在(a)图中的 M、N 处

图 5.3.2 复杂地表类型

杂砾石层或盐碱层,经过雨水冲刷切割,形成水系与沟坡交错的树枝状地形地貌。地表起伏变化、沟壑纵横,如图 5.3.2(b)所示。

(4)戈壁砾石区表层结构:戈壁沙滩和盐碱滩、花岗岩和古近—新近系沙泥岩出露,主要堆积物是第四系冲积扇体,低降速带较厚。地震记录缺乏浅层的折射和反射信息。

(5)农田、沼泽或水陆交替带:表层沉积物是结构疏松的风化砂土层,低速带的速度偏低且厚度小,降速带的情况多种多样。

在观测面是一个平面,激发点和接收点在一条直线上并且地下介质均匀的假设条件下,才能将反射波时距曲线视为双曲线。但是,在野外实际观测时,观测面往往是起伏变化的,这在山区、沙漠和丘陵等地区尤为突出。此外，地下介质也是不均匀的。在这种情况下观测到的时距曲线不再是双曲线，而是一条畸变的曲线，它不能准确地反映地下的构造特征。基准面是处理人员在工区内所选用的一个参考面，如图5.3.3所示。首先将地表处的炮点、检波点校正到风化层的底部，消除低降速带的影响，然后再将炮点、检波点校正到基准面所在的位置。当地表高程变化不大时，如华北和东北地区，基准面一般采用水平面；当地表高程变化较大时，如西北地区，就不宜采用水平面作为基准面，可选用接近地表的倾斜面或者曲面作为静校正的基准面。

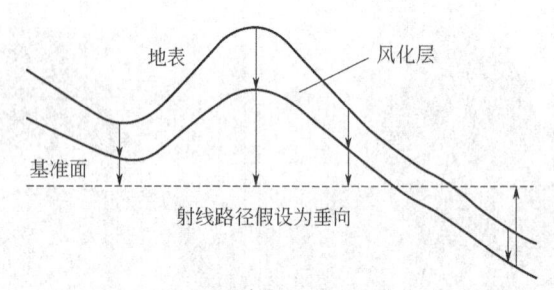

图5.3.3 基准面校正原理及射线路径示意图

在地震数据处理中，有时不是将地震数据一次校正到参考基准面或最终基准面，而是首先将地震数据校正到一个中间基准面上，这个基准面称为浮动基准面或CMP叠加基准面。速度分析、动校正和叠加等处理都是在这个基准面上进行。叠加之后，再将地震数据由浮动基准面校正到参考基准面或最终基准面上。

速度分析、动校正和叠加都是基于反射同相轴是双曲线的假设。但是，受到地表因素影响，反射同相轴将偏离双曲线形态，动校正之后的同相轴不在一条直线上，相邻地震道之间存在时移，不能达到同相叠加，因此会影响叠加剖面的质量。每一地震道对应一个炮点和一个接收点，各地震道的静校正量应该是炮点静校正量和检波点静校正量之和。静校正通常称为地表一致性静校正。所谓地表一致性，是指地震道的静校正量只与炮点和检波点的地表位置有关，共炮点道集有着相同的炮点静校正量，共检波点道集有着相同的检波点静校正量，而与地震道的炮检距、地震波的入（出）射角等因素无关。静校正概念中的"静"是相对动校正中的"动"而言。地震道的动校正时差是反射时间的函数，而地震道的静校正量与地震道的时间无关，也就是说整个地震道只有一个静校正量。为了使地表一致性条件成立，需要一个假设条件：地震波在震源处沿垂直方向入射，在检波点处沿垂直方向出射。如果地表处有风化层，由于风化层的速度比下伏地层的速度低，按照Snell定律，可以近似认为地震波在风化层中沿垂直方向传播，此时假设条件成立。

此外，谢里夫(Sheriff)对静校正所作的定义为：用于补偿由于地表高程变化、风化层的厚度和速度变化对地震资料的影响。其目的是获得在一个平面上进行采集，没有风化层或低速介质存在时的反射波到达时间。定义中提及的平面就是静校正的参考基准面。如果将地震数据校正到参考基准面，则能消除地表起伏和风化层横向变化的影响，并且在后续处理时可以认为地震数据是在该基准面上采集的。

5.3.2 基准面静校正

基准面静校正也称为野外静校正，它的基本思想是：选定一个基准面（一般在地表和低速带底界面之间),然后将所有炮点和检波点都校正到该基准面上,并用低速带以下的速度代替低速带的速度。其目的是将由于地形、低速带和爆炸深度等表层因素对地震波传播时间的影响加以消除,并校正到统一的基准面上,以满足地表水平、表层介质均匀的假设条件。

基准面静校正通常包括井深校正、地形校正和低速带校正。以下将给出计算静校正量的具体过程。参数设置如图 5.3.4 所示,其中 S、R 分别表示炮点和检波点,h_0 表示炮井深度;E_{s1}、E_{r1} 分别表示炮点和检波点地表位置的高程;E_{s2}、E_{r2} 分别表示炮点和检波点处高速层顶界面的高程;E_d 表示基准面高程;低速带速度为 v_0,高速层速度为 v_1。设炮点的校正量为 Δt_s,检波点的校正量为 Δt_r。

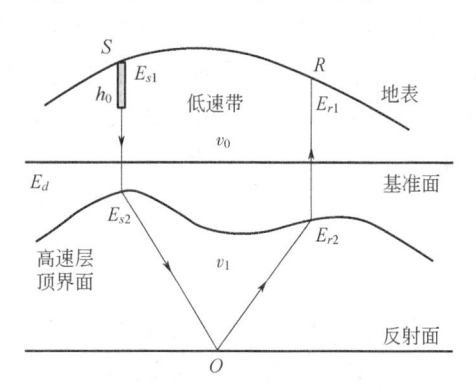

图 5.3.4 静校正量计算图解

1. 井深校正

井深校正是消除井深度的影响,将激发源的位置由井底校正到地面。井深校正将使反射时间增加。假设旅行时间增大的情形下校正量为负,反之为正,井深校正量 Δt_0 计算公式为

$$\Delta t_0 = -\frac{h_0}{v_0} \tag{5.3.1}$$

2. 地形校正

地形校正是将测线上位于不同地表处的炮点和检波点校正到基准面上。炮点、检波点的地形校正量分别为

$$\Delta t_{s1} = \frac{E_{s1} - E_d}{v_0}$$

$$\Delta t_{r1} = \frac{E_{r1} - E_d}{v_0} \tag{5.3.2}$$

3. 低速带校正

经过上述两次校正后,炮点和检波点均位于基准面上。此时,基准面下仍有不规则的低速带分布,因而需要对其继续校正。将基准面下的低速层用高速层代替,可以消除由于低速带的存在对地震波旅行时间的影响。炮点、检波点低速带的校正量分别为

$$\Delta t_{s2} = \frac{E_d - E_{s2}}{v_0} - \frac{E_d - E_{s2}}{v_1}$$

$$\Delta t_{r2} = \frac{E_d - E_{r2}}{v_0} - \frac{E_d - E_{r2}}{v_1} \tag{5.3.3}$$

炮点处的总校正量为

$$\Delta t_s = \Delta t_0 + \Delta t_{s1} + \Delta t_{s2} \tag{5.3.4}$$

检波点处的总校正量为

$$\Delta t_r = \Delta t_{r1} + \Delta t_{r2} \tag{5.3.5}$$

因此,地震道的总静校正量为

$$\Delta t_{sr} = \Delta t_s + \Delta t_r \tag{5.3.6}$$

地震数据的基准面静校正是各地震道减去其对应的静校正量。若 $\Delta t_{sr} > 0$,说明静校正使

反射时间缩短,在实现静校正时将地震道向前(即时间小的方向)整体"搬家";反之,则向后(即时间大的方向)整体"搬家"。

如果地震道校正量为+4个采样间隔,地震道全体样点值则要向前移动四个单元,移动时要从小时间的样点值开始依次搬动,地震道最前面的四个样点值在校正时被去除,此时校正后的第一个样点值其实是原地震道上的第五个样点值,最后将地震道尾部的四个单元置零。当静校正量是-4个采样间隔,地震道全体样点值则要向后移动四个单元,开始移动时先将原地震记录上的最后四个样点值去除,然后将倒数第五个样点值移到最后,并倒序依次向后移动其他样点值,最后将前面的四个单元置零。

5.3.3 波场延拓法校正

在基准面校正技术发展过程中,静校正是一种传统的近地表问题解决方法,曾被广泛地应用于地震资料处理中,直到现在许多基准面校正方法仍归为一类,如高程静校正、折射波静校正和初至层析静校正等。根据静校正的实现过程,校正量的计算基于在地表和基准面之间射线垂直传播的假设,并通过静态时移的方法将校正量应用于整个地震道。但是在实际中,由于近地表速度结构存在空间变化,射线路径往往是弯曲的。

谢里夫(Sheriff)曾认为当近地表出现以下情形静校正方法不再有效:(1)地表或风化层的底界剧烈起伏变化;(2)风化层以下的地层速度存在较大的横向变化;(3)基准面和风化层的底界之间有较大的高差。虽然静校正方法在实际应用中易于实现,但对于复杂地质情形则需要寻求其他的解决途径。

如图5.3.5所示,在地表起伏的情况下,即使地下地质模型为水平层状介质,不同埋深异常点绕射的双曲形态所表现的特征也不相同。如果将起伏地表校正为水平地表,用浅层介质进行充填[图5.3.6(a)],按照传统的静校正方法对地震观测数据进行处理,所得记录如图5.3.6(b)所示。此时可以发现,地震道在经过整体时移之后波场记录出现了较大的成像误差,因为在地表水平和深度相同的情况下,横向不同位置的地震记录应该相同。

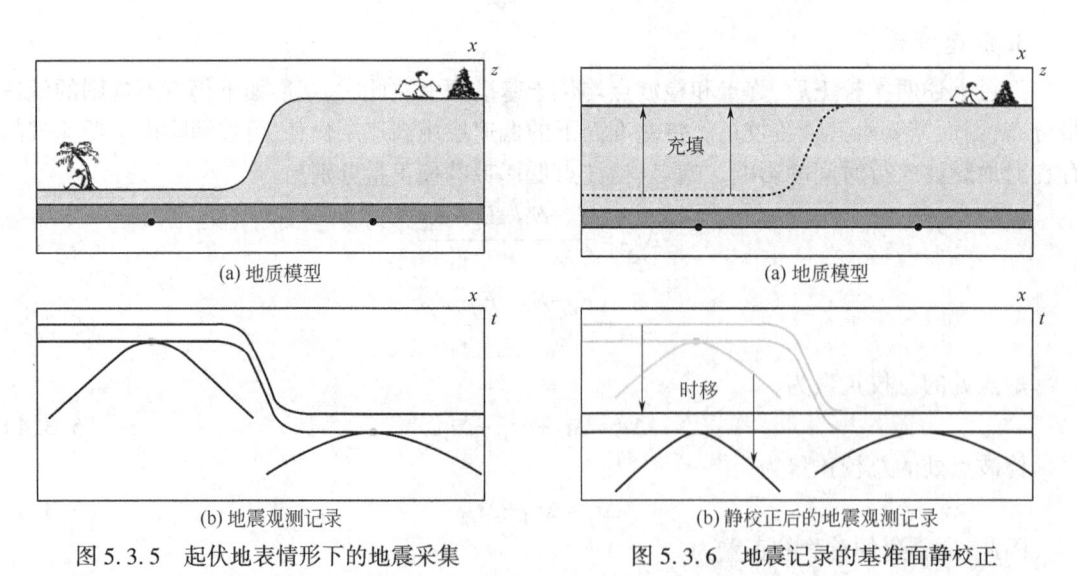

图 5.3.5 起伏地表情形下的地震采集

图 5.3.6 地震记录的基准面静校正

地震波场的传播理论是建立在波动方程基础之上,因此基于波动理论的校正方法是解决近地表问题的新课题。在20世纪80年代末,随着偏移成像技术的发展,基于波动方程的波场延拓技术开始应用于基准面校正。这种校正方法在实际应用时不受地表形态和速度的空间变化限制,其实现前提仅是通过物探方法或近地表调查获得浅层的速度信息。如果基准面位于地表之下,波动方程基准面校正处理流程是:(1)在共炮点域对检波点波场进行延拓;(2)将数据分选到共检波点域;(3)在共检波点域对炮点波场进行延拓;(4)将数据分选回原始域。

通过数值模拟试验可以证明波场延拓法校正的有效性。为此,可以使用勘探地球物理学家协会(SEG)提供的 Amoco 标准速度模型以及合成地震数据。该模型的地表条件复杂多变,如图5.3.7(a)所示,与实际勘探情形较为相近。地表高程变化范围是35~1235m,近地表速度的变化范围是700~5500m/s。如果对合成地震数据进行分选,能得到偏移距为-500m的共偏移距剖面如图5.3.7(b)所示。由于地表因素的影响,在地震剖面中很难见到有效反射同相轴。根据传统的静校正方法,将地震记录校正到浮动基准面上,即图5.3.7(a)中浅层处的光滑曲线,所得到的地震剖面如图5.3.7(c)所示。图5.3.7(d)是使用波场延拓法校正后的剖面。通过对比,可以发现在使用波场延拓法校正之后,地震剖面成像品质有较大程度的提高。

(a) Amoco标准速度模型

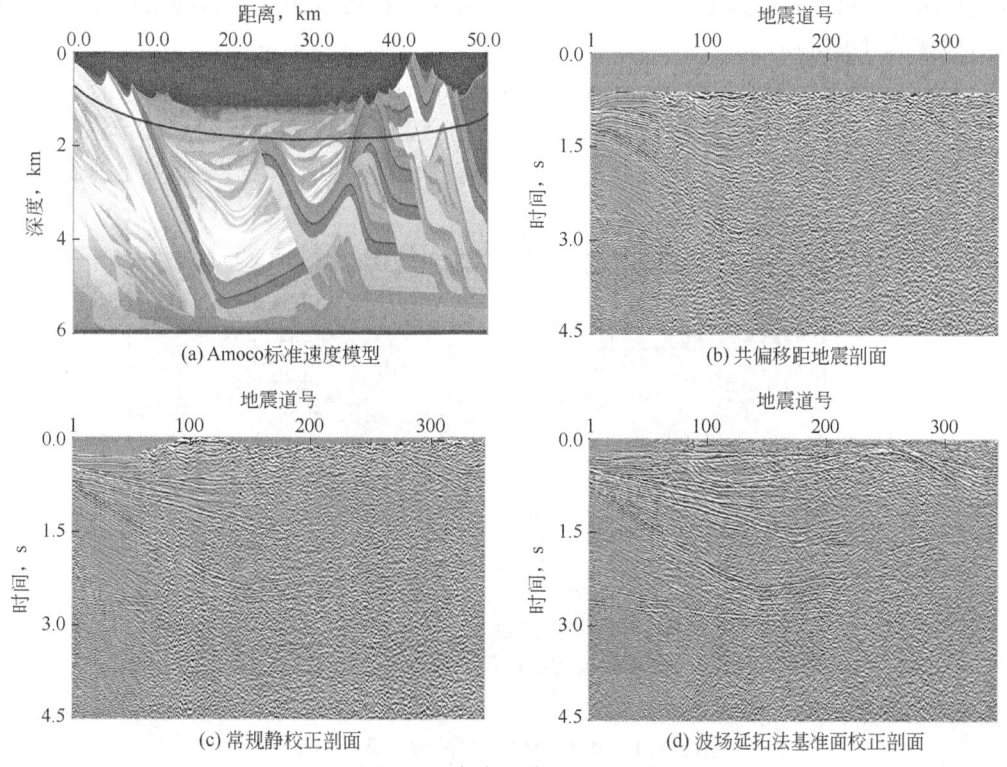

(b) 共偏移距地震剖面

(c) 常规静校正剖面

(d) 波场延拓法基准面校正剖面

图 5.3.7 复杂地表基准面校正

5.4 速度分析

地震波传播速度参数贯穿于地震数据采集、处理和解释的整个过程。从观测系统设计到常规叠加处理和偏移,再到时深转换、地层压力预测及储层刻画等。估计速度信息的结果将影响成像效果与解释结果的可靠性，所以速度分析成为地震数据处理的重要研究内容。本节主要对叠加速度分析、沿层速度分析和层速度反演三类速度分析方法的基本原理、理论假设条件及适用范围作简要介绍和分析。

5.4.1 动校时差和常速扫描法

动校时差是利用地震数据估计速度的基础，随后再利用确定的速度进行动校正，从而使 CMP 道集内的同相轴在叠前拉平。现有公式：

$$t^2(x) = t_0^2 + \frac{x^2}{v_{\text{NMO}}^2} \tag{5.4.1}$$

从方程(5.4.1)可以得出由 CMP 道集确定叠加速度的实用方法。方程(5.4.1)在 t^2—x^2 平面描述的是一条直线，其斜率为 $\frac{1}{v_{\text{NMO}}^2}$，截距为 t_0^2。为了找出 CMP 道集中各同相轴对应的叠加速度，可以将同相轴上的点连成一条直线，该直线斜率的倒数就是叠加速度。基于 t^2—x^2 的速度分析是一种估计叠加速度的可靠方法。该方法的精度取决于数据的信噪比，因为它影响到对地震信号的解释。

对 CMP 道集进行常速扫描(constant-velocity stack, CVS)是另一种速度分析方法，它是利用一系列常速(比如变化范围是 1500~4500m/s，增量是 100m/s)重复对 CMP 道集进行动校正，将得到的结果显示在一起(图 5.4.1)，然后检查同相轴的拉平情况，从而确定速度函数。

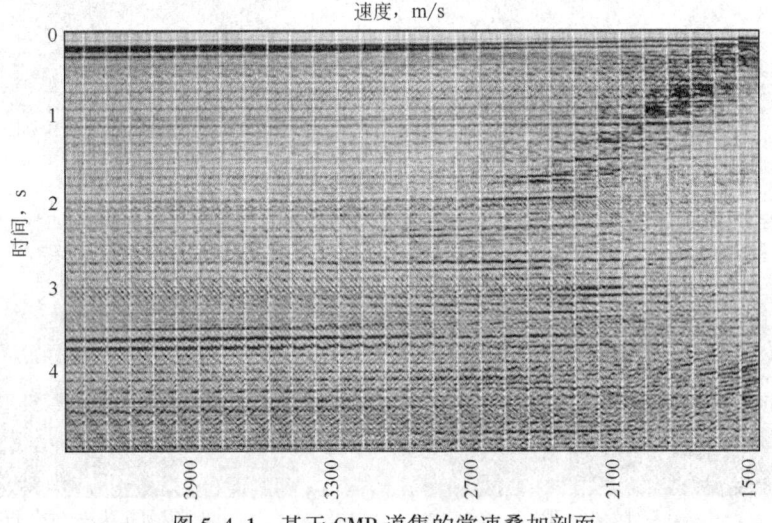

图 5.4.1 基于 CMP 道集的常速叠加剖面

速度拾取的精度依赖于排列长度、反射同相轴的零炮检距双程旅行时间和速度分布规律。速度越高，反射面越深，排列长度越短，速度分辨率越低。速度分析的分辨能力还依赖于信号带宽，在 CMP 道集中地震子波压缩得越窄，速度拾取越精确。因此，在速度分析之前，以压缩子波为目的的反褶积将有助于提高速度的解释精度。

拾取准确的速度函数是为了获得最好的叠加成像，因此在一系列常速扫描叠加数据中，根据叠加同相轴的振幅和连续性可以估测叠加速度。另一种改进的 CVS 分析方法是利用一组速度函数进行 CMP 叠加，这些速度函数是以一定百分比高于或低于基本速度函数(图 5.4.2)。这种速度分析方法结合中心 CMP 位置的速度谱计算就可以拾取最佳的叠加速度函数。

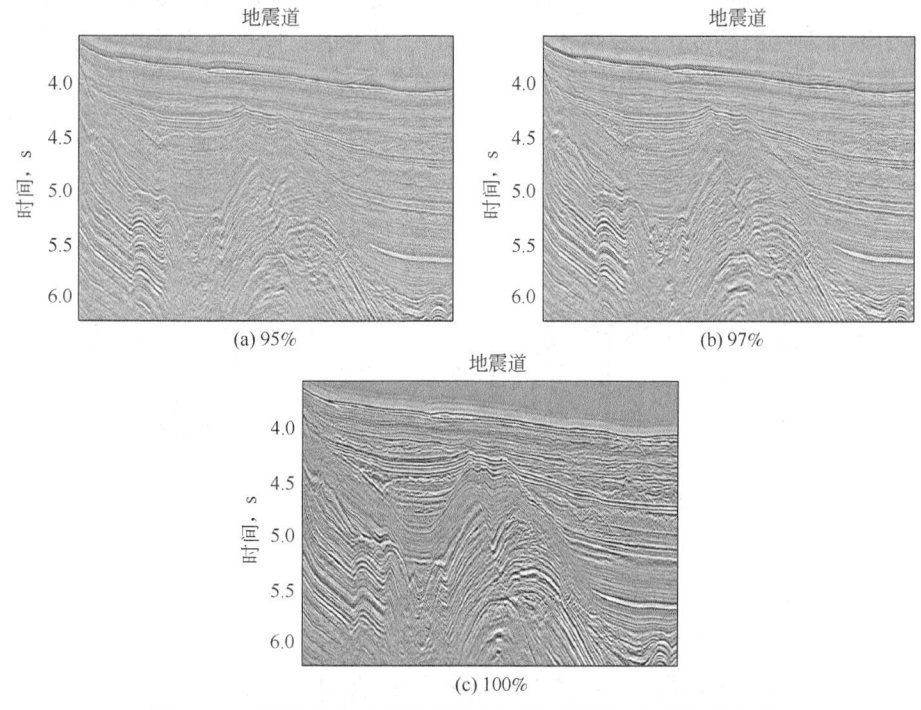

图 5.4.2 不同基本速度函数的比例因子的叠加速度扫描剖面

CVS 分析方法中所使用的速度需要认真选择,除了估计地下速度的实际分布范围以外,还要考虑两个方面:一是叠加数据所需要的速度范围;二是试验叠加速度所采用的间隔。选择范围时,要考虑到倾斜同相轴和非平面反射,它们可能具有较高的叠加速度。在选择等速间隔时,应该按照不同炮检距上的动校正时差而不是参考速度来进行速度估测。由于切除的缘故,浅层数据的有效炮检距较短,而深层数据的视周期较长,因此在这两种情形下所需要的试验叠加速度数目将相对减少。

CVS 分析方法适用于复杂构造地区,它可以帮助解释人员直接选取叠加速度,以使同相轴有最好的连续性。

5.4.2 速度谱

下面将讨论速度谱方法,与 CVS 分析方法不同,它基于 CMP 道集中地震道的互相关而不是同相轴的连续性。速度谱方法适用于多层反射数据。图 5.4.3(a) 显示的 CMP 道集包含一个水平界面的反射波时距曲线,反射界面以上介质的地震波传播速度为 3000m/s。假定在 2000~4300m/s 之间依次取不同速度对 CMP 道集进行动校正和叠加,然后将叠加道放置在一个速度和零炮检距双程旅行时间的平面中,如图 5.4.3(b) 所示,该图称为速度谱(Cook,1969)。此过程即是将数据从炮检距与双程旅行时间域[图 5.4.3(a)]转换到叠加速度与零炮检距双程旅行时间域[图 5.4.3(b)]。

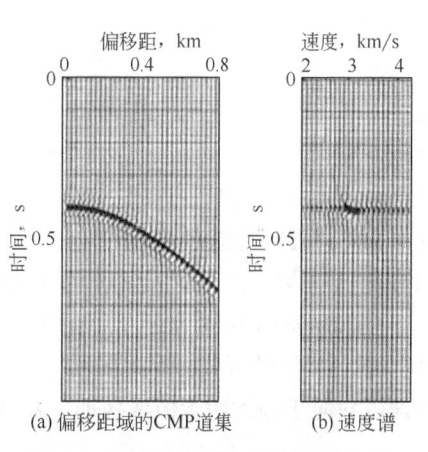

图 5.4.3 基于地震记录制作速度谱
(b)中的每一道是采用不同速度对
(a)经过动校正后的叠加道

由图5.4.3(b)可知,在速度为3000m/s时将获得最大的叠加振幅,该速度就是输入CMP道集中同相轴所对应的叠加速度。对于相同的t_0,在速度谱上低振幅表示以不正确的速度进行动校正叠加后的能量,即叠加速度偏大或偏小(图5.4.4)。

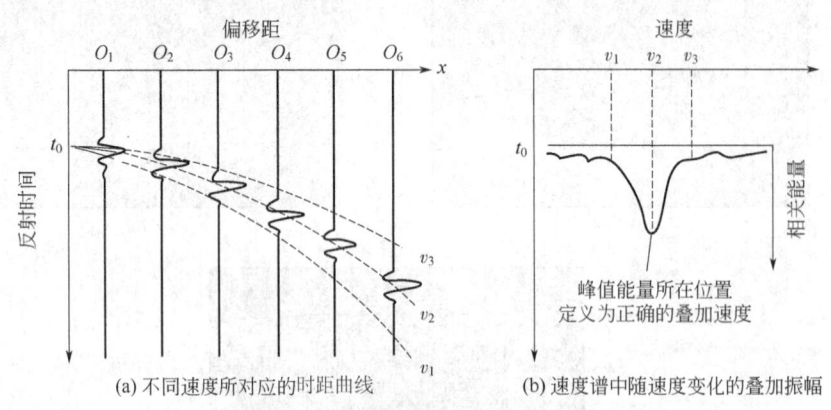

图5.4.4 利用地震数据估算速度

在速度谱[图5.4.3(b)]中所显示的数值是叠加振幅值。当输入数据的信噪比较低时,叠加振幅不一定是最佳的定量显示方法。速度分析的目的是通过双曲线轨迹确定使信号具有最佳相干性的速度。下面介绍这种一致性的测量方法,使用它可以计算速度谱的具体量值。

以图5.4.3(a)为例,它是单一水平界面反射波的CMP道集。在给定叠加速度v_{stk}的情况下,零炮检距双程旅行时间的叠加振幅S定义为

$$S = \sum_{i=1}^{M} f_{i,t(i)} \tag{5.4.2}$$

式中 $f_{i,t(i)}$——第i个地震道上双程旅行时间为$t(i)$的振幅值;

M——CMP道集内的地震道数。

双程旅行时间$t(i)$在测试叠加速度的时距双曲线上,满足

$$t(i) = \sqrt{t_0^2 + \frac{x_i^2}{v_{stk}^2}} \tag{5.4.3}$$

将叠加振幅归一化,得到

$$NS = \frac{\sum_{i=1}^{M} f_{i,t(i)}}{\sum_{i=1}^{M} |f_{i,t(i)}|} \tag{5.4.4}$$

其中NS的取值范围是$0 \leqslant NS \leqslant 1$。对于方程(5.4.2)确定的叠加振幅,通过方程(5.4.4)进行归一化,然后将其定义在零炮检距双程旅行时间的位置。

在实际应用中,通常不是用图5.4.3(b)的方式显示速度谱,而是用由时窗排列图[图5.4.4(b)]或色度值的形式显示速度谱[图5.1.8(b)]。此外,还有一种传统的显示方式,为了突出拾取速度对应于最大相干值或叠加振幅,可以将它作为时间函数显示在速度谱的外侧。

5.4.3 影响速度估算的因素

基于地震数据,估算速度的精度和分辨率受到以下因素的限制:(1)接收排列长度;(2)叠

加次数;(3)信噪比;(4)初至切除;(5)时窗宽度;(6)速度采样密度;(7)相关属性量的选择;(8)与正常时差双曲线的偏离度;(9)数据的频谱宽度。

图 5.4.5 是根据实际资料用不同接收排列长度计算出的速度谱。从图中可以看出,利用小排列数据计算出的速度谱峰值尖锐度不够;当炮检距范围不足时速度谱的分辨率会降低,这是因为炮检距信息不足意味着缺乏分辨速度所需要的时差,而深层的时差较小。

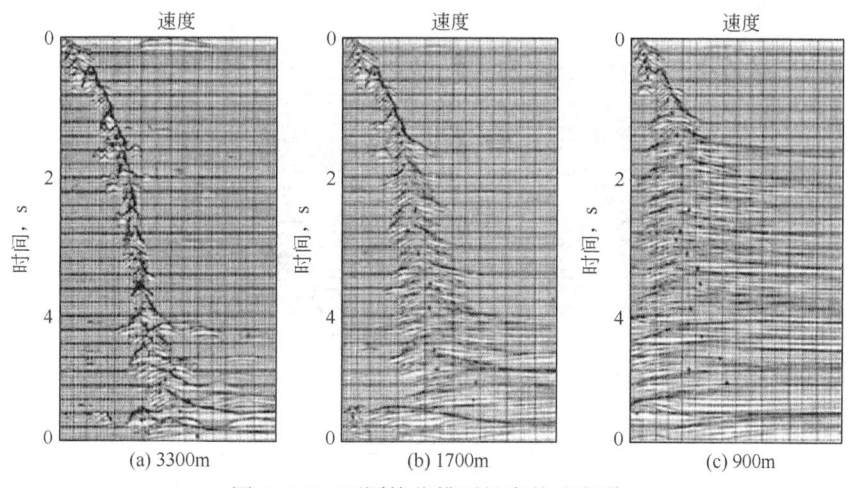

图 5.4.5 不同接收排列长度的速度谱

叠加次数对于提高速度谱的分辨率有非常重要的作用。当前地震数据采集是 240 道或者更多,为了节省计算时间,有时会通过部分叠加将数据的高覆盖次数叠加转变为低覆盖次数叠加。另外,地震记录中的噪声对速度谱的质量也有直接影响。当信噪比较低时,因为有效反射很难辨别,所以速度谱的精度将要受到限制。

用来进行速度分析的速度范围需要认真选择,它应该包含 CMP 道集所有反射波的叠加速度。速度间隔不能太大,否则会降低分辨率。计算速度谱有多种可供选择的方法,前面已讨论过的部分叠加法是其中一种,有时利用带通滤波和自动增益控制也能提高互相关的质量,特别是当输入道集的信噪比较低时。

另一种提高速度谱质量的方法是在分析时使用多个相邻的 CMP 道集。对于这些 CMP 道集可以采用两种办法:一种是将这些道集相加,然后利用相加结果计算速度谱;另一种是计算每一道集的速度谱,再对这些谱求和。显然,前者比后者更加简单、有效。在实际应用中,应该选择倾角可以忽略的 CMP 道集。这是因为,如果构造倾角较大,分析中所包含的 CMP 道集数则要相对较少。道集相加求和有时会使双曲线轨迹产生畸变,降低速度谱的质量。

当输入道集存在明显的噪声干扰时,需要对速度谱进行平滑,即对速度谱或时窗进行平均。另一种压制与环境噪声有关的方法是在相干值中加入适当的偏差进行校正,即将速度谱的所有相干值减去一个常量。为了提高计算效率,可以在指定的速度区间计算相干值,不过所选的速度区间要覆盖工区内纵向和横向的速度变化范围。

5.4.4 沿层速度分析

研究地层或构造时需要精确估计速度。有一种方法可以对目标层位进行连续追踪分析,这类速度分析称为沿层速度分析(HVA)。HVA 是一种沿选定层位逐个拾取 CMP 位置上速度信息的方法,它和传统的速度分析方法不同,是在选定 CMP 点上按时间窗提供速度信息。基本原理与速度谱相同:沿双曲线分布的时窗计算相干值,并表示出各 CMP 点的速度函数。相关值由包含地层的时窗给出。图 5.4.6 的(a)和(b)分别为叠加剖面和 HVA 的相关谱。从图中可以看出,在 CMP 间隔稀疏的情形下,速度分析一般不能确定沿测线叠加速度的高频异常。通过解释相关谱[图 5.4.6(b)]可以获得沿层的 RMS 速度,然后以此计算层速度。

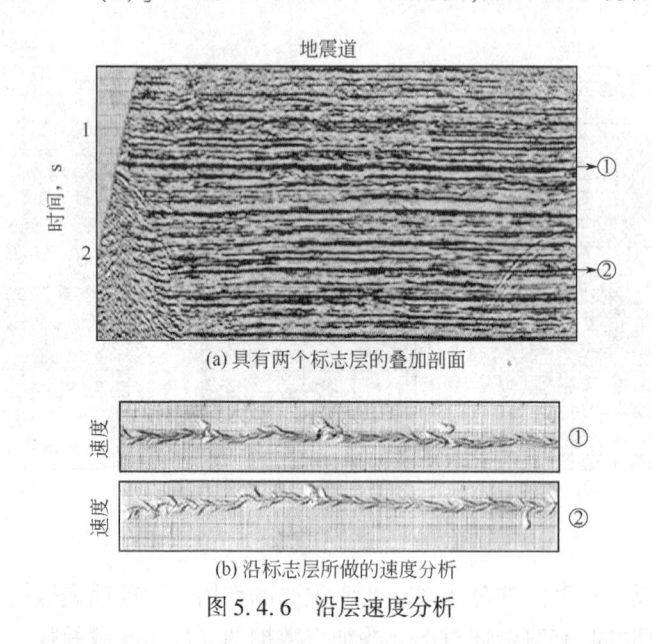

(a) 具有两个标志层的叠加剖面

(b) 沿标志层所做的速度分析

图 5.4.6 沿层速度分析

当叠加剖面中存在构造间断时,应在断层两侧的区段分别进行 HVA,它能够提高复杂构造区域的叠加剖面质量。虽然 HVA 是基于时距曲线的双曲线特征,但是在实际应用中 HVA 能提供沿层较为详细的速度横向变化情况。

在 HVA 所获得的速度剖面中,构造是连续的,而沿测线通过分析点的速度谱所获得的速度剖面通常是与构造无关的。实际上,两者的差别还不止这一点。由 HVA 得到的叠加剖面反射同相轴连续性更好,但在处理绕射问题上可能不如传统的叠加方法,这是因为 HVA 分析方法主要是解决反射同相轴问题而不是绕射问题。

综上所述,如果处理目的是为了通过最大叠加能量获取最佳的 CMP 叠加,传统的速度分析能够沿测线在选定的 CMP 点获得较好的地下速度信息。如果处理目的是为了通过 Dix 公式得到层速度,那么沿层速度分析能够得到在地质上与构造形态基本一致的结果。

5.4.5 层速度反演

1. Dix 公式法

利用速度分析中拾取的 RMS 速度函数可以计算得到相应的层速度。首先,在地震剖面中根据分析点拾取时间层位以及速度函数的相应信息(沿层拾取 RMS 速度函数),然后在测线上或整个工区范围内进行空间插值,从而得到沿层的 RMS 速度剖面。其次,在沿层 RMS 速度剖面的基础上通过 Dix 公式求出层速度 v_{int}(Dix,1955):

$$v_{\text{int}} = \sqrt{\frac{v_n^2 t_n - v_{n-1}^2 t_{n-1}}{t_n - t_{n-1}}} \tag{5.4.5}$$

式中 v_{n-1}——当前地层上界面 $n-1$ 处的 RMS 速度值；

v_n——当前地层下界面 n 处的 RMS 速度值；

t_{n-1}——当前地层上界面 $n-1$ 对应的零偏移距双程旅行时间；

t_n——当前地层下界面 n 对应的零偏移距双程旅行时间。

2. 射线层析法

地震波旅行时层析成像(也称为射线层析或初至层析)是 20 世纪 80 年代发展起来的一种地球物理勘探方法。它是通过在地表或者井间观测到的地震波旅行时间重建地下或者井间的速度结构,从而揭示其地质构造和岩性分布(张建中,2004)。在地震勘探中,射线层析可以为层速度估算问题提供一种切实可行的解决方案。

射线层析仅使用地震波的旅行时间,方法原理简单,干扰因素少,利用一般的先验信息即可获得满意的背景速度模型。目前,射线层析在地震反演成像中占有非常重要的地位。射线层析法通常包含四个部分:(1)数据收集;(2)正演模拟;(3)建立目标函数;(4)反演求解。其具体实现流程如图 5.4.7 所示。

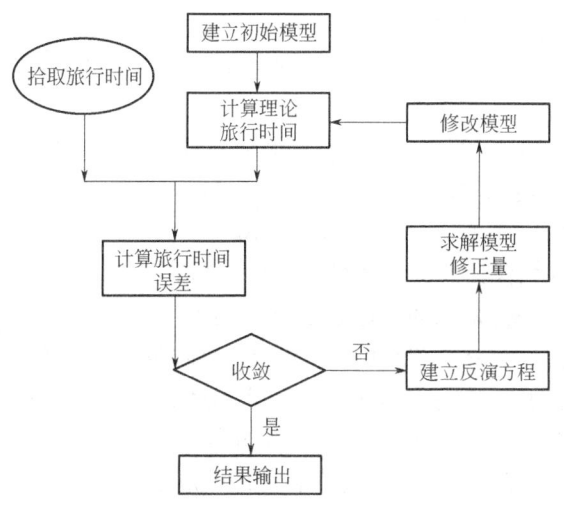

图 5.4.7 射线层析法实现流程

第 1 步:拾取各震源—接收点组地震记录的旅行时间。因为旅行时间拾取涉及地震数据的解释,所以该过程耗时较多。即使在数据质量较好的情形下,旅行时间拾取也会存在误差,从而影响反演结果。由于旅行时间是层析成像的基础数据,所以该过程非常关键。

第 2 步:建立初始速度模型,并且进行正演模拟。通常采用射线追踪技术计算射线路径和旅行时间。

第 3 步:根据前两步的结果建立目标函数。

第 4 步:基于目标函数的最小二乘优化计算出速度扰动量。再用速度扰动量修正初始速度模型。反演过程是迭代实现的,直到满足一定的预期标准为止。反演计算中的线性方程组通常是大型、稀疏的不适定系统,因此需要用有效的算法进行求解。

利用射线层析法确定地下介质的速度信息,在实现过程中存在两个关键环节:一是用射线追踪法计算地震波的旅行时间;二是基于模拟记录与实际资料的旅行时差反演介质速度信息。

计算地震波的旅行时间,主要是根据程函方程:

$$\left(\frac{\partial t}{\partial x}\right)^2 + \left(\frac{\partial t}{\partial z}\right)^2 = \frac{1}{c^2} \quad 或 \quad (\nabla\varphi)^2 = \frac{\omega^2}{c^2} \tag{5.4.6}$$

式中　$t(x,z)$——地震波旅行时间；

　　　c——介质速度；

　　　φ——波场相位函数；

　　　ω——频率。

若程函方程(5.4.6)的右侧为常数(即背景介质为常速情形)，根据射线轨迹以及相关理论(Scales,1994)，可以导出射线方程的差分形式：

$$\begin{cases} x_{n+1} = x_n + \sigma u_n \\ u_{n+1} = u_n + \dfrac{\sigma}{S}[S_x - u_n(S_x + v_n S_z)] \\ z_{n+1} = z_n + \sigma v_n \\ v_{n+1} = v_n + \dfrac{\sigma}{S}[S_z - v_n(S_z + u_n S_x)] \end{cases} \tag{5.4.7}$$

式中，σ 是弧长；S 是慢度即速度的倒数；$u = \dot{x}, v = \dot{z}, \dot{x}, \dot{z}$ 分别为坐标 x、z 的一阶导数。通过上式求解，可以获得波场传播射线的空间位置。再根据已知模型的速度信息，即可计算出波至的旅行时间。

反演目标是确定速度模型的扰动 Δv，使已知模型计算得到的走时与实际旅行时间的误差达到最小。将所有地震道的走时误差进行累加，便得到层析成像的扰动方程为

$$L\Delta v = \Delta t \tag{5.4.8}$$

式中，L 包含与观测系统和背景模型有关的信息。通常情况下，地震反演问题是不适定的，所以需要对问题进行规范求解，常用的方法是最小二乘法。

在反演过程中，可以结合介质速度的先验知识、地质单元或者岩性边界的几何结构信息，对速度界面的形态进行约束，从而提高速度的反演精度。图 5.4.8 展示了井间观测地震层析成像。图 5.4.8(a) 是真实速度模型，在模型左侧布设有 23 个炮点，在模型右侧布设有 23 个检波点。利用试验炮点可以确定初始模型中各层的速度信息。从图 5.4.8(d) 可以看出，利用射线层析法(Zhou,2006)可以有效地确定速度边界的空间位置以及形态。

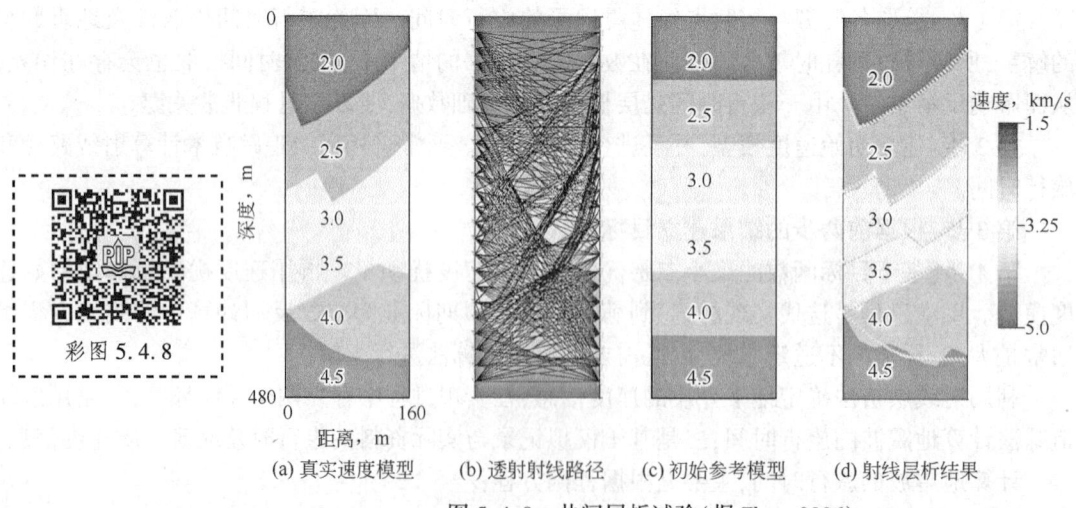

(a) 真实速度模型　　(b) 透射射线路径　　(c) 初始参考模型　　(d) 射线层析结果

图 5.4.8　井间层析试验(据 Zhou,2006)

3. 波形反演法

广义上说,地球物理中的反演是根据地面或者井中的测量数据推断地下的介质构造形态以及属性。波形反演是狭义的反演,它假定地震观测数据和模型参数可以用确定的数学模型联系起来,并且以观测数据为基础使用数学方法估算速度模型。基于波动方程的波形反演本身是非线性的,求解这类问题的经典方法是将反演问题线性化,然后通过逐步迭代确定反演结果,使理论计算值与实际观测记录有最好的匹配。

波形反演法是利用地震记录的全部信息来刻画速度模型,理论上其分辨能力可达到地震主波长的四分之一。与传统的 AVO 反演或射线层析法反演相比,波形反演法能得到更加准确的反演结果(图 5.4.9)。虽然地震波形反演能充分利用地震波的旅行时间、振幅和相位等波形信息,但在实际应用中存在计算花费高和稳定性差等缺点。

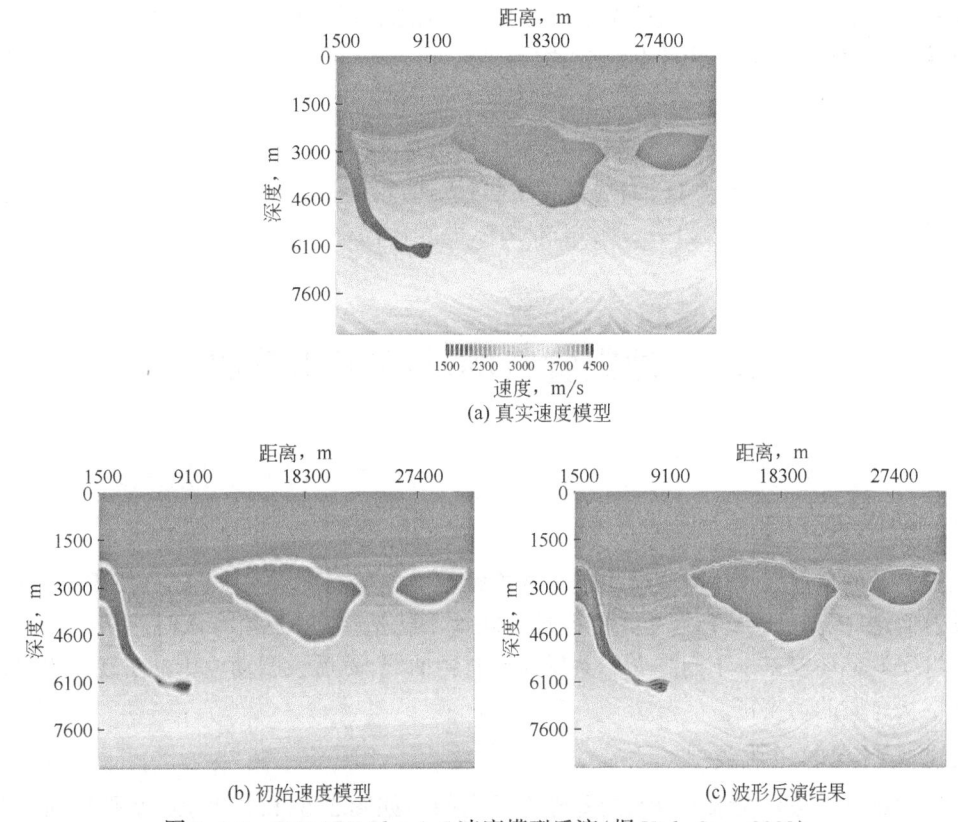

(a) 真实速度模型

(b) 初始速度模型　　(c) 波形反演结果

图 5.4.9　SMAART Pluto1.5 速度模型反演(据 Vigh,Starr,2008)

在波形反演实现上,它是通过震源激发波场和残差波场的反向传播来计算目标函数梯度。随后,将反演得到的速度扰动与初始速度叠加得到修正后的速度模型。对于理想情形,通过循环迭代一般可以获得满意的反演结果。但是,地震反演问题常会表现出高度的非线性,数学物理模型描述、震源带宽、观测方式等因素的限制会使迭代求解陷入局部极值,从而无法获得全局最优解。

彩图 5.4.9

例如,考虑时域二维声学波动方程

$$\frac{1}{v^2(x,z)}\frac{\partial^2 p(x,z,t)}{\partial t^2}=\frac{\partial^2 p(x,z,t)}{\partial x^2}+\frac{\partial^2 p(x,z,t)}{\partial z^2}+s(x,z,t) \tag{5.4.9}$$

式中 $p(x,z,t)$——波场函数；

$s(x,z,t)$——震源；

速度$v(x,z)$——反演目标。

另外，将在地表位置x_s激发，位置x_r接收的波场值定义为$p(x_r,t;x_s)$。地震反演的目标是使初始预测模型充分接近实际地质模型，即模拟记录$p_{\text{cal}}(x_r,t;x_s)$和观测数据$p_{\text{obs}}(x_r,t;x_s)$之间残差的$L_2$范数达到极小。在时间域地震波形反演中，目标函数$S$可以定义为

$$S(v)=\sum_{s=1}^{N_1}\sum_{r=1}^{N_2}\sum_{l=1}^{N_3}[p_{\text{obs}}(x_r,t;x_s)-p_{\text{cal}}(x_r,t;x_s)]^2 \tag{5.4.10}$$

式中，N_1,N_2,N_3分别表示炮点数、检波点数以及单个地震道内的样点数。

在初始模型v_0附近，将上式按泰勒级数展开。根据数学极值理论，对方程两边关于模型参数求导，并取其左侧为零，可得扰动量为

$$\Delta v(x,z)=-\frac{\partial S(v_0)}{\partial v(x,z)}\left[\frac{\partial^2 S(v_0)}{\partial v^2(x,z)}\right]^{-1} \tag{5.4.11}$$

其中，目标函数梯度[式(5.4.11)右边第一项]可以通过残差波场的反向传播与正向波场的相关计算得到。式(5.4.11)右边第二项，一般用标量值α代替，即步长。

5.5 地震资料的动校正和叠加

5.5.1 动校正

地震记录的反射波到达时间会出现与炮检距有关的旅行时差，为了充分使用所有地震记录的反射信息、提高信噪比以及更加准确地反映地下构造形态，必须将该时差从记录中去除，此处理过程就是动校正。下面先介绍共反射点时距曲线，然后说明动校正的实现过程，最后讨论水平层状介质的动校正。

1. 共反射点时距曲线

共反射点叠加法是在水平界面的基础上提出的。如图5.5.1(a)所示，水平界面情况下，在测线上不同位置O_1,O_2,O_3激发，在各炮对应的排列上接收。在接收排列上，对称于M点，炮点O_1,O_2,O_3的对应点S_1,S_2,S_3将接收到来自地下界面同一点R的反射波，R点在地面的投影为点M。此时，R点称为共反射点(CRP)或共深度点(CDP)，M点称为共中心点(CMP)。根据上述情形，接收来自同一个反射点的地震道集合称为共反射点道集。

如果将炮点O_1,O_2,O_3的位置移至M点，那么以各接收点到相应炮点的距离(即炮检距或偏移距)x作为横坐标对地震记录进行排序，当接收点在激发点右侧时炮检距定义为正值，相反为负值。以地震波到达各接收点的传播时间t为纵坐标，如图5.5.1(b)所示，此时利用x_1,x_2,x_3和t_1,t_2,t_3可以作出来自共反射点R的反射波时距曲线，该时距曲线称为共反射点时距曲线。可以导出，在水平界面情况下的共反射点时距曲线方程为

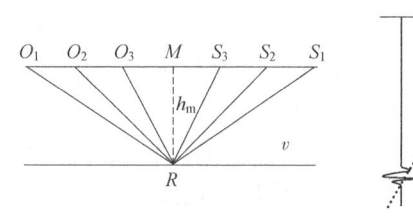

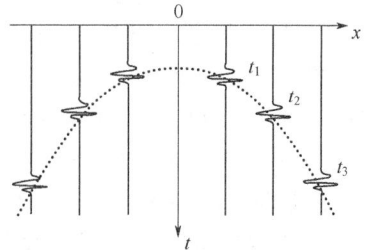

(a) 共反射点道集的组成　　(b) 共反射点时距曲线

图 5.5.1　共反射点地震记录图解

$$t_i = \frac{1}{v}\sqrt{x_i^2 + 4h_m^2} \tag{5.5.1}$$

式中　x_i——各地震道的炮检距；

　　　h_m——共中心点 M 处的界面法向深度；

　　　v——界面上覆均匀介质的地震波传播速度；

　　　t_i——地震记录中来自共反射点的波至时间；

　　　n——覆盖次数，也就是对共反射点 R 的观测次数。

不难证明，共反射点时距曲线的形状与共炮点时距曲线是相同的，也是一条双曲线。虽然两者的时距曲线都是双曲线，但它们在物理意义上有所不同，具体如下：

（1）在共反射点时距曲线上，相邻两个地震道之间的距离（即偏移距的绝对差）称为叠加道距，它是炮点间距的两倍。共炮点时距曲线上相邻两道之间的距离（即检波点间隔）称为道间距；共反射点时距曲线的长度取决于叠加道数（即覆盖次数），共炮点时距曲线的长度则取决于接收道数。

（2）在共反射点时距曲线上，每一地震道的炮点和接收点关于共中心点对称，接收到的地震波都来自同一反射点，其位置在共中心点的正下方。共炮点时距曲线上每一地震道的接收点是共炮点，反射点位置在炮检距中点的正下方，随着炮检距的不同，反射点的位置将发生变化。

（3）共反射点时距曲线只反映界面上的一个点，共炮点时距曲线则反映界面上的一段。

（4）共反射点时距曲线上的 t_0 表示共中心点处的自激自收时间，共炮点时距曲线上的 t_0 表示激发点处的自激自收时间。

2. 动校正的实现

在地面水平、反射界面水平和界面上覆介质均匀的情况下，共炮点反射波时距曲线为一条双曲线，如图 1.3.2(a) 所示。该曲线不能直接反映地下界面的起伏状况，只有在激发点处接收的双程旅行时间 t_0，才能较直观地反映界面的真实深度。各接收点记录到的反射波旅行时间，除了与界面真实深度有关外，还包括由炮检距不同所引起的旅行时差。如果能去除这种旅行时差，每一接收点的地震记录将近似于自激自收，时距曲线的形态与界面产状则基本一致，如图 1.3.2(b) 所示。

零炮检距记录是一种理论上的记录方式，在实际地震勘探中一般采集到的是非零炮检距记录，在多次覆盖叠加技术中占有非常特殊的地位。由零炮检距记录组成的剖面经过叠后偏移处理，将变为能客观反映地下构造形态的地震剖面。动校正处理就是在一定条件下将非零

· 143 ·

炮检距记录校正为近似的零炮检距记录。

动校正的具体定义是,将炮检距不同的地震道上来自同一界面、同一点的反射波到达时间校正为共中心点处的自激自收时间。动校正也称为正常时差校正,一般是在共中心点道集上进行。动校正的目的是在后续处理中实现同相位叠加。

选择 CMP 道集上的一条反射同相轴。在某一偏移距上的双程旅行时间与零偏移距双程旅行时间的差称为正常时差(NMO)。在 CMP 道集沿偏移距轴叠加之前,需要进行反射波旅行时的 NMO 校正。正常时差的大小依赖于反射界面以上介质的速度、偏移距、零偏移距双程旅行时间、反射层的倾角和近地表的复杂程度。

动校正的实现方法如下:

NMO 校正量由双程旅行时间 t 和零偏移距双程旅行时间 t_0 的差给出,即

$$\Delta t_{\text{NMO}} = t - t_0 \tag{5.5.2}$$

或使用方程(5.5.1)的方法求出:

$$\Delta t_{\text{NMO}} = t_0 \left[\sqrt{1 + \left(\frac{x}{vt_0}\right)^2} - 1 \right] \tag{5.5.3}$$

其中

$$t_0 = 2h_m / v$$

式中,t_0 表示 M 点处的自激自收时间。式(5.5.3)是一个理论计算公式,在一定条件下用二项式展开可以得到简单的近似公式。当 $\frac{x}{vt_0} < 1$ 时,有

$$\sqrt{1 + \left(\frac{x}{vt_0}\right)^2} \approx 1 + \frac{1}{2}\left(\frac{x}{vt_0}\right)^2 - \frac{1}{8}\left(\frac{x}{vt_0}\right)^4 + \cdots \tag{5.5.4}$$

所以

$$\Delta t_{\text{NMO}} \approx \frac{x^2}{2v^2 t_0} \tag{5.5.5}$$

由公式(5.5.5)可以看出,NMO 校正量与炮检距、地震波速度和自激自收时间有关。通过不同偏移距和速度函数的数值分析会发现,NMO 校正量随偏移距增大而增大。当炮检距和自激自收时间保持不变时,NMO 校正量随地震波速度增大而减小。当炮检距固定时,由于地震波速度一般会随埋深增大而增大,也就是随自激自收时间增大而增大,所以 NMO 校正量将随自激自收时间增大而减小。

对于上覆介质均匀的水平反射层[图5.5.2(a)],如果在 NMO 计算公式中使用准确的介质速度,反射波时距曲线将会根据偏移距得到校正[图5.5.2(b)]。如果使用的速度比实际介质速度低,那么双曲线就不会被完全拉平[图5.5.2(c)],在校正之后反射同相轴将会向上弯曲,此时所表现的特征称为校正过量。如果使用速度较高,反射同相轴将会向下弯曲,这时其特征称为校正不足[图5.5.2(d)]。图5.5.2 同时也说明常规速度分析的基本原理。在方程(5.5.5)中,对输入的 CMP 道集试用不同速度值进行 NMO 校正,反射双曲线拉平效果最好的速度就是叠加速度。

对于所有地震记录来说,从浅到深反射波的动校正量会有所不同,浅层反射波的动校正量相对来说大于深层反射波的动校正量,这就是动校正中"动"的含义。合适的动校正量取决于动校正速度函数,当动校正量合适时,共反射点道集内反射波旅行时间能被校正为垂直双程旅行时间,从而实现同相叠加。动校正会引起波形的拉伸变化,浅层反射波的拉伸现象较为严重。在资料处理中,水平叠加之前需要对动校正所引起的拉伸畸变部分进行切除。

(a) 包含单个同相轴的 CMP 道集，上层介质速度为2264m/s

(b) 使用合适速度得到的动校正道集

(c) 采用的速度过低(2000m/s)，地震记录校正过量

(d) 采用的速度过高(2500m/s)，地震记录校正不足

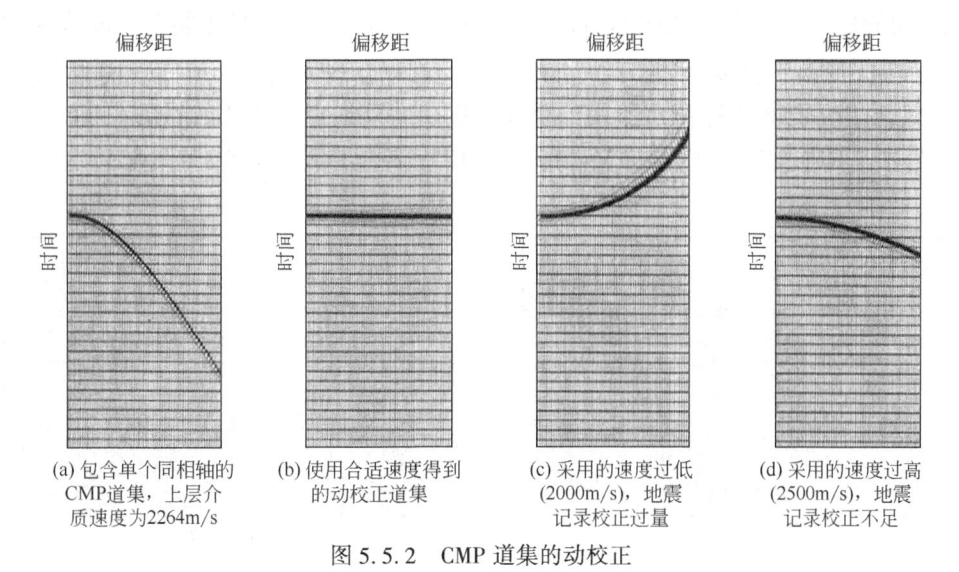

图 5.5.2　CMP 道集的动校正

3. 水平层状介质的动校正

现在分析水平层状介质，如图 5.5.3 所示。每一层的厚度都可以用零偏移距双程旅行时间标定。各地层的速度分别为 $v_1, v_2, \cdots, v_n$。射线路径是从震源 S 向下传播到达深度点 D，然后返回到接收点 R，偏移距为 x，中心点是 M。可以推导出射线路径的旅行时间方程为

$$t^2 = t_0^2 + \frac{x^2}{v_{\text{rms}}^2} \quad (5.5.6)$$

式中，v_{rms} 是深度点 D 所在反射面以上介质的均方根速度。在小排列近似下，水平层状介质 NMO 校正所需要的速度等于均方根速度。

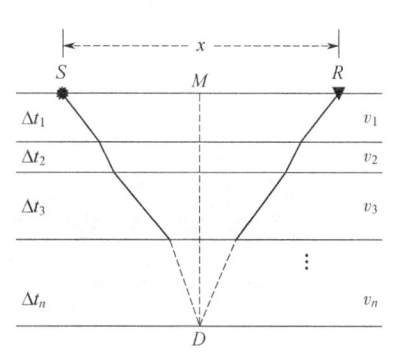

图 5.5.3　水平层状地质模型的射线传播路径

5.5.2　共反射点叠加法

共反射点叠加法最早是由梅恩（Moyne，1962）提出。它是指在野外采用多次覆盖观测方法，在室内处理中采用水平叠加技术，最终得到水平叠加剖面的一整套工作。多次覆盖是指对追踪界面实现多次观测。需要注意，对于多次覆盖在每次观测时炮点和检波点并不相同。

水平叠加是指将在不同炮点激发、在不同检波点接收的来自地下同一反射点的信号经动校正后进行叠加。由于多次覆盖观测方法和水平叠加的关系密切，所以也将共反射点叠加法称为共反射点水平叠加技术。共反射点叠加法原理简单、效果好。如今，多次覆盖已成为最基本的野外工作方法。利用多次覆盖资料，经过处理后不仅能得到水平叠加剖面，还可以用于计算速度谱以及各种地震参数。这些参数不仅能提高成像质量，而且有助于岩性研究、地层对比以及油气预测和评价。

在野外观测时，针对地下同一反射点，为了达到冗余度需要采用不同的震源、检波器和偏移距。若已知记录系统中面元内的地震道总数（即覆盖次数）为 N，则信号振幅与均方根噪声之比在理论上会提高 $\sqrt{N}$ 倍。该系数是假定 CMP 道集内各地震道的反射信号是一致的，并且

地震道之间的随机噪声不相关的(Sengbush,1983)。实际上这些假设不能完全被满足,所以在叠加后信噪比的提高倍数要小于$\sqrt{N}$。CMP叠加同时也会削弱相干噪声,例如多次波和面波,这是因为反射信号与相干噪声有不同的叠加速度。共反射点叠加法的目的在于突出有用信号,压制规则干扰和随机干扰,从而提高信噪比,改善地震记录的质量(图5.5.4)。

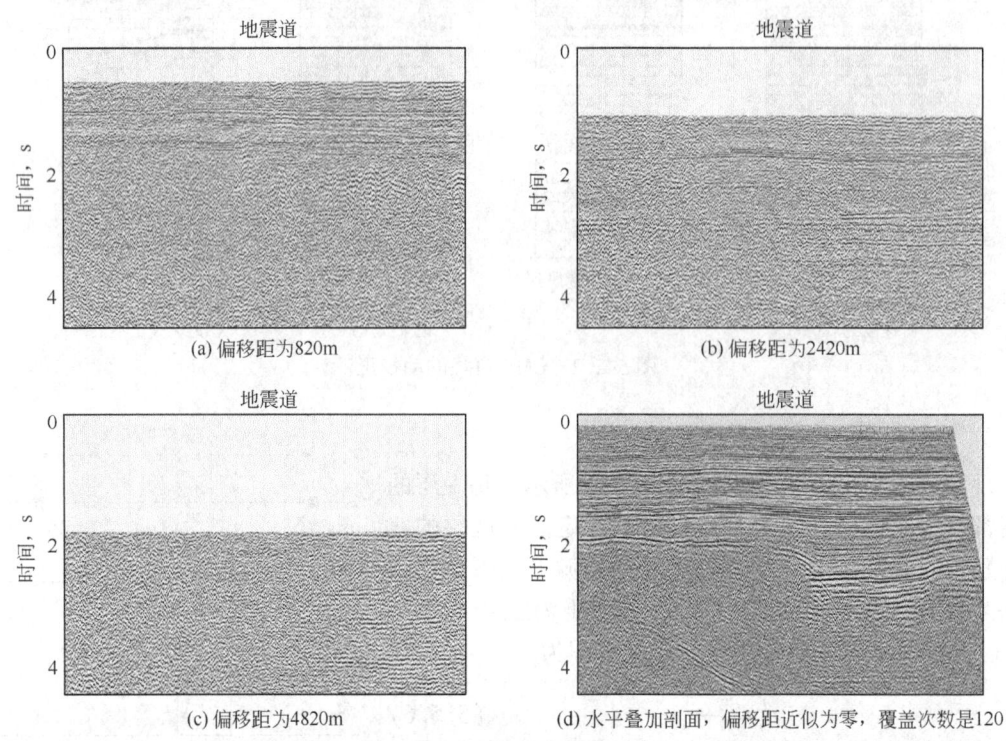

图 5.5.4 共偏移距地震剖面

由式(5.5.1)可知,在共反射点道集中来自地下界面同一点的反射波旅行时间是炮检距的函数。因此,在进行叠加处理之前必须消除炮检距变化对各地震道所造成的反射波旅行时差,这种消除时差的有关工作就是动校正。在完成动校正之后就可以进行水平叠加。它的数学模型是,将经过动校正的共中心点道集内相同时刻的离散振幅值叠加起来,便得到共中心点位置处的一个地震道。具体实现公式为

$$A_k = \frac{1}{N} \sum_{i=1}^{N} A_{i,k} \tag{5.5.7}$$

式中　k——采样点序号;

　　　i——叠加道序号;

　　　N——共反射点道集内的地震道数或叠加次数;

　　　$A_{i,k}$——经过动校正后参与叠加的地震道振幅;

　　　A_k——共中心点道集叠加后的结果。

5.5.3 影响叠加效果的因素

偏移距和覆盖次数对叠加效果具有较大影响,除此之外,共反射点叠加方法的前提条件是地下界面水平、介质均匀且动校正量对应于一次有效反射波。然而这些条件在实际生产中不

可能完全得到满足,例如一次有效反射波的动校正速度选择不正确或者反射界面具有一定倾角等。为了保证多次叠加的质量,取得好的处理效果,应该定量分析这些因素所造成的影响,找出减少或避免不利因素影响的办法。此处主要讨论速度不准确以及地层倾斜所造成的影响。

1. 动校正速度选取不准确的影响

如果所选取的动校正速度(也叫叠加速度)v_{NMO}与实际速度v有误差,那么动校正后一次反射波的时间不等于共中心点M处的自激自收时间t_0,它与t_0存在剩余时差δt,有

$$\delta t = \frac{x^2}{2t_0}\left(\frac{1}{v^2} - \frac{1}{v_{\text{NMO}}^2}\right) \tag{5.5.8}$$

当一次反射波存在剩余时差时,经过n次叠加之后一次反射波不会增强n倍。由式(5.5.8)可知,剩余时差δt是炮检距平方的函数。若记录中包含其他地震波,如折射波、多次反射波、声波和其他类型的干扰波,这些信号经过动校正后不一定能实现同相对齐。以多次波为例,如图5.5.5所示,其中包含一次反射波和多次波。当速度准确时,地震道集在动校正之后一次反射波同相轴将变为一条直线,而多次波由于速度较小会产生剩余时差,从而出现校正不足,其形态仍然是双曲线,如图5.5.5(a)所示;当速度偏大时,一次反射波也会出现剩余时差,而多次波的剩余时差更大,所以两者都是双曲线形态,如图5.5.5(b)所示;当速度偏小时,一次反射波则会出现校正过量,呈现出与初始记录方向相反的双曲线,如果校正速度仍大于多次波的速度,多次波的时距曲线形态依然为双曲线,但弯曲程度会减小,如图5.5.5(c)所示;如果校正速度近似于多次波的速度,多次波则变为一条水平直线。

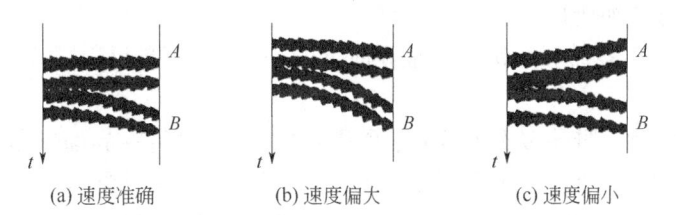

(a) 速度准确　　　　(b) 速度偏大　　　　(c) 速度偏小

图5.5.5　用不同速度进行动校正对一次反射波和多次波的影响
A——一次反射波;B——多次波

2. 地层倾斜对叠加效果的影响

实现共中心点道集叠加是以界面水平为前提,同样动校正方法也是根据水平界面的时距曲线进行校正的。当地下界面倾斜时,动校正和叠加必然会产生误差。下面分析倾斜界面的动校正公式、剩余时差及叠加效果。

如图5.5.6所示,设M点为测线上激发点$O_1(O_i)$和接收点$S_1(S_i)$的中点,倾斜界面上覆地层为均匀介质,界面倾角为φ,O_i^*为O_i的虚震源,h_m和h_i分别为M点和O_i点的界面法线深度,$S_iO_i^*$等价于O_i点激发并在S_i点接收的反射波传播路程。由图中的几何关系可知:

$$h_i = h_m - \frac{x_i}{2}\sin\varphi \tag{5.5.9}$$

式中,x_i为激发点O_i和接收点S_i之间的距离。

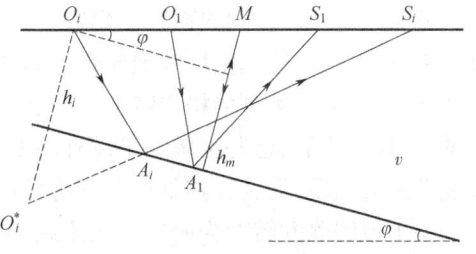

图5.5.6　倾斜界面的共中心点道集

由余弦定理可知：

$$S_iO_i^* = \sqrt{4h_i^2 + x_i^2 + 4h_i x_i \sin\varphi} \tag{5.5.10}$$

将式(5.5.9)代入式(5.5.10)，整理可得

$$S_iO_i^* = \sqrt{4h_m^2 + x_i^2 \cos^2\varphi} \tag{5.5.11}$$

于是地震波从炮点 O_i 出发经过 A_i 点反射后到达 S_i 点的旅行时间为

$$t_i = \frac{1}{v}\sqrt{4h_m^2 + x_i^2 \cos^2\varphi} \tag{5.5.12}$$

方程(5.5.12)不包含各激发点处的界面法线深度，适用于所有的共中心点道。它是用共中心点处界面法线深度 h_m 表示的倾斜界面共中心点反射波时距曲线方程。

方程(5.5.12)是在界面上倾方向激发、下倾方向接收情形导出的结果。根据激发点与接收点的互换原理，当激发点与接收点交换位置时，所得到的结果与该方程相同。由此可见，它所表示的时距曲线是对称轴过共中心点的双曲线。与水平界面情况相比，倾斜界面共中心点道集所记录的反射时间不是同一点的反射时间。

由上可知，当界面倾斜时关于 M 点对称的共中心点道集不再共反射点，各叠加道的反射点将会出现分散，如图5.5.6所示。如果寻求共反射点道集，则道集不再共中心点。在界面倾斜情形如果仍按水平界面进行共反射点叠加，则会出现成像上的问题，相关结论如下：

(1) 由于存在动校正剩余时差，一次有效反射波叠加后将得不到应有的加强。

(2) 即使动校正方法正确，由于倾斜界面所造成的反射点分散，动校正后的各道将会存在相对时差，从而降低叠加质量。

(3) 共中心点道集叠加所反映的不是界面上的一个点，而是反射界面上一系列反射点的平均效应。

鉴于以上原因，对于野外多次覆盖方法所得到的地震资料：在界面倾角不大时，可以对叠加之后的成像界面作偏移校正；当界面倾角较大时，反射点严重分散，此时必须寻求其他共反射点道集叠加方法。通常称前者为叠加偏移，后者所采用的处理方法为偏移叠加。

5.6 地震偏移

5.6.1 偏移概述

偏移是将倾斜反射界面归位到它们真正的地下界面位置，并使绕射波收敛，以此提高空间分辨率，最终得到能真实反映地质构造的地震图像。图5.6.1展示了偏移前后的 CMP 叠加剖面，它包含有多种类型的构造特征。在叠加剖面中，位于时间 1s 处有一个近似水平的反射同相轴，在偏移之后，这些记录几乎没有改变。在叠加剖面 1s 以下代表侵蚀造成的不整合面是以复杂形态出现，而在偏移剖面上它将变得易于解释。叠加剖面中的"蝴蝶结"反射结构在偏移剖面上被解除并转变为向斜。在接近 3s 处的反射同相轴则是源于不整合面上的突变点所产生的绕射，偏移方法和速度的选择正确与否对其成像有较大的影响。

(a) 水平叠加剖面　　　　(b) 叠后偏移剖面

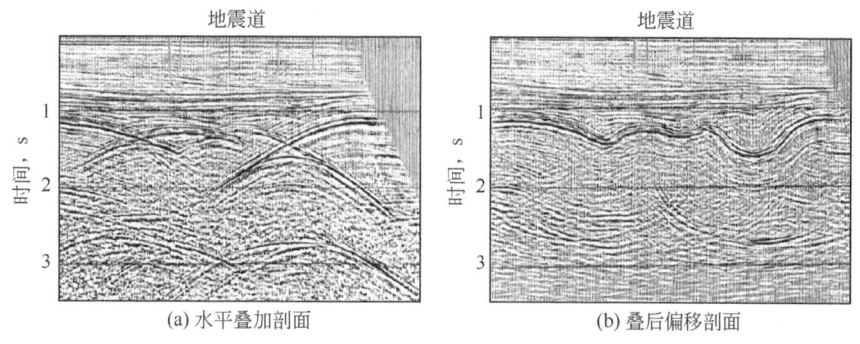

图 5.6.1　地震记录的偏移成像

偏移目的是使叠加剖面看起来类似于沿地震测线的一条深度域地质剖面。然而,偏移剖面在某些情形是用时间来显示的,原因之一是由于利用地震资料和其他资料估算的速度精度不足,深度域偏移成像存在误差;另一个原因是地震解释人员喜欢通过比较时间域的叠加剖面和偏移后数据来评价偏移效果,所以常在时间域展示偏移后的剖面。得到时间域剖面的偏移处理称为时间偏移,这种方法仅适用于横向速度变化较小的情形。如果横向速度变化较大,时间偏移不能正确解决地震成像问题,这时就需要做深度偏移,它所得到的结果是深度剖面。偏移按照其工作流程可以分为两类:叠加偏移和偏移叠加。

叠加偏移(或叠后偏移)是指先进行水平叠加,然后再作偏移归位处理。注意,经过水平叠加后的记录是近似于炮检距为零的自激自收记录,记录时间为共中心点处的垂向双程旅行时间(即 t_0)。因此,叠加偏移是对自激自收记录的反射信号进行偏移处理,使其归位到真实的反射点位置。

偏移叠加(或叠前偏移)是指先进行偏移归位处理,然后再进行水平叠加。它是将多次覆盖地震记录的反射信号先归位到真实的反射点位置,然后再把同一反射点上来自不同炮点和接收点的反射波振幅叠加在一起,从而得到该反射点的叠加振幅。在界面倾斜的情况下,偏移叠加不再是共中心点叠加,而是共反射点叠加。

上述两类方法相比,偏移叠加不仅能解决反射层归位和绕射波收敛,还能解决倾斜界面的非共反射点叠加问题,所以从效果上看偏移叠加优于叠加偏移。但是偏移叠加的缺点是对偏移速度精度的要求较高,并且计算工作量非常大。

5.6.2　偏移现象

现分析图 5.6.2 中地质剖面上的倾斜反射界面 AR,如果使用自激自收的观测方式,沿着地表 AB 可以得到它的零偏移距剖面。当沿地表移动共炮点—检波点 (s,g) 时,在 B 点能记录到倾斜面的一个法向反射波。在讨论偏移问题时,假设地下介质为常速介质,速度 $v=2\mathrm{km/s}$,以便时间和深度坐标可以互换。特别注意,图 5.6.2 是地质剖面和零偏移距地震剖面的综合显示。在零偏移距剖面上的 C 点表示的是地质界面上 R 点的反射。将 B 点沿测线移动,便可记录到来自倾斜界面 AR 的法线反射。

比较图 5.6.2 中深度域的地质剖面和时间域的零偏移距地震剖面,可以发现真实地质界面 AR 与反射同相轴 AC 并非一致。从图中可以看出,时间剖面上的反射同相轴 AC 需要经过偏移才能归位到深度剖面上的真实位置 AR。另外,从几何示意图可以得到以下结论:

(1)地质剖面中的地层界面倾角总大于时间剖面中相应反射同相轴的倾角,也就是说偏

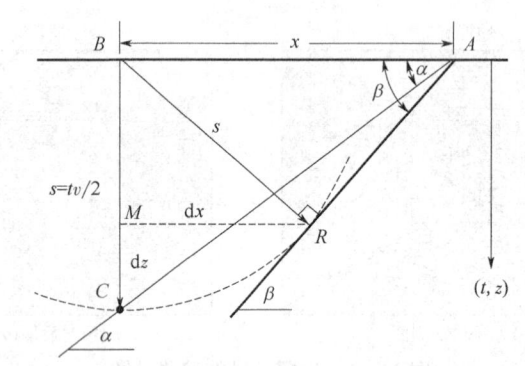

图 5.6.2 反射界面与反射同相轴之间出现的偏移现象

移使反射同相轴变陡;

(2)地质剖面中倾斜界面的长度比时间剖面中的反射同相轴要短,即偏移使反射同相轴变短;

(3)偏移使反射同相轴向上倾方向移动归位。

接下来讨论叠加剖面上成像点在偏移前后的水平位移和垂直位移。在图 5.6.2 中,分析时间剖面中的点 C 偏移到反射点位置 R,假定水平位移是 dx、垂直位移是 dz 以及地质界面斜率为 $\tan\beta$。如果用介质速度 v、旅行时间 t 以及偏移前时间剖面上反射同相轴的斜率 $\tan\alpha$ 来表示上述量值,可以推导出以下方程:

$$dx = s \times \sin\beta = \frac{vt}{2}\tan\alpha \tag{5.6.1}$$

$$dz = \frac{1}{2}vdt = s(1-\cos\beta) = \frac{vt}{2}(1-\sqrt{1-\tan^2\alpha}) \tag{5.6.2}$$

$$\sin\beta = \tan\alpha = \frac{s}{x} = \frac{vt}{2x} \tag{5.6.3}$$

为了理解上述表达式的实际含义,现分析 5 种不同时间、不同速度反射段的偏移变化。为了简单起见,假设它们的 $\Delta t/\Delta x$ 相同,道间距 25m 的相邻道时间变化为 10ms。利用式(5.6.1)、式(5.6.2)和式(5.6.3)可以求出偏移后反射点的水平位移 dx、垂直位移 dt 和地层倾角,其结果见表 5.6.1。

表 5.6.1 叠加剖面中相同倾角的反射记录偏移后的水平位移、垂直位移以及倾角变化

t,s	v,m/s	dx,m	dt,s	$\Delta t/\Delta x$,ms/道 叠加剖面	偏移剖面
1	2500	625	0.134	10	11.5
2	3000	1800	0.400	10	12.5
3	3500	3675	0.858	10	14.0
4	4000	6400	1.600	10	16.7
5	4500	10125	2.820	10	23.0

结合表 5.6.1 以及式(5.6.1)、式(5.6.2)、式(5.6.3),可以得出如下结论:

(1)偏移剖面中的反射界面斜率 $\Delta t/\Delta x$ 总是大于偏移前时间剖面中的反射斜率;

(2)叠加剖面在偏移之后成像点水平位移 dx 随着反射旅行时间 t 增大而增大;

(3)水平位移量 dx 是速度平方的函数,如果偏移速度有 20%的误差,那么反射界面的归位误差将达到 44%;

(4)垂直位移量 dz 随着时间和速度的增大而增大;

(5)倾斜反射界面越陡,偏移后的水平位移量和垂直位移量越大。

图 5.6.2 中,假设不在地表位置 A 和 B 之间记录零偏移距剖面,而是将位置点 A 左移,此时叠加剖面经过偏移后,部分反射界面会移到剖面范围之外。因此,叠加剖面上的资料并不局限于地震测线下方的地层。值得注意的是,测线下方的地质构造有可能没有记录在地震剖面上。在有倾斜构造的地区,测线长度应该根据偏移的水平位移来选择,特别是在三维地震勘探中,区域测量覆盖面积应该大于地下界面的实际面积。

以上研究的反射界面都是水平的,下面分析更加实际的地质情形,如弯曲反射界面。图 5.6.1(a)所示的叠加剖面中,出现类似"蝴蝶结"形状的反射结构,在偏移剖面[图 5.6.1(b)]中则显示为向斜构造。根据图 5.6.2 推导出的结论,在偏移结果中"蝴蝶结"的左翼向左侧上倾方向移动,右翼向右侧上倾方向移动,而底部的绕射则收敛至其顶点处。另外,叠加剖面中的背斜看起来要比偏移剖面上的更宽。这是因为速度也会影响偏移剖面的构造形态,较大的速度意味着较大的偏移量,会使背斜构造宽度变得更小。

为什么在叠加剖面上向斜会呈现出"蝴蝶结"的反射特征?答案就在图 5.6.3 中。它所描述的是一个对称的向斜地质模型。图 5.6.3(a)中给出的是地质模型以及自激自收的射线路径,图 5.6.3(b)是采用自激自收观测方式得到的地震剖面,其中有 7 个 CMP 位置显示出地震反射的具体来源,比如在位置 2 的地震反射是通过图 5.6.3(a)中的射线路径 2a 和 2b 得到的。可以发现,在位置 2、4 和 6 处各有前后两个波至,而在位置 3 和 5 处则有三个波至。如果将中间的射线路径补充完整,就可以在时间剖面上描绘出向斜的反射特征。

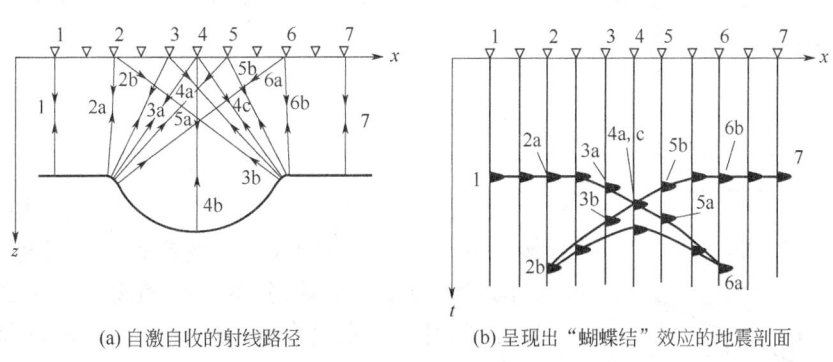

(a) 自激自收的射线路径   (b) 呈现出"蝴蝶结"效应的地震剖面

图 5.6.3 向斜的地震反射特征

5.6.3 偏移成像原理

1. 爆炸反射界面模型

在对叠加剖面进行偏移时,可以采用适合于共炮点—接收点位置地震记录(即零偏移距记录)的偏移理论。为了讨论零偏移距记录的偏移,需要转变实际观念。现在考虑两种记录方式:一种是炮点和接收点在同一位置上且沿测线移动时所记录到的零偏移距剖面[图 5.6.4(a)],其记录波场沿着垂直于界面的路径到达界面并返回,这种观测方式实际上是不可实现的;另一种是可以得到相同地震剖面的观测系统[图5.6.4(b)],假设将震源沿着反射界面放置,并在测线的每一共中心点位置都布设一个检波器,然后让震源在同一时刻全部爆炸,激发出的地震波向上传播并被地表检波器接收,这种实验所描述的地震模型就称为爆炸反射界面模型(Loewenthal et al.,1976)。

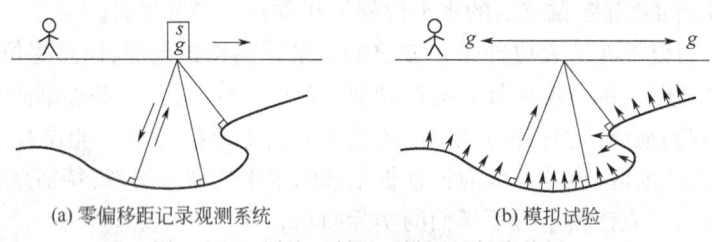

(a) 零偏移距记录观测系统 (b) 模拟试验

图5.6.4 爆炸反射界面模型的射线传播

来自爆炸反射界面模型的地震剖面在一定程度上与零偏移距剖面是等效的,但它们之间有一个重要的区别:零偏移距剖面记录的是双程旅行时间(波从震源传播到反射点,再返回到同一位置的接收点),而爆炸反射界面模型是单程旅行时间(波从反射界面直接传播到接收点)。为了使这两种剖面达到一致,可以假设在使用爆炸反射界面模型时,地震波的传播速度是真实介质速度的一半。但是当测线方向上存在较强的横向速度变化时,零偏移距剖面与爆炸反射界面模型的等价性将不再成立。

2. 偏移成像

地震偏移的实现包含两个基本步骤:波场延拓与成像。波场延拓又称波场外推,是将地面记录的波场通过数学运算转换到地下某一深度,就像是把观测面重新放置在此深度时所得到的记录。如图5.6.5所示,若在地面($z=0$)S处放置一个激发点和一个接收点,使两者位置重合,并接收来自界面O点的反射波。当介质速度v保持恒定时,射线为直线,将反射记录放在S的正下方A点处,有

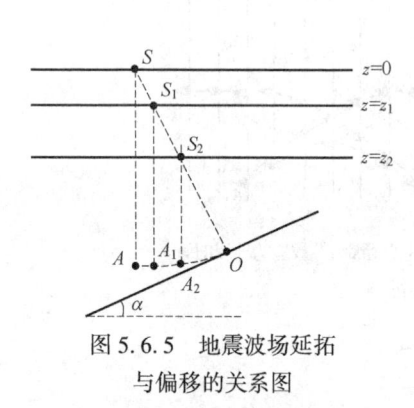

$$SO = SA = vt/2$$

波的旅行时间为

$$t = 2SA/v \tag{5.6.4}$$

这里将反射记录位置A和反射点O之间的距离称为偏移距。若将地震测线位置变换到地下深度$z=z_1$处,为了同样得到O点的反射,激发点和接收点需要放置在S_1处,而反射记录则放在A_1处,此时反射波的旅行时间为$t_1 = 2S_1A_1/v$,并且$S_1A_1 = S_1O$,新的偏移距为OA_1。随着观测面不断向地下深处移动,波场记录会出现变化:偏移距越来越小;旅行时间越来越短。所以当偏移距或旅行时间减小为零时,可实现偏移归位。

图5.6.5 地震波场延拓与偏移的关系图

5.6.4 偏移实现方法

1. 偏移方法的分类与选择

实际上,地震资料偏移需要考虑的内容包括:(1)一种合适的偏移方法;(2)与方法一致的算法;(3)适当的算法参数;(4)关于输入数据的问题;(5)偏移速度。偏移方法在实现过程

中,根据数据维数、实现流程以及计算域的不同,可以分为二维与三维偏移、叠后和叠前偏移、时间和深度偏移。

根据地质构造特性,偏移方法可以从二维叠后时间偏移延伸到三维叠前深度偏移。实际上,二维与三维时间偏移用得较多的原因是其对速度误差的敏感性较低,能为解释提供可靠的地震剖面。表 5.6.2 是对不同地震偏移方法适用性的概括。

表 5.6.2 各偏移方法的适用性

偏移方法	叠后时间偏移	叠前时间偏移	三维偏移	叠后深度偏移	叠前深度偏移	三维深度偏移
适用条件	倾斜同相轴	不同叠加速度的相冲倾斜地层	断面或盐丘的三维特征	有复杂上覆构造的	强烈横向速度变化复杂的非双曲线时差	三维复杂构造

偏移方法的选择要求处理人员具有实际工区的构造地质和地层学知识。如果叠加剖面中只是存在倾斜同相轴,可以选用时间偏移。对于具有不同速度的相冲倾斜地层,常规处理得到的叠加剖面将不再等同于零偏移距剖面,这时则要求做叠前时间偏移。对于速度横向变化的复杂构造,如果需要深层地质目标精确成像,则应该选用深度偏移(图 5.6.6)。

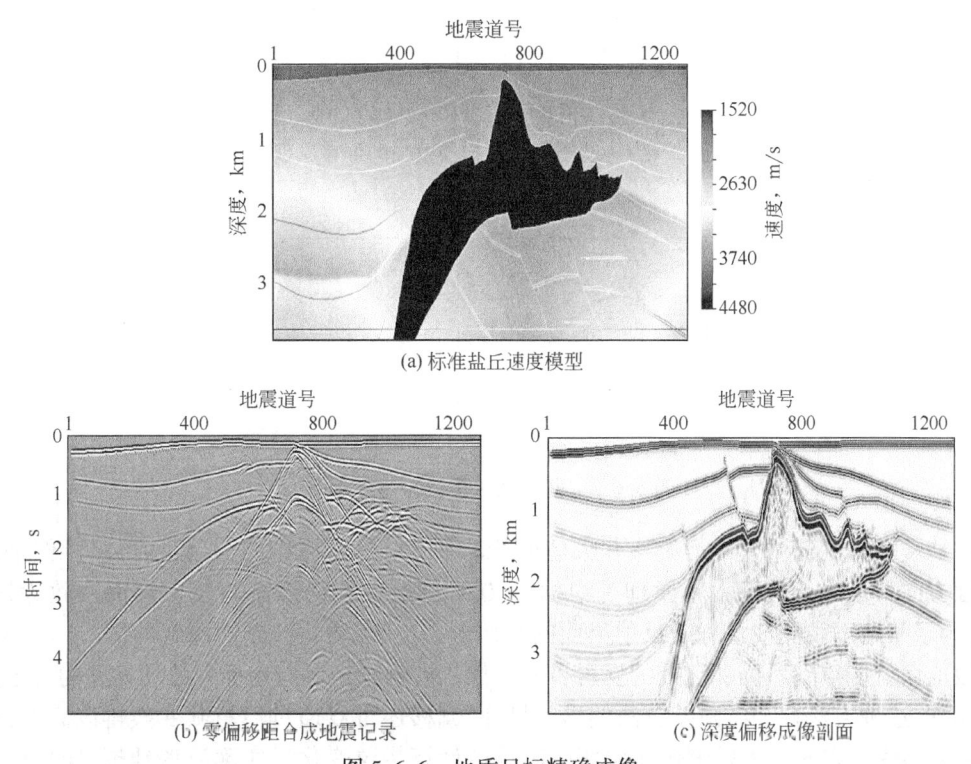

(a) 标准盐丘速度模型

(b) 零偏移距合成地震记录

(c) 深度偏移成像剖面

图 5.6.6 地质目标精确成像

此外,在具有盐丘构造、逆掩断层构造和不规则水底地形的复杂构造地区,因为地质构造表现出一定的三维特征,所以这些构造的正确成像需要三维深度偏移。在野外采集设计时,为了减弱三维构造对成像的影响,测线布设应尽可能地沿着主要地层走向和地层倾斜方向。如果上述条件得到满足,二维偏移的结果也是可以接受的。

彩图 5.6.6

2. 偏移算法

单程标量波动方程是常规偏移算法的基础,这类方法的缺点是不能区分多次波、转换波、面波或其他干扰。在进行偏移时,输入数据中的所有信息都看作是反射波。基于单程波理论的偏移算法通常可以分为三类,即克希霍夫(Kirchhoff)积分法偏移、有限差分法偏移和 f-k 偏移。无论什么样的算法,通常会要求它们具有以下特点:(1)准确地处理陡倾角地层;(2)有效地处理横向和垂向速度变化;(3)高效率地实现。

下面依据偏移技术的时间发展顺序简要介绍上述三类方法的基本原理。最早提出的偏移方法是半圆形扫描叠加法,如图 5.6.7 所示,它使用于计算机问世之前。随后是绕射叠加技术,如图 5.6.8 所示,沿着绕射双曲线轨迹将地震波振幅进行累加,双曲线形状则受到介质速度的控制。克希霍夫积分法与绕射叠加技术基本相同,不同的是在叠加之前它需要对地震波振幅和相位进行校正。

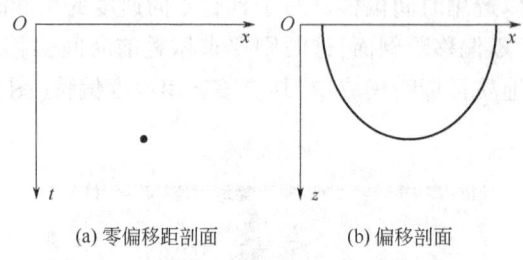

(a) 零偏移距剖面　　(b) 偏移剖面

图 5.6.7　基于半圆形扫描叠加的偏移原理

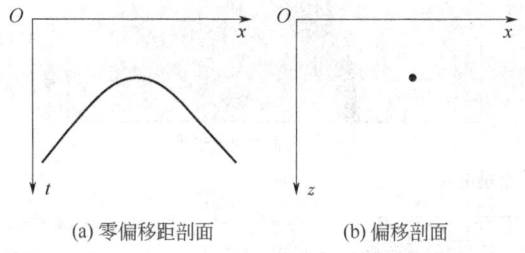

(a) 零偏移距剖面　　(b) 偏移剖面

图 5.6.8　基于绕射叠加的偏移原理

在地震数据处理中有一类偏移方法是基于爆炸反射界面模型的,而偏移可以看作是波场沿深度方向外推进行成像。其原理是根据 $t=0$ 时刻的波前面形态与反射界面一致为依据。因此,为了从地面观测波场确定反射界面的几何形态,只需要将波场沿深度外推,计算 $t=0$ 时刻的波前面就能得到不同深度处的反射界面成像。波场延拓可以用标量波动方程的有限差分求解实现,这种方法称为有限差分法偏移。另外,偏移还可以通过傅里叶变换得以完成,即所谓的 f-k 偏移。它的基本思想是在频率—波数域计算相位变化量实现波场延拓,偏移成像则是在每一深度延拓过程中将所有频率分量的波场进行求和,提取 $t=0$ 时刻的波场,得到所需的地震成像。

1) 克希霍夫积分法偏移

根据惠更斯原理,如果将地下反射界面看作是一系列次震源点的集合,那么会发现零偏移距剖面是许多时距曲线为双曲线的地震响应叠加。由点震源的地震响应特征可以导出两种实用的偏移方法。

图 5.6.7(a)表示在零偏移距剖面上仅有一个地震道的波至,其他地震记录为零,由此偏

移会得到一个半圆弧[图5.6.7(b)]。从图5.6.7可以看出,一个半圆形反射界面构成的地质模型记录到的零偏移距剖面相当于图5.6.7(a)中单个地震道上的一个脉冲。所以,仅有一个脉冲的记录剖面,其偏移剖面[图5.6.7(b)]就称作脉冲的偏移响应。另外,通过观察会发现如果零炮检距剖面上一个单独的绕射双曲线[图5.6.8(a)],经过偏移之后它将成为一个点[图5.6.8(b)]。因此,第一种偏移方法是基于半圆形扫描叠加的,它适用于最初的尺规作图。第二种方法则基于双曲线轨迹的振幅求和,也称为绕射求和法,是最先使用计算机的偏移方法。

以半圆形扫描叠加为基础的偏移方法,对于输入时间剖面(x,t)上的每一个样点,在偏移结果(x,z)上都会得到一个等振幅半圆弧,所有这些半圆弧的叠加就形成了偏移剖面。基于绕射求和原理的偏移方法则是对偏移剖面(x,z)中的每一点,在输入时间剖面(x,t)上根据绕射曲线轨迹搜索能量,并将搜索到的各点振幅累加在一起,然后放到偏移剖面(x,z)中的该点位置上。绕射曲线的形状受速度函数控制,结合具体传播方向和球面扩散等因素的绕射求和方法称为克希霍夫积分法偏移。对于层状介质情形,计算双曲线轨迹所用的速度为均方根速度。另外,计算求和的范围称作偏移孔径。

2) 有限差分法偏移

从地面记录的波场开始,通过数学方法将波场向下延拓,可以得到地下各深度上的波场记录。下面用计算机模拟说明波场延拓。假设有一个均匀介质模型,在地表处($z=0$m)布设有一个接收排列,并且在地下某一深度($z=1250$m)放置一个绕射点。若在接收排列上的每一位置进行自激自收观测试验,能记录到相应的地震绕射[图5.6.9(a)]。如果将地震接收排列向地下延拓并重复自激自收观测试验,那么图5.6.9(b)到图5.6.9(f)所展示的就是计算机模拟在不同深度处的波场记录。在每一深度利用偏移成像原理对波场成像,最后会得到预期的输出结果(即偏移剖面)。图5.6.9(f)说明当接收排列到达深度1250m时,地震剖面只有时间$t=0$的波至。通过图5.6.9的试验分析,可以发现当接收排列在深度上向下移动时,离绕射点越近,接收到的绕射波至时间越小并且两翼逐渐收拢。当接收排列与绕射点的深度一致时,绕射将收敛为一个点。

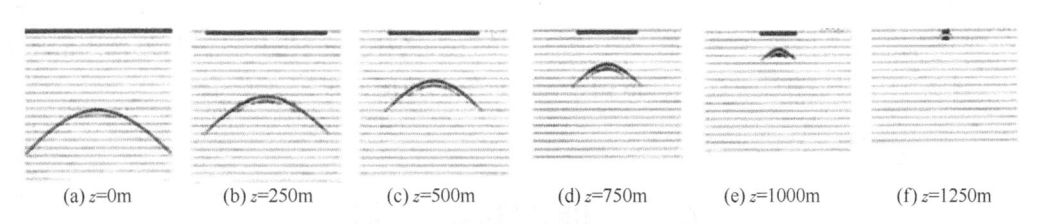

(a) $z=0$m   (b) $z=250$m   (c) $z=500$m   (d) $z=750$m   (e) $z=1000$m   (f) $z=1250$m

图5.6.9 向下延拓后各深度的地震观测记录

z—接收排列离开地面的距离,顶部的粗黑色实线代表接收排列

假如观测面在绕射点深度以上,如深度为1000m的地方,图5.6.9(a)中原始双曲线在此深度只能是部分收敛[图5.6.9(e)],由于波场延拓没有到达绕射点的实际深度,所以会出现偏移不足。偏移速度偏低也会对绕射造成偏移不足。假设记录向下延拓时所用的偏移速度过高,则会出现偏移过量的现象。有限差分偏移算法是基于标量波动方程的差分求解,并利用了上述波场延拓的基本原理。

3) $f-k$ 偏移

针对地震资料的$f-k$域波动方程偏移方法是由Stolt(1978)提出的,它有精度高、稳定性好、适应陡倾角地层和运算速度快等优点,但它不适应地震速度的空间变化。与此同时,Gazdag(1978)提出相移波动方程偏移方法也是一种 f-k 域偏移方法,对于水平层状地质模型(即速度在横向上没有变化,在垂向上各层的速度可以不同),偏移结果是精确的。f-k 域的偏移方法有较高的实用价值,可作为其他偏移方法的基本步骤,因此掌握这种方法对进一步研究复杂的偏移技术以及反演问题是十分重要的。

现讨论用于地震偏移的单程波传播方程。首先,考虑二维声学波动方程:

$$\frac{\partial^2 p(x,z,t)}{\partial x^2}+\frac{\partial^2 p(x,z,t)}{\partial z^2}-\frac{1}{v^2}\frac{\partial^2 p(x,z,t)}{\partial t^2}=0 \tag{5.6.5}$$

式中,速度 v 为常数。将波函数 $p(x,z,t)$ 关于变量 x、t 做二维傅里叶变换,得

$$\bar{p}(k_x,z,\omega)=\iint p(x,z,t)\mathrm{e}^{-\mathrm{i}(\omega t+k_x x)}\mathrm{d}x\mathrm{d}t \tag{5.6.6}$$

根据傅里叶变换性质,式(5.6.5)转变为

$$\frac{\partial^2 \bar{p}}{\partial z^2}=-\left(\frac{\omega^2}{v^2}-k_x^2\right)\bar{p}=-k_z^2\bar{p} \tag{5.6.7}$$

由于 v 不随深度变化,即在 z 方向上 k_z 为常数,所以式(5.6.7)的解为

$$\bar{p}(k_x,z,\omega)=c_1\mathrm{e}^{\mathrm{i}k_z z}+c_2\mathrm{e}^{-\mathrm{i}k_z z} \tag{5.6.8}$$

式中,c_1 和 c_2 为待定系数。如果使用爆炸反射界面概念,只考虑上行波,则忽略 $\mathrm{e}^{\mathrm{i}k_z z}$ 项,式(5.6.8)可以简化为

$$\bar{p}(k_x,z,\omega)=c_2\mathrm{e}^{-\mathrm{i}k_z z} \tag{5.6.9}$$

当 $z=0$ 时,$c_2=\bar{p}(k_x,0,\omega)$ 是地表观测记录作傅里叶变换后的结果。如果将介质简化为水平层状模型,即在 $z_n \leq z \leq z_{n+1}$ 的深度间隔内地震速度保持不变,这时考虑波场在深度 z_{n+1} 和 z_n 之间的外推,设 $\Delta z=z_{n+1}-z_n$,地震偏移所使用的单程波动方程是

$$\bar{p}(k_x,z_{n+1},\omega)=\bar{p}(k_x,z_n,\omega)\mathrm{e}^{-\mathrm{i}k_z \Delta z} \tag{5.6.10}$$

上述分析没有考虑介质速度的横向变化。如果速度出现空间变化(包括纵、横向),依据构造的复杂程度以及精度要求,可以采用不同的应对策略以及处理方法。本节所提到的偏移算法主要是基于零偏移距地震剖面,在实现时它们会受到速度变化和界面倾角范围的限制。因此,在实际应用中各算法的使用将依赖于实际数据和速度分布的具体特性。

5.7 地震数值模拟

地震数值模拟是地球物理的正问题,指在已知地下介质结构和相关参数的情况下,利用数值计算的方法来研究地震波在地下介质中的传播规律,从而获得理论上的地震记录。该技术不但在石油、天然气、煤、金属及非金属等矿产资源和环境地球物理中得到普遍应用,而且在地震灾害预测、地壳构造和地球内部结构研究中也得到广泛应用。

地震数值模拟在地震勘探中的作用贯穿于地震数据采集、处理和解释的各个环节。在地震数据采集设计中,它可用于野外观测系统的设计和评估以及观测系统的优化;在地震数据处理中,可用于检验各种处理和反演方法的正确性;在解释中则能对地震解释结果的正确性进行

验证。地震勘探的目的是根据地面或井中各观测点所得到的地震记录来刻画地下介质结构,并描述其状态或属性。这是一个反演问题,是建立在地震正演的基础上的。因此地震数值模拟不仅可以进行波场传播特征研究,同时也是地震偏移成像、地震反演的基础。

另外,还应当指出,地震资料处理往往不是一次完成,需要多次改进参数,改善处理流程,才能得到信噪比与分辨率较高的地震偏移剖面。它们无疑是地震勘探成果的基本资料。但是,这类图件主要反映构造解释的界面产状变化,而其他的介质信息却很少能够反映出来。为了充分利用其他有用的地震信息,除了上述地震剖面之外,地震数值模拟可以提供各种有用地震信息以及相关的地震资料成果图件。

5.7.1 合成地震记录

合成地震记录是指在给定子波 $b(t)$ 和反射系数序列 $R(t)$ 的条件下,用以下算法得到理论反射波形 $f(t)$:

$$f(t) = R(t) * b(t) \tag{5.7.1}$$

此处,合成地震记录也称一维理论地震模型。

如果利用测井资料得到速度和密度,那么合成地震记录的基本流程是:速度、密度测井曲线→波阻抗曲线→反射系数曲线→与地震子波褶积→合成地震记录。

在地震勘探中,合成地震记录是处理和解释的一种必要手段,主要用于理论地震模型的研究和地质层位的确定。现有一个层状介质模型(由均质水平地层构成),地层的地震波阻抗 I 定义为 $I = \rho v$,其中 ρ 为密度,v 为地层速度。第 k 层地震波阻抗 I_k 为

$$I_k = \rho_k v_k \tag{5.7.2}$$

对于垂直入射平面波,在第 k 个界面处得到的振幅反射系数 R_k 为

$$R_k = (I_{k+1} - I_k)/(I_{k+1} + I_k) \tag{5.7.3}$$

假设密度随深度的变化与速度变化相比可以忽略,则式(5.7.3)可简化为

$$R_k = (v_{k+1} - v_k)/(v_{k+1} + v_k) \tag{5.7.4}$$

如果入射波振幅是单位1,则反射系数的数值就等于界面反射波的振幅值。在获得反射系数之后,就可计算水平层状介质地震模型的脉冲响应,然后将脉冲响应与震源子波褶积便可得到合成地震记录。注意,此处涉及的褶积模型不包括随机噪声和多次波。另外,假定震源波形在地下传播的过程中保持不变,即不考虑固有的吸收衰减,通过地震子波与脉冲响应的褶积就能得到地震记录。对式(5.7.1)两边作傅里叶变换,得到

$$X(\omega) = E(\omega) W(\omega) \tag{5.7.5}$$

式中 $X(\omega)$——地震记录的傅里叶变换;

$E(\omega)$——脉冲响应的傅里叶变换;

$W(\omega)$——震源子波的傅里叶变换。

傅里叶变换的振幅谱和相位谱分别定义为

$$X(\omega) = A_x(\omega) \exp[i\phi_x(\omega)] \tag{5.7.6a}$$

$$E(\omega) = A_e(\omega) \exp[i\phi_e(\omega)] \tag{5.7.6b}$$

和

$$W(\omega) = A_w(\omega) \exp[i\phi_w(\omega)] \tag{5.7.6c}$$

将式(5.7.6)代入式(5.7.5)可得

$$A_x(\omega) = A_w(\omega) A_e(\omega) \tag{5.7.7a}$$

$$\phi_x(\omega) = \phi_w(\omega) + \phi_e(\omega) \tag{5.7.7b}$$

因此，在地震子波与脉冲响应褶积之后，其结果是各自的相位谱相加，振幅谱相乘。

根据已知测井资料和地质信息，按照可能的地层岩性组合，利用地层厚度、密度和速度等信息建立地质模型，然后对地质模型的各道求取合成地震记录，即得到理论地震模型。理论地震模型能用来研究时间剖面所反映的地质构造和油气藏特征，验证解释的正确性。

5.7.2 全波场模拟

模拟地震波场传播可以采用不同的技术方法，其中有限差分法受到较为广泛的欢迎，这是因为它对于一般介质而言具有实现简单、能精确模拟波场传播的特点。在求解波动方程时，首先需要用网格对地质模型做近似处理，即属性模型被离散化为有限的数据点。直接求解波动方程的方法也称为网格法或全波方程法，它能隐式给出完整的地震波场。这类方法对传播介质的空间变化没有限制，并且在使用足够细的网格时其计算精度很高。此外，这种方法还能处理介质的不同流变性质以及生成地震波场快照，成为地震数据解释中一种非常重要的辅助工具。然而，该方法的缺点是在计算上比其他方法更加耗时。虽然直接求取波动方程的数值解计算花费高，但是它有较高的保真度。

在地震正演模拟（视频2）中，当利用截断误差为 $O(\Delta x^2, \Delta z^2, \Delta t^2)$ 的差分格式时，为减小频散及保证递推过程的稳定性，差分网格要求取得非常小，这样就使计算机内存及运算时间大大增加。如果采用高阶差分方程，网格可以取大，计算精度并不会出现明显的降低。在此，仅介绍二维声波方程的二阶差分方程。

视频2 复杂模型的地震正演

假设声波方程为

$$\frac{\partial^2 u}{\partial x^2}+\frac{\partial^2 u}{\partial z^2}=\frac{1}{v^2(x,z)}\frac{\partial^2 u}{\partial t^2} \tag{5.7.8}$$

式中 $u(x,z,t)$ ——地表记录的压力波场；

$v(x,z)$ ——空间变化的介质速度。

首先讨论关于时间二阶导数的差分近似。应当注意，在以下的推导过程中，尽管波场 u 是 (x,z,t) 的函数，但是为了表达简洁，在此仅给出需要讨论的自变量。根据泰勒公式有

$$u(t+\Delta t)=u(t)+\frac{\partial u}{\partial t}\Delta t+\frac{1}{2!}\frac{\partial^2 u}{\partial t^2}(\Delta t)^2+\frac{1}{3!}\frac{\partial^3 u}{\partial t^3}(\Delta t)^3+\cdots \tag{5.7.9}$$

$$u(t-\Delta t)=u(t)-\frac{\partial u}{\partial t}\Delta t+\frac{1}{2!}\frac{\partial^2 u}{\partial t^2}(\Delta t)^2-\frac{1}{3!}\frac{\partial^3 u}{\partial t^3}(\Delta t)^3+\cdots \tag{5.7.10}$$

将式(5.7.9)和式(5.7.10)相加，整理后可得

$$\frac{\partial^2 u}{\partial t^2}\approx\frac{1}{\Delta t^2}[u(t+\Delta t)-2u(t)+u(t-\Delta t)] \tag{5.7.11}$$

同理，对波场函数关于空间的二阶偏导数作类似的处理，式(5.7.8)将转化为

$$\frac{u_{i,j}^{n+1}-2u_{i,j}^{n}+u_{i,j}^{n-1}}{\Delta t^2}=v^2\left(\frac{u_{i+1,j}^{n}-2u_{i,j}^{n}+u_{i-1,j}^{n}}{\Delta x^2}+\frac{u_{i,j+1}^{n}-2u_{i,j}^{n}+u_{i,j-1}^{n}}{\Delta z^2}\right) \tag{5.7.12}$$

所以地震正演所用的波场外推有限差分方程为

$$u_{i,j}^{n+1}=2u_{i,j}^{n}-u_{i,j}^{n-1}+\Delta t^2 v^2\left(\frac{u_{i+1,j}^{n}-2u_{i,j}^{n}+u_{i-1,j}^{n}}{\Delta x^2}+\frac{u_{i,j+1}^{n}-2u_{i,j}^{n}+u_{i,j-1}^{n}}{\Delta z^2}\right) \tag{5.7.13}$$

以下给出地震全波场数值模拟的两个实例。第一个实例是使用 Marmousi-2 纵波速度模型[图 1.7.2(a)],图 5.7.1 是用波动方程直接求解方法计算得到的海上拖缆观测地震记录和海底电缆(ocean bottom cable,OBC)压力声学记录。高质量的正演模拟对于认识波场传播特征以及地震反演至关重要,模拟结果越接近实际的观测记录,反演得到的属性信息精度越高。

(a) 海上拖缆观测记录 (b) OBC压力声学记录

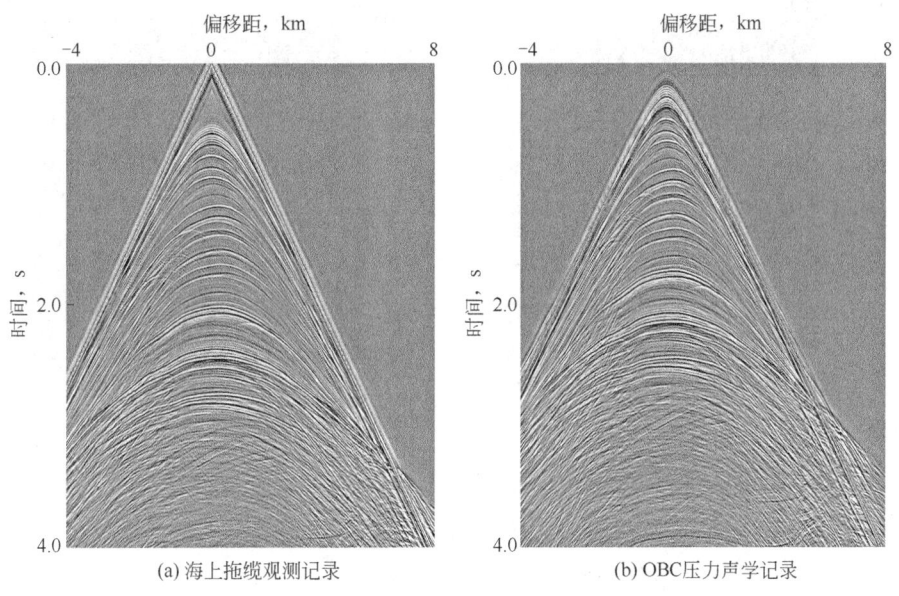

图 5.7.1　基于 Marmousi-2 模型的地震数值模拟

激发点位置 $x=9000$m

第二个实例是关于墨西哥湾岩下成像的采集设计研究。如图 5.7.2 所示,该三维速度模型的地表面积约为 1600km^2,它与实际地震勘探情形非常相似。图 5.7.3 显示出地震数值模拟中所得到的波场快照,每一单炮记录的计算区域是 16km×16km×10km,沿 x 和 y 轴的接收点

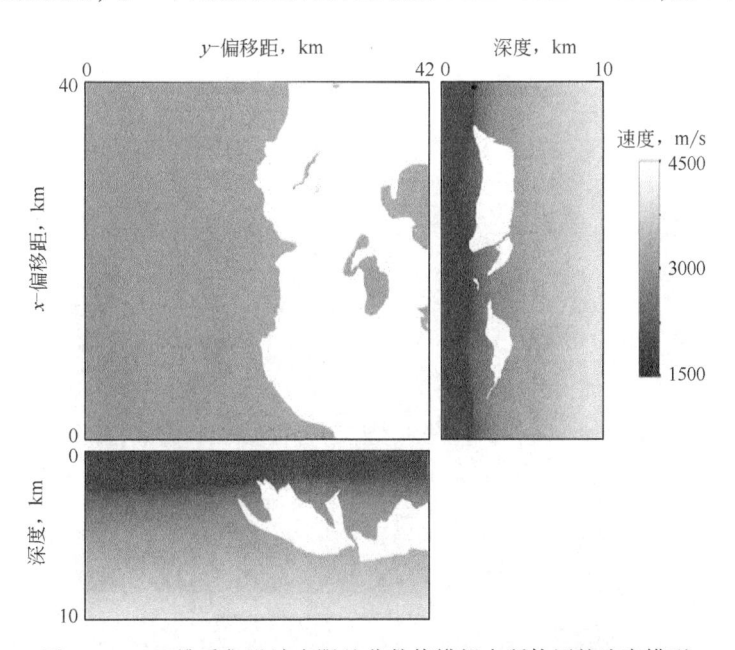

图 5.7.2　三维采集设计有限差分数值模拟中所使用的速度模型

间距是 30m。图 5.7.3(a)的炮点位置是在模型较为简单的区域,因而在地震记录上呈现相对简单的反射波场特征。图 5.7.3(b)所显示地震记录的炮点位置是在模型中盐体的上方,其波场特征要比图 5.7.3(a)复杂,这是因为盐体和多次反射的出现造成了波场扭曲。

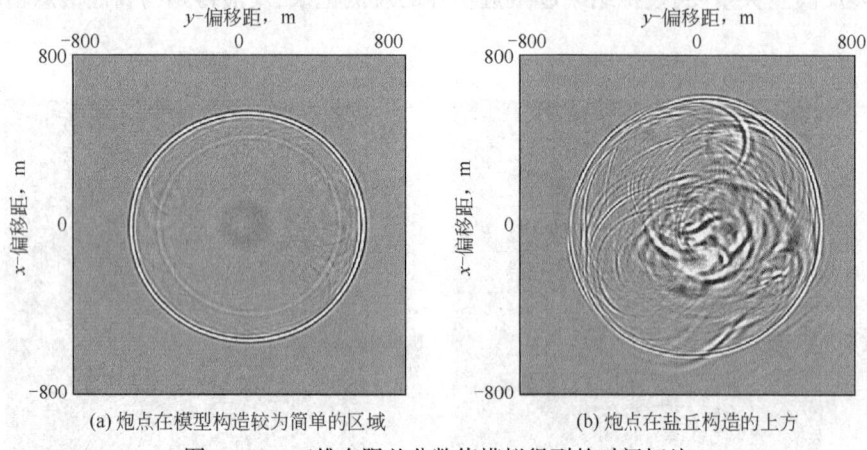

(a) 炮点在模型构造较为简单的区域　　　　(b) 炮点在盐丘构造的上方

图 5.7.3　三维有限差分数值模拟得到的时间切片

思　考　题

1. 采样定理的物理意义是什么?
2. 数字滤波在地震资料处理中有何作用? 试写出实现数字滤波的数学表示式。
3. 反滤波和滤波的原理是否一致? 它们之间有何关系?
4. 什么叫地震子波? 反射地震记录的数学模型是什么?
5. 合成地震记录如何实现? 其中的关键步骤是什么?

第6章
地震资料解释

6.1 地震资料解释概述

地震资料解释工作是地震勘探三大环节之一。野外采集获得的地震原始资料,经过室内处理后,得到可供解释的地震记录剖面和其他成果图件。解释人员在经过处理的地震资料上,根据地震波传播规律进行分析研究,力求去伪存真,将其转变成地质成果,从而达到了解、推断地下构造和岩性的目的。

地震资料解释工作包括三方面的内容:一是地震资料的构造解释;二是地震资料的地层解释;三是地震资料的岩性解释。地震资料的构造解释是以时间剖面为主要资料,分析时间剖面上各种波的特征,确定反射标准层的层位并进行反射标准层的对比,解释时间剖面所反映出来的各种地质构造现象,最后做出反射地震标准层构造图等成果图件,为钻探提供有利井位。地震资料的地层解释同样以时间剖面为主要资料,先划分地震层序,后进行海平面相对变化分析和地震相分析,对地震相作出地质解释,将地震相转变为沉积相,并划分出含油气有利的相带。地震资料的岩性解释则是利用地震波的振幅、频率、极性等动力学信息,并结合层速度以及钻井、测井资料,最终可以得到岩性和储层参数(如流体性质、储层厚度、泥质含量、孔隙度等),并进行地震资料的岩性分析及烃类检测。

地震资料的解释工作是在地震剖面上完成,地震剖面按照纵坐标刻度分为时间域和深度域,纵坐标为时间即为时间剖面。考虑到目前国内外大多数地震剖面都是在时间域,所以本章中涉及的地震剖面均为时间剖面。

6.1.1 地震剖面

地震剖面是由地震记录构成,按照空间位置的相对关系将不同的地震记录在平面上排列起来便形成地震剖面。地震记录描述其所在位置地震波的振动情况,通常表示为子波与反射系数的褶积,这就是所谓的地震记录褶积模型。

1. 地震剖面的显示

地震记录中以数字形式记录的地震信号经数字处理后,传送到显示或绘图装置,把处理后的地震信息显示成各种地震剖面。地震剖面的显示方式有波形显示、波形加面积显示、变密度灰度显示、变密度彩色显示、波形加密度显示等多种方式(图6.1.1)。波形显示可以细致地反映地震波的动力学特征,变密度显示能够直观反映界面形态的变化。由于变密度显示的剖面层次不太分明,难以进行细致对比,所以通常采用波形加变面积的叠合显示。彩色显示利用色调的变化表示振幅的大小,彩色鲜艳、层次分明、特征突出、利于对比,它也是地震资料解释中常用的显示方式。

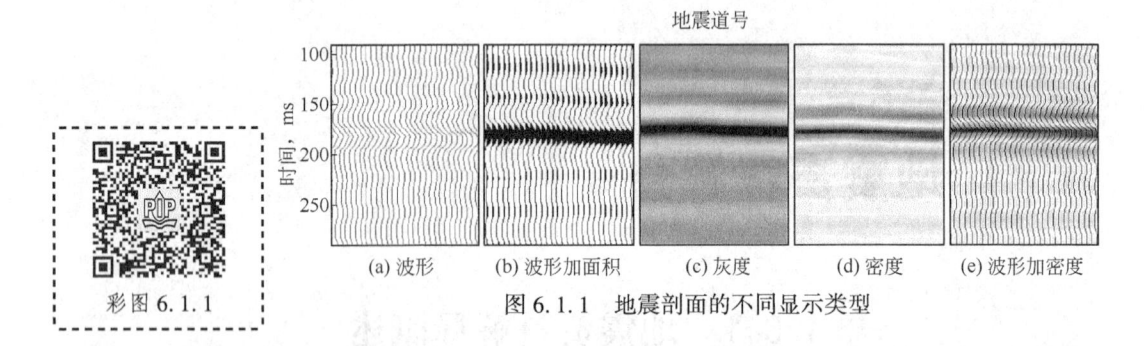

(a) 波形　　(b) 波形加面积　　(c) 灰度　　(d) 密度　　(e) 波形加密度

图 6.1.1　地震剖面的不同显示类型

2. 地震剖面的分类

解释人员通常采用叠后数据进行解释。叠后剖面有两种：叠加剖面和偏移剖面（图 6.1.2）。叠加剖面相当于自激自收剖面，地震反射来自界面的法线方向而不是地震记录的正下方。叠加剖面上的反射点一般会偏离到真实界面的下倾一侧，所反映出的地层倾角也小于地层的真实倾角，此外在构造复杂部位常常伴有大量绕射。偏移剖面是利用偏移技术将反射能量和绕射能量归位到反射界面实际位置后的地震剖面，有利于地震资料的精细构造解释，是目前最为常用的解释剖面。

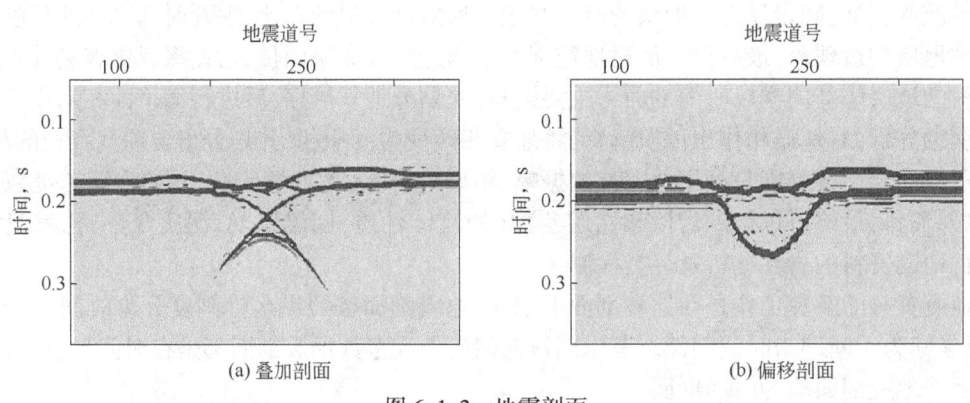

(a) 叠加剖面　　(b) 偏移剖面

图 6.1.2　地震剖面

常规的叠后地震剖面反映了地层界面反射系数的变化情况，属于界面性剖面。在岩性解释和储层预测工作中，还要使用地震反演和属性分析得到的各种物性剖面和属性剖面，这些剖面能够反映地层内部的岩石性质或者含油气性质，属于地层性剖面。地层性剖面多采用彩色方式进行显示，是常规地震剖面之外重要的显示类型，在目前储层精细解释与预测工作中占据极其重要的作用。

3. 三维地震数据体和水平切片

经过偏移处理后的三维地震资料可组成一个三维数据体（图 6.1.3），可以利用定义在 (x,y,t) 空间中每一结点上的数据 $A(x_i,y_i,t_k)$ 来表示。三维地震数据体可以用不同方式来显示。$A(x_i,y,t)$ 表示过 $x=x_i$ 点沿 y 轴方向的一条地震剖面，称为主测线剖面；$A(x,y_i,t)$ 表示过 $y=y_i$ 点沿 x 轴方向的一条地震剖面，称为联络测线剖面；$A(x,y,t_k)$ 表示 $t=t_k$ 时刻地震波动在平面上的变化情况，称为水平切片。

在纵向上，除了主测线和联络测线剖面之外，可以在沿任意方向提取地震剖面，例如为了反映某些地质体的特征而专门切出的垂直于该地质体走向的剖面，或者为考察几口井之间地质构造的变化情况而切出的连井剖面等。这些剖面为解释人员提供更直观、更丰富的地质信息。

除了水平切片之外，还可以沿某个反射层位提取三维地震数据来制作沿层地震切片。相对于垂直地震剖面，地震切片能够更好地展示地质构造和地质现象在横向上的变化情况，尤其适合于对断层、河道和砂体的刻画与描述。

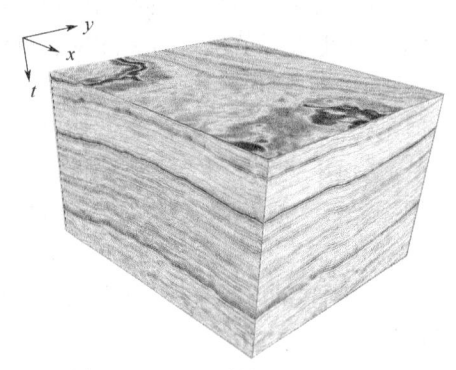

图 6.1.3 地震数据的三维显示

一般而言，垂直地震剖面包含有地层深度、厚度、倾角、接触关系等信息，水平切片上包含地层走向、地层厚度、断层等信息。综合利用地震剖面和水平切片进行解释，能够更好地刻画和描述地质体在三维空间的形态特征。

6.1.2 时间剖面

由于反射界面总有一定的延续范围，界面两侧地层的岩性大都相对稳定，故来自同一反射界面的反射波形也相对稳定，且能在时间剖面中延续一定的长度，形成醒目的同相轴。又因地震波的双程旅行时间大致和法线深度成正比，界面埋藏越深，t_0 时间越大。因此，时间剖面反映出来的同相轴起伏能定性地表示反射界面的产状变化。这样一来，即使从未接触过地震勘探的地质工作者也可以从时间剖面所反映的波动形态了解岩层的起伏情况，看出背斜、向斜、断层、角度不整合等地质现象，从而定性地了解沿测线的地质构造概貌。

需要指出，在同一测线上，根据钻井资料得到的地质分界面与时间剖面上的反射层并非一一对应。地质剖面是以岩性、岩石颜色以及生物化石等标志进行分层，所以只有当这种分界面同时也是波阻抗分界面时，地层分界面与反射界面才有对应关系。另外，当波阻抗分界面间岩层的厚度较薄时，即波穿过一层或几层的往返时间小于地震子波的延续时间，这时就会产生由两个或者多个界面反射波的相互叠加而形成的复波，此时的反射层代表一组地层，每一波峰并非代表一个反射界面。

与地质剖面反映沿测线铅垂方向上地质情况（深度、分层、岩性等）不同的是，时间剖面表示的是来自三维空间各地震反射层法线平面内的情况。如图 6.1.4 所示，O 点为自激自收点，t_{01} 为来自 R_1 界面上 D 点的反射波，t_{02} 则是来自 R_2 界面上 F 点的反射波。可以看出 D、F 点

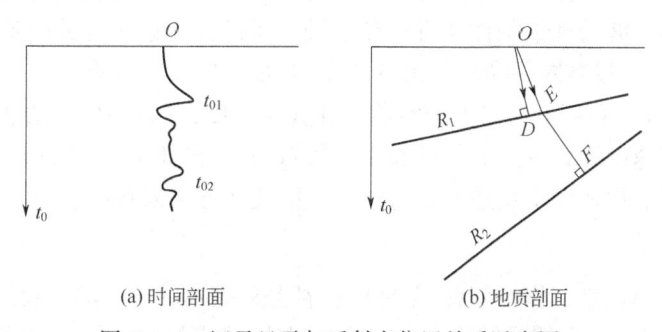

(a) 时间剖面　　(b) 地质剖面

图 6.1.4 记录显示与反射点位置关系示意图

均不在过 O 点的铅垂线上,但它们在时间剖面上被显示在 O 点的正下方,从而造成时间剖面中显示的反射波峰值位置与实际反射点位置不符合。在地质构造复杂的地区,浅、中、深部反射层的倾角和倾向会有所不同,此时地震射线是三维空间中的折线,并不在一个射线平面内,但是仍然被显示在中心点 O 所在位置的同一道记录中,这也是不能直接使用时间剖面进行定量地质解释的主要原因。此外,在地质构造复杂、地震地质条件差的地区,时间剖面中干扰波、特殊波发育,它们会在时间剖面中形成各种假象,即"陷阱"。关于这一点后面将作详细分析。

因此,时间剖面能直观、形象地反映沿测线的地下地质构造情况,但还不能用于定量的地质解释。

6.2 地震资料解释的主要内容

6.2.1 地震资料解释的工作流程

在长期的工作实践中,前人总结了一套地震资料解释的一般工作流程,主要包括连井解释、剖面解释、平面及空间解释三个环节。通过这些环节,完成由点到线、由线到面、由面到体,形成地质成果认识的一套解释流程(图6.2.1)。对于某一勘探地区,解释工作只能从剖面解释开始,经过平面及空间解释,达到提供钻探井位的目的。在已有探井的地区,解释工作应该以钻探井位为出发点,利用井孔资料,控制并指导该地区的剖面、平面及空间解释。

1. 连井解释

钻探井位是通过地震和其他资料综合解释确定的,而钻井资料的获得又将直接检验地震资料解释的准确程度。研究区内所用井孔资料以及井旁地震资料理所当然成为资料解释的出发点,因此连井资料解释是非常重要的。连井资料解释的具体内容包括:

(1)钻井分层与地震层位的对比连接。了解地震反射层所对应的地质层位以及各地层的岩性、接触关系等在地震剖面上的特征。

(2)地震测井或垂直地震剖面(VSP)、测井资料的解释。通过这些资料的解释,可获得比较准确的平均速度(用于时深转换)以及大套地层的层速度(用于储层分析与研究)。

(3)合成地震记录。利用声波测井的层速度资料和密度测井的密度资料,按垂直入射、垂直反射的反射系数公式计算各界面的反射系数,并从地震资料中提取子波,或给定地震子波,然后利用褶积模型或波动理论制作合成地震记录。通过合成记录与井旁道的对比分析,既可以实现层位标定,又可以判断井旁反射信息的真伪(如识别多次波等)。

(4)层速度研究。利用声波时差测井曲线计算层速度,了解岩性与层速度的关系,结合过井地震测线上的层速度资料、振幅、频率和相位等资料,了解连井测线的地层、岩性和岩相,甚至是含油气的情况。层速度信息还可以通过波阻抗反演方法来获取。

2. 剖面解释

无论是手工解释还是工作站解释,剖面解释都是最基本的。它的主要任务包括:

(1)基干测线对比。目的是解决大套构造层对比,确定解释层位等问题。

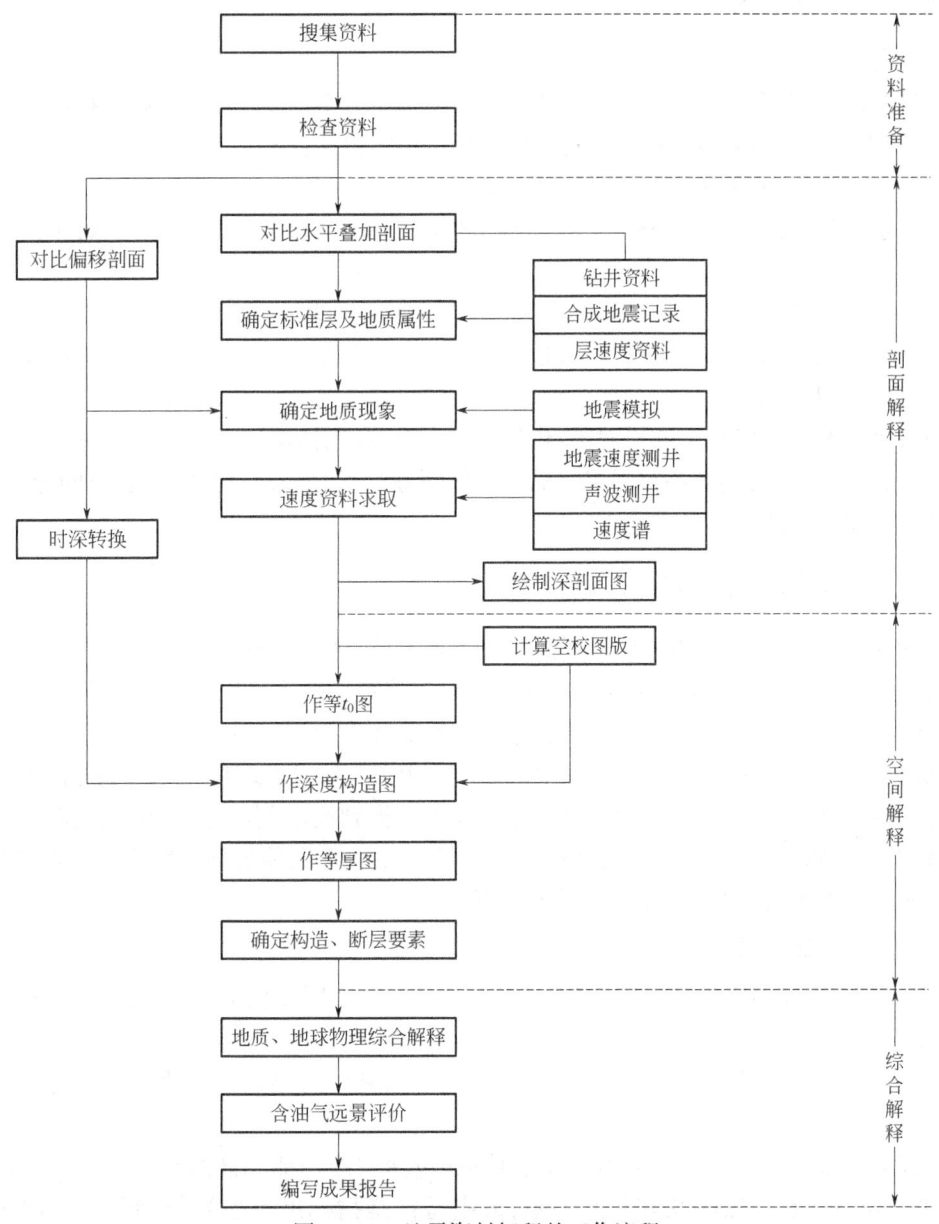

图 6.2.1 地震资料解释的工作流程

（2）全区测线对比。解决构造层和各解释层位的全区对比问题。

（3）复杂剖面解释。对于重点地区的剖面（如包含断层、挠曲、尖灭、不整合、岩性变化等）以及感兴趣的地震现象（如平点、亮点等），需要进行精细解释。通常还需要进行特殊处理，提取各种地震属性（如速度、振幅、频率、相位等），进行综合分析与解释，并利用地震模型技术反复验证，以求得地下复杂现象的正确解释。

在进行地震剖面的地质解释时应该尽量收集前期资料，包括以往的地质、地球物理、钻井等勘探开发成果资料；了解区域地质概况，如地层、构造及其发展史，断层类型及其在纵横方向上的分布规律等；还需了解研究区的地震工作情况，如野外采集方法和记录质量、资料处理流程及主要参数、剖面处理质量及效果、前期所采用的解释方法和主要成果等。这些是进行地震剖面地质解释的基础工作。

3. 平面及空间解释

了解有利区地下构造和地层情况是地震勘探的基本任务,因此展示地质目标的各种平面图和空间立体图是地震资料解释的主要成果。具体内容包括:

(1)各层 t_0 等值线图,作为地震资料平面解释的中间成果。

(2)各层深度构造图,是了解地下各层构造情况、提供钻探井位的基本依据,也是地震资料解释主要成果之一。

(3)各层厚度图,用于地质目标的储层研究与评价,也可用于沉积相分析。

(4)特殊地质体的分布图,包括目标层的断层组合、尖灭线分布、岩性变化带以及各种有意义沉积现象的平面图。

(5)各种有利含油气圈闭的平面图,包括储层、盖层和遮挡层的平面分布图等。

(6)各种立体图件,例如各解释层位的立体图、断层空间分布立体图、储层空间分布图、各种地质异常体的空间形态分布图等。

6.2.2 地震剖面的对比解释

地震资料的地质解释是通过地震剖面对比来实现的,通过地震反射特征的对比、标定、追踪和解释,建立起地震反射同相轴与地质界面的对应关系。具体来说,选择特征明显的地震反射作为标准层,然后对反射标准层进行层位标定,赋予地震反射标准层明确的地质含义,在全区进行层位追踪和构造解释。整个过程中应该遵循由点到线、由线到面、由面到体的解释步骤和原则。由点到线是指将钻井位置的层位标定成果外推到地震剖面上去;由线到面是指利用各个测线追踪的同相轴,形成关于地质界面的平面认识;由面到体是指利用不同地质界面的解释成果,形成关于地层厚度接触关系的空间认识。

1. 确定反射标准层

地震剖面存在许多反射同相轴,实际工作中并非对每个同相轴进行追踪,一般只选择地震反射标准层进行对比和追踪。地震反射标准层所具备的基本条件是:

(1)反射标准层应该是分布范围广并且稳定、标志突出、容易辨认、地质层位明显的地震反射层位。

(2)反射标准层应具备明显的地震反射特征,包括波形特征和波组特征。波形特征是指反射波的相位、视频率、振幅及其相互关系;波组特征是指标准反射层与相邻反射波之间的关系。

(3)反射标准层能够代表盆地内构造格架的基本特征。在选择地震反射标准层时,一般把时间地层界面或构造地层界面(如主要沉积间断面、不整合界面或基底)作为标准层,以便于盆地和工区范围内构造和地层的统一解释。

2. 层位标定

所谓层位标定,是建立起时间域的地震反射与深度域的地质层位之间的对应关系,赋予地震反射相对明确的地质意义。层位标定是地震解释的基础工作,是连接地震、地质和测井的桥梁。其主要方法有平均速度标定法、VSP(垂直地震剖面)标定法和合成地震记录层位标定法。

1)平均速度标定法

地震剖面是以地震波双程旅行时间来表示的,而测井、钻井等地质成果是用深度域表示的,要建立两者之间的联系需要利用平均速度进行时深转换,时深转换是层位标定中非常重要的工作。

平均速度可以通过声波测井或地震速度获得,在使用声波测井求取平均速度时,应注意测井曲线的编辑和校正,并将多口井的平均速度综合起来,生成具有代表性的时深转换速度。在利用地震速度谱资料计算平均速度时,要注意地层倾角对速度转换的影响,并与测井速度进行综合对比。如果工区包含多个构造单元,应分别计算不同的构造单元各自的平均速度。

2) VSP 标定法

VSP 是在地表激发、井中观测,包含较好的时深关系,能够估算较为准确的平均速度。VSP 资料包括零偏移距 VSP 资料和非零偏移距 VSP 资料。零偏移距 VSP 资料是将野外实际观测的 VSP 资料经过叠加之后的结果;非零偏移距 VSP 资料是对野外采集的 VSP 资料经过波场分离、叠加后得到的类似地面观测的地震剖面。

3) 合成地震记录层位标定法

地震剖面是地下构造和地下岩性的综合响应,地下构造和岩性通过地震剖面来解释和预测。地震剖面标定的目的是赋予地震同相轴特定的地质含义,建立地震同相轴与地层、地层组合、岩性、岩性组合之间的对应关系。

测井曲线包含着地质层位的多种信息,如果将测井曲线正确"嵌入"到地震剖面中,就可以建立起地震层位、波组关系与测井层位、测井物性之间的对应关系,从而实现对地震同相轴地质含义的解释。但是,测井曲线是在深度域表示的,地震剖面是在时间域表示的,需要有相关的手段来判定测井曲线是否正确地嵌入到地震剖面之中。我们可以利用测井资料计算地层的反射系数,进而合成地震记录,并将测井资料合成的地震记录与井旁地震道进行比较。如果它们在反射时间、波组关系等方面基本接近,那么就可以判断测井曲线正确地嵌入到地震剖面中了,进而利用测井曲线对地震同相轴的地质含义进行标定和解释。

常规的合成地震记录制作方法基于一维褶积模型,其数学表达式为

$$x(t) = w(t) * r(t) = \int_0^T w(\tau) r(t - \tau) d\tau$$

式中,$x(t)$ 表示合成地震记录;$w(t)$ 是由井旁地震记录提取的子波;$r(t)$ 是由声波测井数据和密度测井数据得到的反射系数序列。

合成地震记录层位标定法的基本步骤可以归纳为:

(1) 由声波测井曲线和密度测井曲线相乘得到波阻抗测井曲线;

(2) 对波阻抗曲线进行深时转换,由深度域转到时间域;

(3) 由波阻抗曲线计算反射系数曲线;

(4) 由井旁地震数据提取地震子波;

(5) 反射系数与子波褶积,得到合成地震记录;

(6) 合成地震记录与井旁地震道对比,根据对比结果调整合成地震记录;

(7) 利用测井层位对地震反射进行标定。

图 6.2.2 显示了合成地震记录制作和标定的基本过程,图中的三条测井曲线由左至右依次为速度曲线、反射系数曲线以及由两者计算得到的波阻抗曲线。波阻抗曲线右面的第一个地震剖面为合成地震记录,第二个地震剖面为井旁地震道,两者具有较好的相似性,说明此时的测井层位与地震层位对比是准确的。

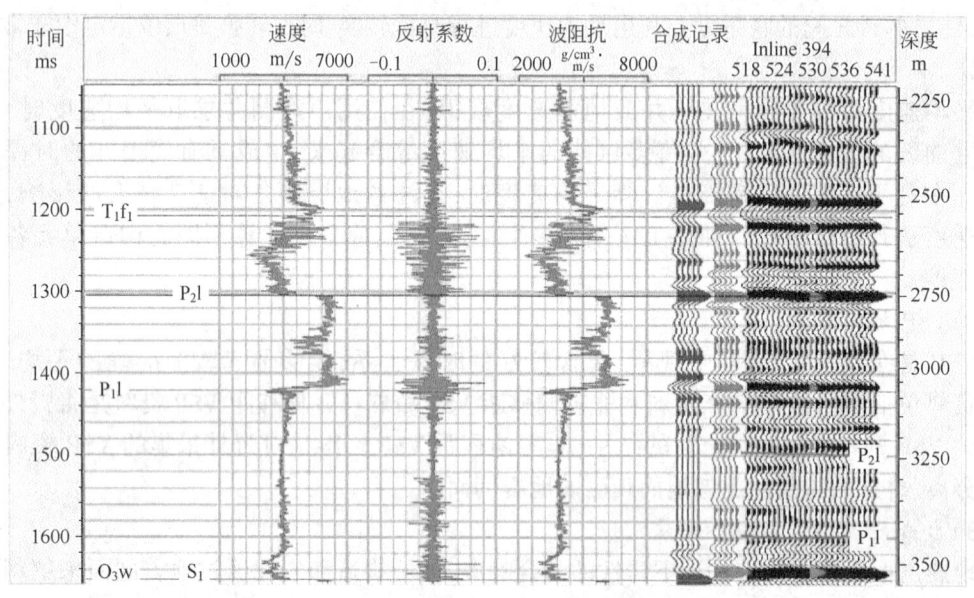

图 6.2.2 合成地震记录和标定

3. 地震波对比与同相轴追踪解释

地震资料解释中最基础的工作就是在地震剖面上辨认和追踪有效波,即波的对比。在地震记录中相同相位(主要指波峰或波谷)的连线称为同相轴,在地震时间剖面或深度剖面上反射层位表现为同向轴的形式,所以在地震剖面上对反射波的追踪实际上就演变为对同向轴的对比。由于产生地震反射的地质因素(埋深、产状、岩性及岩性组合等)在一定的横向范围内变化不大,具有一定的稳定性,因此来自同一界面和同一组界面的反射波在相邻地震道之间具有一定的相似性。

来自同一界面的反射波会直接受该界面埋藏深度、岩性、产状及覆盖层等因素的影响。如果这些因素在一定范围内变化不大,具有相对的稳定性,将使同一界面的反射波在相邻接收点上反映出相似的特点。属于同一界面的反射波其同相轴一般具有三个相似的特点,也称为反射波对比的三个标志:

(1)强振幅。经过反射地震资料采集及处理中一系列提高信噪比的措施后,地震剖面上反射波的振幅一般都大于干扰波的振幅,因此具有较强振幅的同相轴一般是有效反射波同相轴的特征。当然,同相轴能量的强弱与界面的波阻抗差、界面的形状及波的传播路径等因素有关。一般来说,若无大的横向变化,沿测线反射波振幅的衰减或增强是缓慢的。

(2)同相性。由于同一界面的反射波到达相邻检波点的射线路径是相近的,因此其相同相位所记录的时间是十分接近的,同相轴应是一条圆滑的曲(直)线,同一界面的反射波组中不同相位的同相轴应彼此平行。因此,平滑的、足够长的和平行的同相轴通常是同一界面反射波的标志。

(3)波形相似性。同一界面的反射波在相邻道的地震记录上波形一般是相似的。因此,在位置接近的地震道上振动形状的主要特点基本不变应当是属于同一个波的标志。波形的相似性与同相性统称为相干性。

尽管理论上有反射波对比的基本标志,但实际情况往往十分复杂。由于激发和接收条件的变化、干扰波的影响、地震地质条件的变化等,会使有效波发生各种变化。因此,除掌握上述反射波对比的三个标志外,实际对比时还需要了解下述对比的具体方法。

(1)掌握地质资料,统观全局,研究剖面结构。对比工作开始之前,要收集、分析和掌握工区和邻区的地质、测井及其他资料,了解采集和处理的方法及因素。在此基础上再统观工区剖面,了解重要波组的特征及相互关系,掌握剖面结构,研究规律性的地质结构。

(2)从主测线开始对比。一般在工区会有多条地震剖面,应当先从主测线地震剖面开始对比,然后从主测线剖面上的反射层拓展到其他测线上。主测线是指垂直构造走向、横穿主要构造,并且信噪比较高、反射同向轴连续性好的测线。它还应有一定长度,最好能经过井位。

(3)重点对比标准层或强波的长同相轴。某条测线可能有多个反射层,应重点对比标准层。标准层是指具有较强振幅、同相轴连续性好、可在整个工区内追踪的反射层。它往往是主要地层或岩性的分界面。通常重点研究由浅到深、能控制不同年代的各标准层。掌握了它们就能进一步研究剖面的主要构造特点。如果标准层的反射不够好,则应尽量选取能量较强的或能连续追踪的较长同相轴进行对比。

(4)相位对比。在地震剖面上一个反射界面往往包含有强度不等的同相轴,选其中振幅最强、连续性最好的某个同相轴进行追踪,称为强相位对比。另外,多相位对比可以保证在某一个相位由于岩性变化或其他原因使对比中断时,通过其他相位的对比来判明原因或补充连续对比。

(5)波组和波系对比。波组是指由数目不等的同相轴组合在一起形成的或指比较靠近的若干界面所产生的反射波组合。由两个或两个以上波组构成的反射波系列称为波系。利用这些组合关系进行波的对比可以更全面地考虑反射层之间的关系。因为从地质的观点来说,相邻地质界面的厚度间隔、几何形态存在一定联系,反映在时间剖面上的反射波在时间间隔、波形特征等方面也就有一定规律性。有时在剖面的某段长度内,因某种原因有的同相轴质量较差(振幅弱、连续性差),可以根据反射波在剖面上相互之间的大体趋势,例如横向延迟变化、振幅逐渐减小或增大,以及用好的反射波组来控制不好的反射波组,并进行连续追踪。

(6)利用偏移剖面进行对比。当地质构造比较复杂时,在水平叠加时间剖面上同相轴形态比较复杂,这时可利用偏移剖面来进行对比工作,剖面间的闭合不能用二维偏移剖面,因为沿地层倾向的剖面反射波可以归位,而沿地层走向的水平叠加时间剖面倾角为零,偏移后反射波没有变化,这样在测线交点处反射层就不能闭合。只有利用三维地震资料,才能使其闭合。

(7)研究特殊波。在水平叠加时间剖面上常见的特殊波有三种:当地层的岩性发生突变时,会产生绕射波,常在各反射层断裂处或岩层尖灭、界面凸起点处出现;当断层的规模较大时,在断层的断面上会产生断面反射波;当向斜的曲率半径小于界面埋深时,由于水平叠加时间剖面显示的原因,该凹界面会形成回转波。这些波都是利用水平叠加剖面研究断层、尖灭及扰曲等地质现象时十分有用的地震波。

(8)剖面间的对比。在对时间剖面进行初步对比后,可以把沿地层倾向或走向的各剖面按次序排列起来,纵观各反射波的特征及其变化以便了解地质构造、断裂在横向和纵向上的变化,这种工作有利于对剖面进行地质解释和绘制构造地质图。

在地层起伏大、构造复杂、断层较多的地区,通常地震剖面反射波复杂,不便于对比解释,此时可以利用地震模型技术进行解释,具体实现过程有以下两个途径:一是根据水平叠加剖面或偏移剖面提供的初步解释方案,利用工区内的时深转换关系绘制深度剖面,得到相应的地质模型。这一过程称为地震反演模型技术,即根据实际观察资料推断地质模型的过程。二是根据初步的地质模型和相应的地层参数(如速度、密度数值等),按照射线理论或波动理论计算给定模型的地震响应(即合成的水平叠加剖面或偏移剖面),这一过程称为地震正演模型技术。将合成剖面与实际剖面进行比较,反复修改初始地质模型,直到合成剖面与实际剖面相近为止。这也是验证解释成果是否准确的有效方法。

4. t_0 闭合检查

t_0 闭合是检查反射波对比正确与否的有效方法。t_0 闭合是指对同一界面上的反射波,在相交测线的交点上法向反射时间相等(图6.2.3)。当纵、横测线形成矩形状封闭网时,沿任何封闭圈的交点出现时间位移或波形不符的情况,就说明剖面不闭合或层位不闭合,波的对比失误。出现这种情况可能是因为对比中发生窜层或出现断层。这时应该重新检查,修正波的对比,直到闭合点上波形一致、t_0 时间闭合差达到最小为止。事实上,某些其他原因也能引起闭合差。因此,波的对比允许存在一定的误差范围,但通常规定闭合差不得超过半个相位。

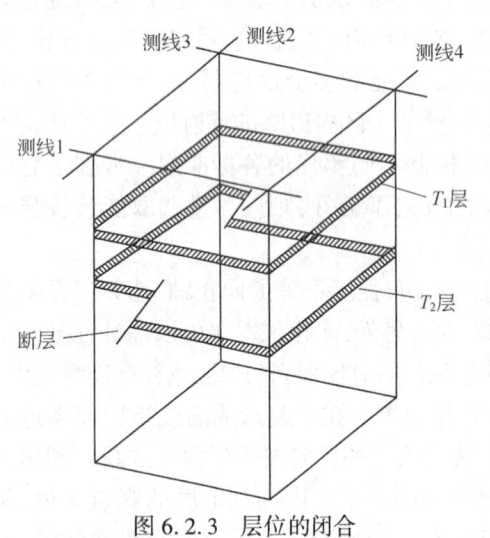

引起闭合差主要有下列原因:

(1)自然误差。当地层倾斜时,由于速度的方向性,波沿地层走向到达测线的时间与波沿地层倾向到达测线的时间是不同的,这是引起闭合差的自然原因之一。海上勘探时,由于潮汐作用,在两条测线方向会造成水面的高低不同,从而在两条测线交点上引起闭合差。

图6.2.3 层位的闭合

(2)测量误差。陆地上的地形测量和海上的测线定位不准,必定引起闭合差。

(3)记录误差。激发条件变化或两条测线使用的仪器参数或仪器型号不同也会引起闭合差。

(4)处理误差。对两条相交测线处理时,采用的叠加速度或滤波参数不同,也必然引起闭合差。

对于上述原因引起的闭合差,所能做的是抬高或降低某条测线的层位,使平均闭合差减到最小。如果发现误差过大,应查明原因,进行系统校正,使两条测线在交点上取得一致。

需要特别指出,在两条偏移剖面交点处,对垂直构造走向的剖面,反射波基本能实现偏移归位;而对那些沿走向的剖面,因为倾角很小,所以偏移后位置没有什么变化。因此,在测线交点处两条偏移剖面上的同层反射波不会闭合(图6.2.4)。

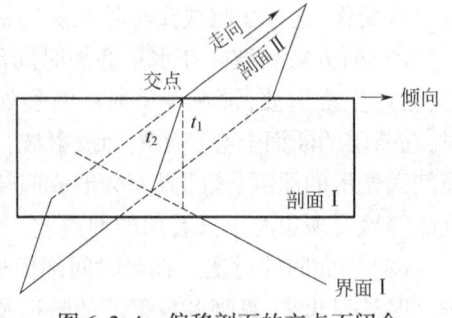

图6.2.4 偏移剖面的交点不闭合

6.3 地震资料的地质解释

在地震资料的解释流程中,当完成对地震资料的层位追踪对比之后,就是对地震剖面进行地质解释。在实现从地震剖面向地质信息转换的过程中,层位标定、时深转换是其中间桥梁。地震资料地质解释的目的是确定地震波反射特征与构造特征、特殊地质现象、沉积相的相应关系,从而对目标勘探区域形成正确、客观的地质认识。

6.3.1 构造特征解释

1. 背斜

背斜是指老地层向上弯曲并被新地层包围的构造现象,它是油气构造圈闭的基本形式,因此它也是油气勘探的主要对象。背斜的种类繁多,如长轴背斜、短轴背斜、穹窿和鼻状构造等。在垂直构造走向的剖面上,背斜表现为凸界面的反射,以隆起的形式出现。

背斜在时间剖面上的几何形态特征如图6.3.1所示。通过分析背斜的理论地震模型,能总结出以下三点:

(1)对于平缓的背斜,它们在水平叠加时间剖面上的形态与实际相近,范围稍宽,背斜顶部位置一致;

(2)对于曲率较大的背斜,形态表现得比实际范围要宽阔得多;

(3)对于形态一致,但埋深不同的背斜,随着深度加大,隆起范围加宽,背斜越平坦。

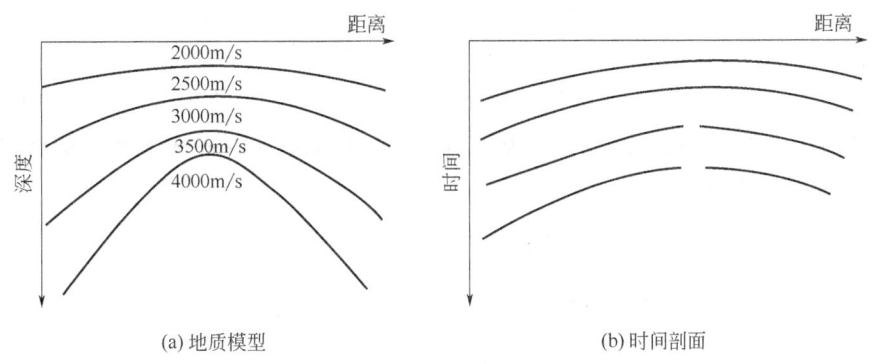

(a) 地质模型　　(b) 时间剖面

图 6.3.1　背斜与地震理论反射模型

由于背斜顶部凸界面的反射存在发散现象,分配到单位面积上的波能量会减弱,而且界面弯曲程度越大,埋藏越深,射线发散越严重,地震波的振幅也越小。因此,背斜在时间剖面上的振幅特征表现为:中间弱两翼强,在背斜顶部甚至会出现空白带、破碎带、地震波散乱的现象。

2. 向斜

向斜是褶皱构造中新地层向下弯曲的部分,其围岩是老地层。背斜和向斜是相间存在的,因此解释好向斜对确定背斜的闭合面积和幅度都有直接关系。

假设向斜中心的埋藏深度为 H,凹界面的曲率半径为 R。向斜在时间剖面上的表现如同凹界面的反射,有以下三种情况:

(1)当 $R>H$ 时,也就是平缓向斜,在时间剖面上它比实际向斜稍窄一些,随着深度的增加变得更窄,但向斜中心保持不变,如图6.3.2中Ⅰ所示。

(2)当 $R=H$ 时,即凹界面曲率中心正好位于地面,自激自收的射线将聚焦成一点,如图6.3.2中Ⅱ所示。

(3)当 $R<H$ 时,即凹界面曲率中心在地表之下(此为常见情形),会产生一个奇异现象:射线将会发生交叉,同相轴出现回转,最凹点处射线旅行的路径比两边1和2处的短,如图6.3.2

中Ⅲ所示。因此在时间剖面上将出现凸起,向斜两翼的反射特征会左右颠倒,形成回转波。随着 R 逐渐小于 H,甚至会出现同相轴的交叉现象。

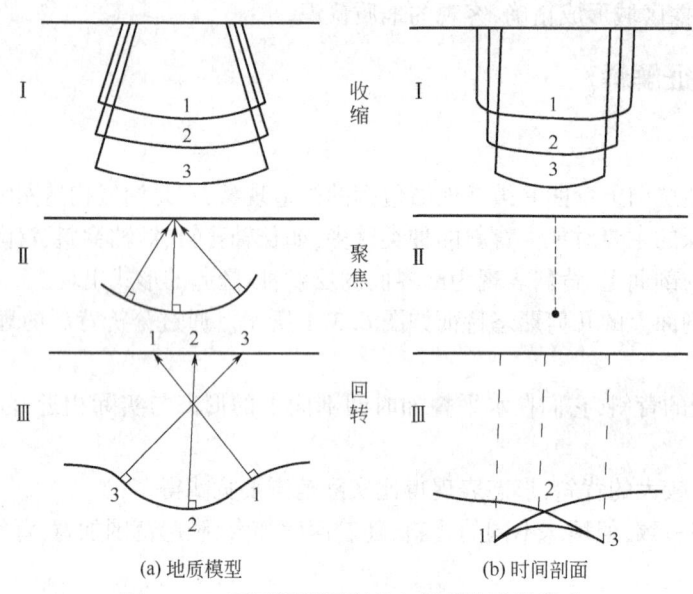

(a) 地质模型　　　　　(b) 时间剖面
图 6.3.2　不同埋藏深度的向斜理论反射模型

综上所述,当 $R<H$ 时,凹界面所产生的反射波称为回转波,它在时间剖面上的表现为弧形同相轴,轴的顶点对应凹界面的最低点;弧形同相轴与相应的倾斜界面有两个切点,切点就是回转波的回转点(图 6.3.3)。

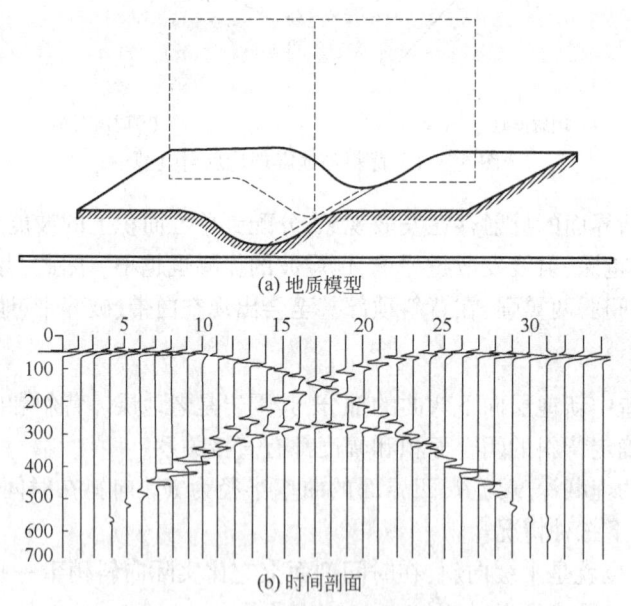

(a) 地质模型

(b) 时间剖面
图 6.3.3　向斜反射界面回转波的形成

由于凹界面对射线的聚焦作用,反射振幅明显增强。由于向斜两边凸界面的发散效应,反射能量下降,深层由回转波形成的假背斜能量则会更加突出。

上面的讨论是假设剖面与构造走向成正交的情况,当剖面平行向斜走向时,时间剖面的特征是什么样呢？如果向斜很狭窄，通过剖面可能有两个以上的射线平面(图6.3.4)，在时间剖面上将出现侧面反射，形成波的重叠和干涉。当剖面处在向斜的宽缓部位时，侧反射会减弱或消失，在对比联络剖面时应注意这一特点。

3. 断层

断层是地壳内部运动所形成的一种常见地质现象。我国目前大多数盆地内的含油气构造都伴随有断层，例如在华北、苏北、江汉、南海北部湾等地区，断层都相当发育。断层对于油气的运移、聚集起着重要的控制作用，与油气藏的形成、分布、富集有十分密切的关系。因此，正确解释断层就成为地震资料解释中一个十分重要的工作。断层解释包括两个方面：一是确定剖面上的断层性质，称为断点解释；二是进行断点的平面组合，又称断层的平面解释。

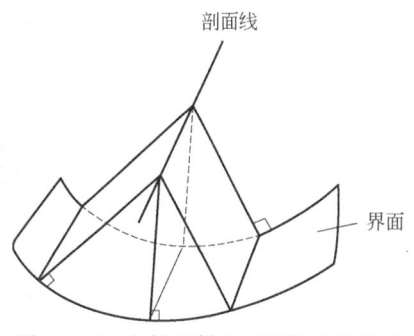

图6.3.4 向斜反射界面回转波的形成

断层是岩层的连续性遭到破坏，并沿断裂面发生明显相对移动的一种断裂构造现象。反映在时间剖面上，具有以下特征：

(1) 反射波同相轴错断，断层两侧波组关系稳定，特征清楚(图6.3.5)。这是断层在时间剖面上的基本表现形式。由于断层规模不同，可以表现为反射标准层的错断或波组、波系的错断。这一般是中、小型断层的反映，其特点是断距不大、延伸较短、破碎带较窄。

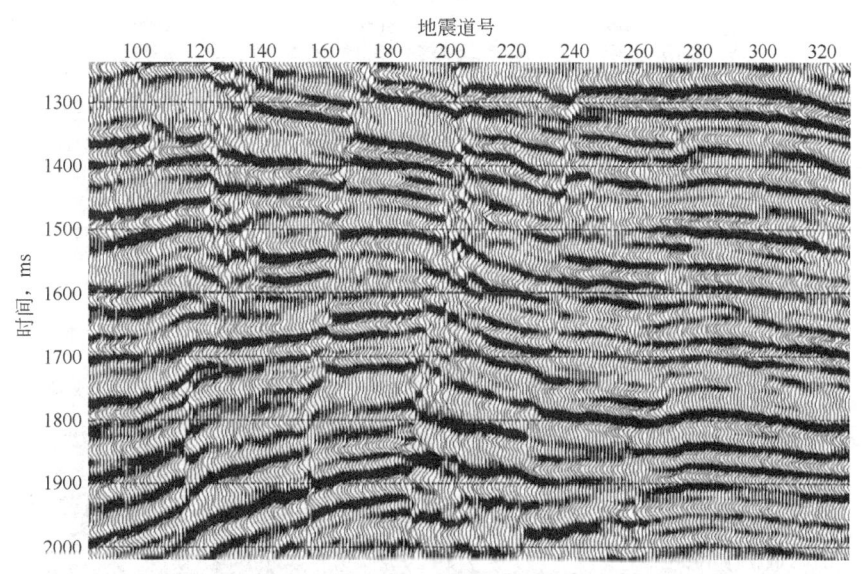

图6.3.5 中小断层在时间剖面上的显示

(2) 反射波同相轴的数目突然增减或消失。这种情况一般是基底大断裂的反映(图6.3.6)。断层的下降盘由于沉积较多，地层变厚，因而在时间剖面上反射波同相轴数目增多，标准层齐全。断层的上升盘因为沉积很少，甚至未接受沉积，造成地层变薄或缺失。在时间剖面上反射波同相轴数目减少，标准层不全甚至缺失。这种断层的特点是形成时期早、发育时间长、断距大、延伸长、破碎带宽。它对地层厚度起着控制作用，是划分区域构造单元的分界线。

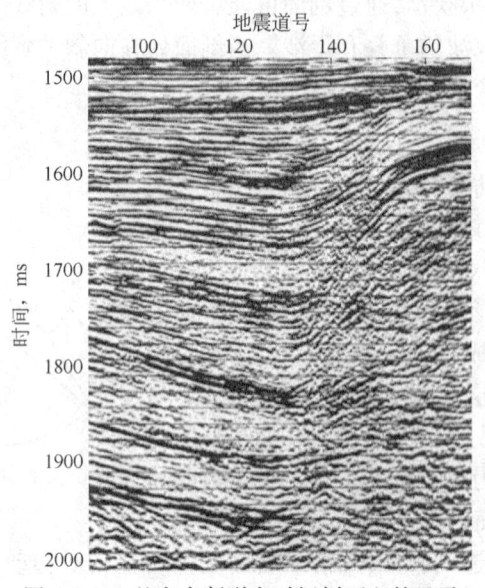

图 6.3.6 基底大断裂在时间剖面上的显示

(3)反射波同相轴形状突变,反射零乱或出现空白带。这是由于断层错动引起的两侧地层产状突变,或是由断层面的屏蔽作用以及射线的畸变造成的(图 6.3.7)。

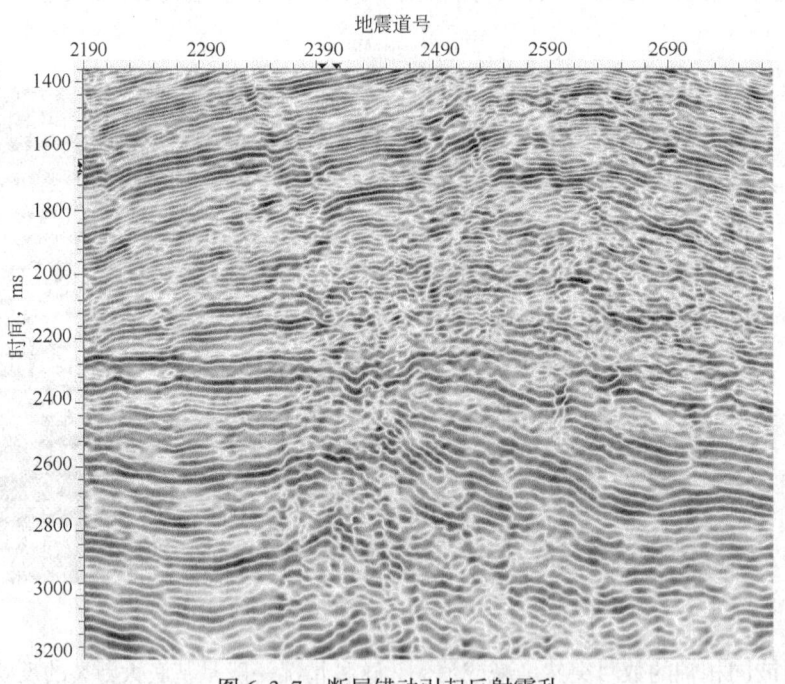

图 6.3.7 断层错动引起反射零乱

(4)反射标准层同相轴发生分叉、合并、扭曲或强相位转换等现象。一般这是小断层的反映。但应注意,这类变化有时可能是由于地表条件变化或地层岩性变化以及波的干涉等引起,为了区别它们,要综合考虑上下波组关系进行分析。对于地表条件引起的同相轴扭曲,通常表现为不同深度的同相轴都受到同样的影响。

（5）断面波和绕射波的出现是识别断层的重要标志。断面波在时间剖面上的表现形式（图 6.3.8、图 6.3.9）为：

① 断面波往往是大倾角反射波，它的倾角比一般反射波大得多，所以它的同相轴常与一般地层反射波交叉、产生干涉。

② 断面波能量强弱变化大，常断续出现。这一方面是由于断层两侧岩性不稳定，造成反射系数不稳定（反射系数值和符号都可能变化），加上断面光滑程度也不同，所以断面波很不稳定。另一方面由于断层落差不同，断面波出现情况也不相同。

③ 断面波可以在相交测线上相互闭合。在断层落差较大、延伸较长、断面波较强的地区，来自同一断层的波可在相交的多条测线上观测到且能互相闭合，由此作出反映断面形态的断面深度图。

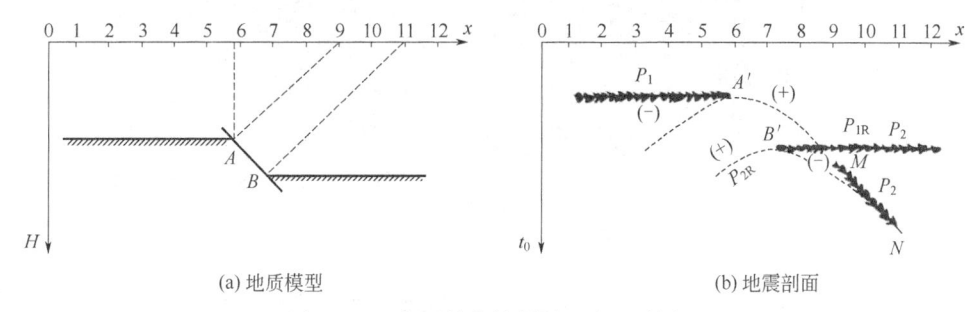

(a) 地质模型　　　　(b) 地震剖面

图 6.3.8　断距较大的断层理论地震剖面

P_1—左侧水平地质界面的地震反射；P_2—右侧水平地质界面的地震反射；MN—倾斜地质界面 AB 的地震反射；
(+)—在剖面中可以看到的正向绕射分支；(-)—负向绕射分支通常由于干涉作用能量相对较弱

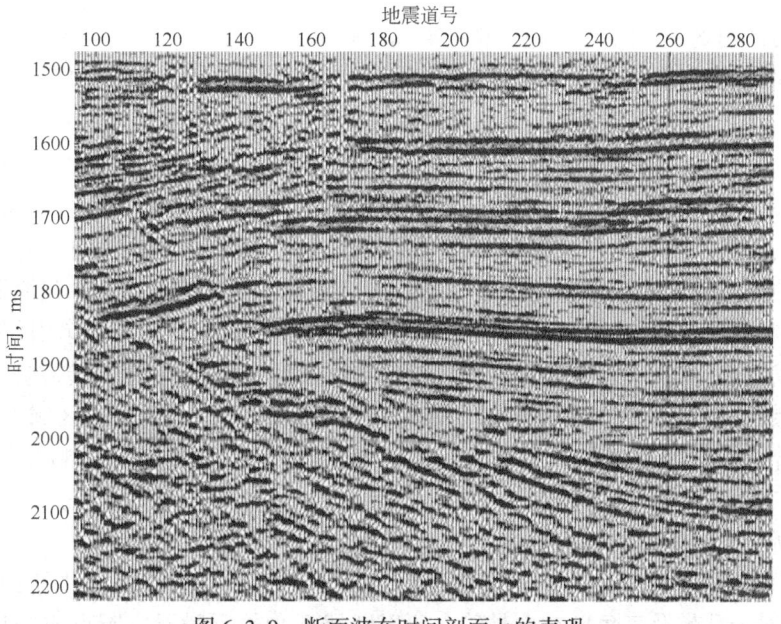

图 6.3.9　断面波在时间剖面上的表现

实际中观测到断面反射波的都是一些大断层（落差数百米甚至上千米），而且接收到清晰、较长断面波的地段通常是基岩与沉积岩的分界面，或大套泥岩与砂岩、石灰岩的接触地段。

· 175 ·

绕射波在时间剖面上的表现形式(图6.3.10)为:(1)弧形同相轴;(2)绕射波极小点对应于岩性突变点;(3)与相应的一次反射波有一个切点。

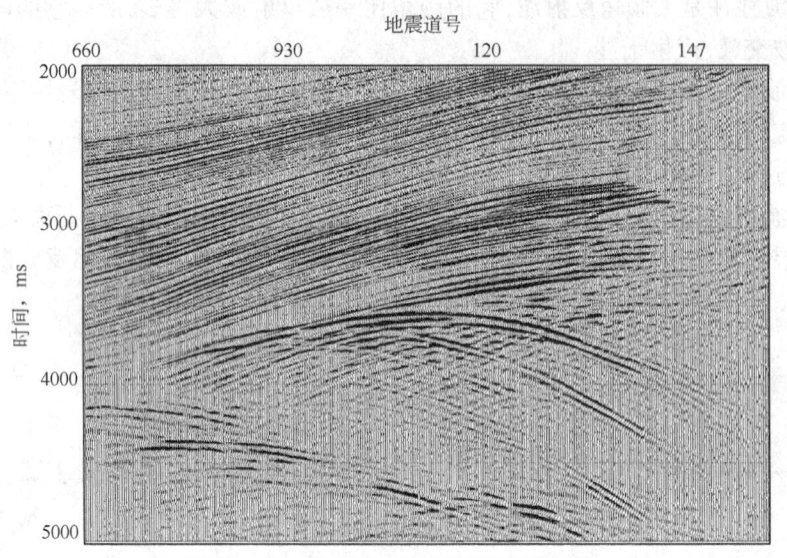

图6.3.10 绕射波在时间剖面上的表现

由于绕射波客观地反映了地下的绕射点,因而利用绕射波极小点的特点可以准确地确定地下断点、尖灭点或不整合面突变点的真实位置。

断层的解释实际上就是断层性质的确定,包括断层位置、错开层位、断面产状(倾向、倾角)、升降盘、落差等的确定。这主要依靠对地下地质情况的分析并结合剖面上断层面的情况来进行。

1) 断层面的确定

在二维剖面上,断面表现为断棱点的连线,可用下面一些方法确定断层面:(1)将对比解释中确定的浅、中、深层断点连起来就是断层面的位置。同时,不仅要注意标准层的断点,也要注意辅助层位的断点。断层面应由浅、中、深层的断点严格控制。这种方法只是理想情况下的确定方法。(2)利用与断层有关的特殊波确定断层面。断点绕射波的极小点是较可靠的断点。当浅、中、深各层均有绕射波出现时,各层绕射波极小点的连线是可靠的断层面。此外,有断面波出现的地方也是断层存在的可靠标志。但应注意断面波的位置往往沿断面下倾方向偏移,需经过必要的校正后,才能正确地反映出断层面的位置。由于断层的牵引作用,断层附近的地层会形成局部弯曲,常会在下降盘凹陷处出现回转波。因此,利用回转波进行解释也可以帮助确定断层的位置。另外,在反射波缺失或资料质量很差的地区,根据区域地质规律,结合地球物理综合剖面特征及钻井资料也可以确定断层,当然这需要钻井资料或其他资料十分可靠。

在确定断层面时要注意以下几点:

(1)断层面不可穿过可靠的正常反射段。由于断层面的屏蔽作用,在断层下盘往往出现产状畸变、反射杂乱带及三角形空白带等。所以断层下盘的反射层中断点或产状突变点位置不能准确地反映断层面位置。为此断层面的位置主要依据上盘反射标准层的中断点或产状突变点来确定。一般来说空白三角形的斜边就是断层面的位置。

(2)要借助于偏移剖面,区分断层造成的牵引现象、绕射"尾巴"和无断层的地层挠曲。

(3)利用不同方向的剖面作比较来确定断层面。在相邻的平行剖面上,同一断层的形态、倾角及断开层位基本一致。在不同方向的测线上,同一断层的倾角不同,在垂直断层走向的剖面上,断面倾角最大。

2)断盘和时间落差的确定

当断层面确定之后,断层的上、下盘也就确定了。由断层面两边对应反射层位在断点上的时间大小判断升、降盘。一般来说反射段处于较深的一侧称为下降盘。如果反射段由于断层的牵引作用在断层面附近出现局部的弯曲,局部凹界面的一侧为下降盘,出现局部凸界面的一侧为上升盘。上下盘的垂直相对时差就是断层的 t_0 时间落差。

如果断层下盘由于屏蔽作用而引起反射段的畸变,那么不能利用畸变处的产状计算时间落差。断层的走向、延伸长度等要在断点进行平面组合后才能确定。断面倾角、断距等要由垂直断层走向的深度剖面来确定。

3)断层的组合及断裂系统的平面绘制

在时间剖面上解释断层之后,需要把各剖面上属于同一断层的断点在平面上组合起来,并绘制出断裂系统。因此,断点的平面组合是制作构造图的关键,它直接关系到构造图的精度和解释成果的正确性。同一张构造图采用不同的断点组合方案,其断裂系统可能截然不同。

如图 6.3.11 所示,在四条剖面上确定了五个特点相似的、没有特殊标志将其区分的断点。此时可能存在多种断层组合方案,图中仅显示其中三种组合方案。实际上,随着勘探程度的深入,人们对断裂系统的认识也是不断加深的,特别是对分支和小断层的识别,勘探后期的断裂系统解释和组合与早期勘探有很大的差异。

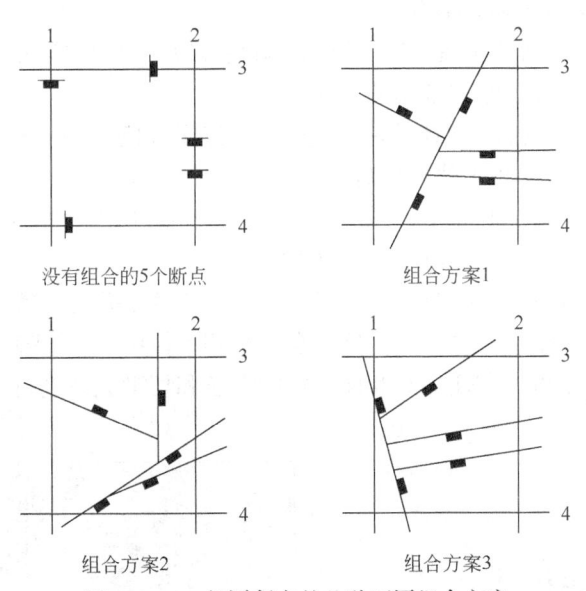

图 6.3.11 相同断点的几种不同组合方案

由此可见,断点的组合应符合地质规律。一般来说,在区域拉张应力条件下不可能出现逆断层;在挤压应力条件下,以逆冲或逆断层为主,但也发育有正断层;在剪切应力作用下,既可能出现逆断层,又可能出现正断层和平移断层。断层的这些规律性需要参考构造地质学等有关文献。下面阐述断层组合中要注意的一些问题:

(1)先主后次。断点组合应先组合断裂特征明显、断层规模较大的区域控盆和控制次级构造单元的大断层。区域大断层一般平行区域构造走向,断层两侧波组有明显差异,对盆地和凹陷具有明显的控制作用。

(2)先简单后复杂。断点组合应从上而下进行,因为上部地震剖面特征明显,断点清晰,受构造运动影响较小,关系简单,便于组合。

(3)同一断层在平行的时间剖面上性质相同,断层面、断盘产状相似,断开的地层层位一致或有规律地变化。

(4)同一断块内,地层产状的变化应有规律。

(5)断层两侧波组特征明显,且在平行测线方向数十千米范围内特点相似。

(6)断点组合要遵循断裂力学机制的规律,对岩石的力学性质、岩石的受力方式所产生的断裂系统要充分理解。例如在水平挤压应力条件下的纵弯褶皱可能在背斜顶部出现平行构造轴向的纵张断裂和次一级的横张断裂,翼部则可能出现与地层产状斜交的张性断层和次级平移性质的调节断层。

(7)要尽可能弄清控制断层的构造性质和成因机制。不同成因类型的构造,其产生的断裂系统变化很大,断开构造一般以短的张性断层为主,挤压褶皱一般以延伸较长的平行断裂为主,剪性构造或扭性构造一般具雁行排列的断裂系统,底辟构造上则多发育呈放射状断裂等。认识这些构造规律在断裂系统组合过程中是十分重要的。

(8)断点的组合有一个从认识到修改再到认识的过程。断层的形成是一个复杂的过程,是多种因素综合作用的产物,人们不可能在勘探初期把这样复杂的问题一次弄清楚。随着勘探深度的深入和资料的积累,以往所建立的断裂系统要不断修改,逐步完善。

4)利用相干数据体进行断层解释

1995年Bahorich等提出利用地震相干数据体进行断层解释的方法,使断层系统的识别和解释更加直观和方便,提高了断层解释的可靠性。

相干性是相邻地震道之间相似性的一种量度,描述了地震反射在横向上的连续程度。计算地震数据每个网格点上的相干值,可以得到三维空间的相干数据体。在断层附近,地震反射被断层切割或破坏,地震道之间相干性减弱,不连续性增强,相干数据体通过弱化横向连续的地震反射,求异去同,突出了断层和地层边界的不连续性。

如图6.3.12所示,在相干体切片上,断层表现为连续性较差的异常特征,与周围样点存在明显差异,断层分布及其组合关系一目了然。在三维相干体中,断层表现为低相关值的空间曲面,通过三维可视化技术可以方便地对断面的空间形态和切割关系进行观察和分析。

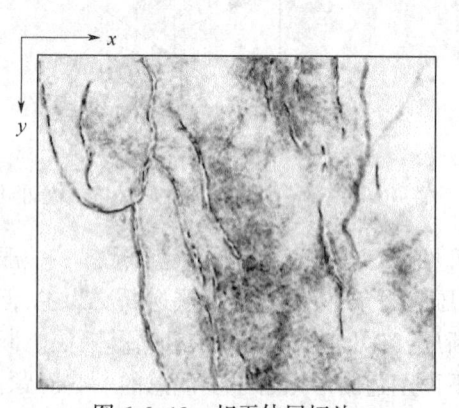

彩图6.3.12

图6.3.12 相干体层切片

可以看出，相干数据体技术极大地方便了断裂系统的解释工作，提高了断层系统的解释精度和可靠性。与基于地震剖面的断层解释技术相比，相干数据体技术具有鲜明的特色和突出的优点，主要表现在以下三个方面：

(1)相干体断层解释技术使得断层解释工作更加快捷和方便，在常规断层解释中，尤其是对新区的地震资料解释中，在无前期地震成果的情况下，很难掌握断层的发育特点，只能在摸索中进行解释。但是在相干处理后通过对不同时间相干体切片的连续播放，在地震解释之前首先了解断层的区域展布规律和空间变化特征。这样可以指导解释人员进行地震解释，使断层解释工作更直接、更快捷。

(2)相干体断层解释技术使得断层解释工作更加精细，提高了小断层识别的可靠性。在三维地震数据体中，同相轴变化所反映的地质信息较多，也比较复杂，不同的地质现象可能具有相同的地震反射特征。例如地震剖面上同相轴没有明显断开，只发生扭曲，就很难判断是小断层还是岩性变化。在常规构造解释中可能会忽略这些小断层，但这些小断层对油田开发方案的选择具有十分重要的作用，利用相干体技术，可以相对准确区分和识别这些小断层。

(3)相干体断层解释技术使得断裂系统组合更加准确可靠。在断层发育地区，尤其是小断层较多、断层走向较复杂、规律性较差的地区，如何进行断层组合是地震解释中的重点和难点。相干体技术可以很容易识别出断裂组合特征，提高断裂系统组合的可靠性。

6.3.2 特殊地质现象解释

由于构造运动的影响，在地质发展过程中会形成一些特殊的地质现象，例如不整合、超覆、退覆、尖灭、挠曲、古潜山、底辟构造等。了解它们在地震剖面上的特点对构造解释非常重要，在地震剖面上正确识别各种地质体是地震资料解释的重要内容。

1. 不整合

不整合是地壳升降运动引起的沉积间断。它与油气聚集有密切关系，例如不整合遮挡圈闭就是一种地层圈闭油气藏。此外，查明不整合现象对研究沉积历史有重要意义。不整合分为平行不整合与角度不整合两种。

(1)平行不整合(假整合)。其特点是上、下两套地层的产状基本保持一致，但中间存在侵蚀面相隔。虽然在沉积间断的过程中，可能缺失一部分或一大套地层，但由于上、下地层反射波同相轴彼此平行，这种不整合在时间剖面上一般不易识别。但是，另一方面由于在沉积间断过程中，长期受风化剥蚀，使不整合面成为一个不光滑的、波阻抗不稳定的界面，所以该界面的反射波常表现为强度和波形变化较大；在波阻抗突变点处，经常有绕射波出现；甚至在突变点较密集处会形成绕射波沿侵蚀面平行排列，使侵蚀面反射层成波状。

(2)角度不整合。角度不整合的最大特点是上下两套地层呈一定的角度接触关系。在时间剖面上的特点是：不整合面下面的反射波相位依次被不整合面上面的反射波相位所置换，以致形成不整合面上的地层尖灭，在尖灭处也常出现绕射波。不整合面反射波的波形、振幅是不稳定的。

2. 超覆、退覆和尖灭

超覆和退覆发育于盆地边缘或斜坡带。超覆是水侵发生时新地层依次超越下面老地层、沉积范围扩大而形成的；退覆则是水退时新地层的沉积范围依次缩小而形成的。在地震剖面上,它们都是同时存在几组互相不平行而逐渐靠拢合并和相互干涉的反射波同相轴。所不同的是超覆时不整合面之上的地层反射波相位依次被不整合面的反射波相位代替;退覆则是不整合面以上的上覆地层内部,较新地层的反射波相位依次被下伏的较老地层反射波相位代替(图6.3.13)。时间剖面上超覆点和退覆点附近常有同相轴分叉、合并现象。

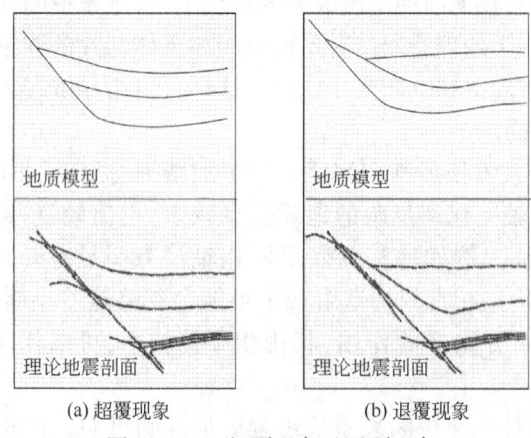

图 6.3.13　超覆现象及退覆现象

尖灭就是岩层的沉积厚度逐渐变薄以至消失。一般可分为岩性尖灭、超覆尖灭、退覆尖灭、地层尖灭等。在地震剖面上总的表现为同相轴的合并靠拢、相位减少。超覆、退覆和尖灭现象在地震剖面上的特征如图6.3.14所示。

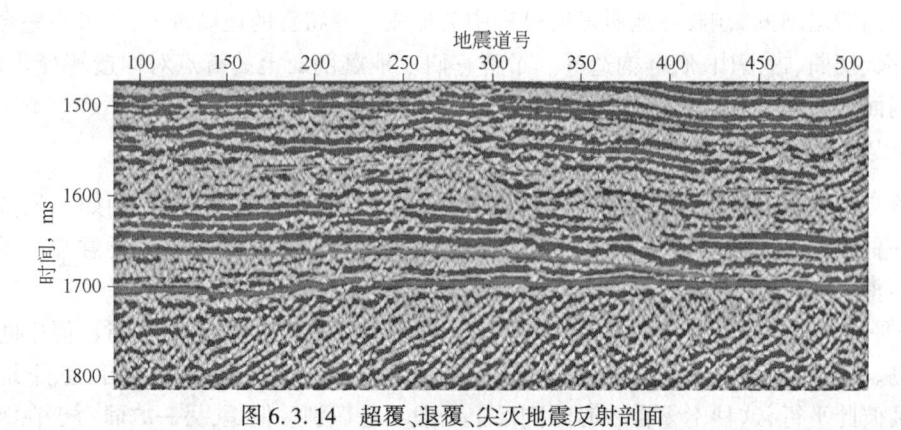

图 6.3.14　超覆、退覆、尖灭地震反射剖面

3. 挠曲

地震勘探中,常见的挠曲现象一般出现在正断层附近,这种挠曲又称断层挠曲或断层牵引。断层牵引分为正牵引和逆牵引两种:正牵引是正断层的上升盘(或下盘)受断层面的牵引力作用而产生的一种褶皱现象;逆牵引是正断层的下降盘形成的与正牵引褶皱方向相反的褶皱现象。正牵引常在正断层的上升盘形成牵引背斜,逆牵引则在下降盘产生凸界面反射波,并和下降盘断棱绕射波相切而联结。

图6.3.15是一个逆牵引背斜的实际例子。由图可知,断层两盘的产状不协调,深浅层隆起高点有偏移,而且高点的连线与主断层线平行,隆起幅度中层大、深层小,幅度大小与断层落差成正比。

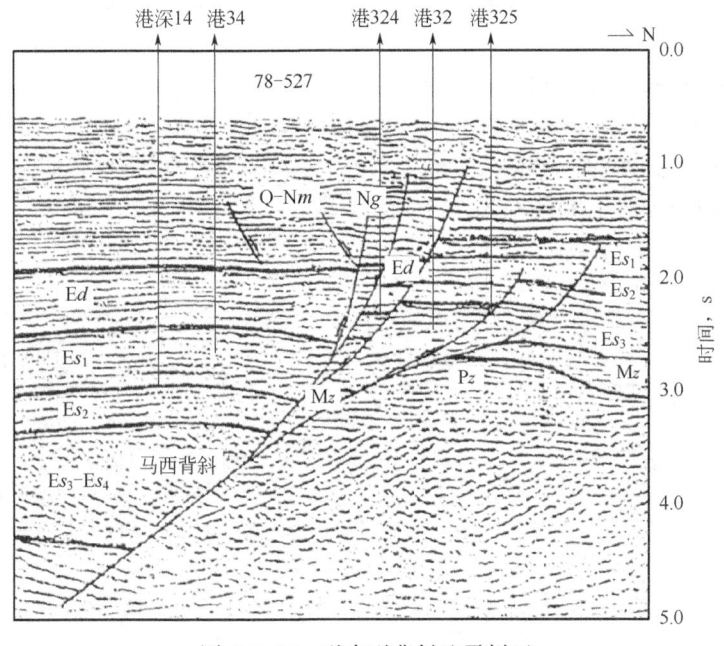

图 6.3.15　逆牵引背斜地震剖面

4. 古潜山

古潜山是在地质历史时期由于地壳运动造成不整合面,下伏地层上升并遭受强烈风化形成的。古潜山与潜伏背斜有所不同,前者表现为不整合面,其上的地层有超覆现象,而后者上下地层基本是平行的。由于古地形长期经受风化、剥蚀和地下水的溶滤作用,使下伏的岩层(特别是碳酸盐岩层)的孔隙度和渗透率大大增加,甚至形成大的裂缝和溶洞,成为油气聚集的有利地带。潜山表面的不整合面是油气运移的通道,其上的泥岩可成为良好盖层,形成各种构造圈闭和地层圈闭油气藏。

古潜山的识别特征有以下几个方面:

(1) 古潜山顶面反射能量强,因与上覆新地层之间波阻抗相差甚大,一般都能形成强反射,可以在大面积范围内连续追踪。

(2) 古潜山附近特殊波发育。由于潜山面起伏大、断层多,因而经常出现凸界面反射波和凹界面回转波以及与断层、岩性突变点有关的绕射波、断面波等特殊波,这些波相互干涉,使水平叠加剖面变得复杂。但是潜山面反射波特征明显,且反射波、绕射波、断面波、回转波之间都具有一定的规律性,只要逐个追踪、反复对比就可以区分它们,再加上合适的偏移归位,在偏移剖面上古潜山的形态是清晰的。

(3) 潜山顶面反射波视频率较低,且波形不稳定。这是由于潜山面附近存在上超下剥现象,使不同地层的反射波经常干涉合并而造成的。

(4) 如果古潜山内部地层稳定、分布面积广,其反射波特征也较明显,则会有标准层出现。但大部分地区古潜山内部难以得到较好反射同相轴。

5. 底辟构造

地下可塑性物质在外力作用下上拱,可使上覆地层出现褶皱、断裂,甚至穿刺进入上覆地层中,所形成的地质现象称之为底辟构造。可塑性物质有盐膏类、泥岩等,相应地形成盐丘和泥丘。底辟构造与油气聚集有密切关系，它可使上覆地层出现隆起，也可以和围岩之间形成地层圈闭油气藏。

底辟构造的地震特征和识别标志如下：

(1)泥岩底辟体内几乎没有物性差异，不能形成波阻抗差，不能产生地震反射。对于盐丘，在盐层内可能会有一些其他岩层，如硬石膏、白云岩和黑色页岩等，它们与盐岩的接触面会产生反射，但表现比较杂乱，如图6.3.16所示。

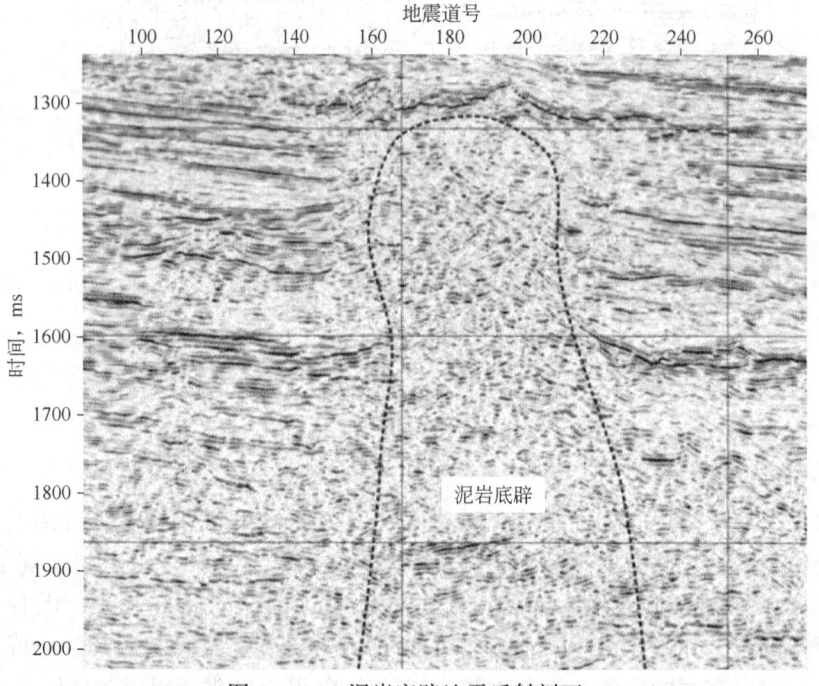

图6.3.16 泥岩底辟地震反射剖面

(2)地震波进入底辟体内，波速会出现明显的异常。泥丘的波速一般低于围岩；而盐丘的波速比围岩要高得多。这样会使底辟构造之下的反射波旅行时间发生畸变。

(3)底辟构造使上覆地层拱起而成为背斜或穿窿。底辟体与上覆地层之间的反射反映了底辟体上表面的形态。但底辟体顶部因受风化或溶蚀作用，会使反射波不连续或很杂乱。

(4)底辟体的侧翼往往很陡，围岩受牵引作用会形成挠曲，产生聚集型和回转型反射。

6. 火成岩体

岩浆活动是盆地形成和演化过程中常见的地质现象。在我国大庆、辽河、大港等油田都发现了与火成岩有关的油气圈闭。火成岩体在地质成因和地震剖面上有如下特征：

(1)火山喷发构成火山锥和岩流，中心式喷发形成锥体大、坡度陡的碎屑锥；溢流式喷发时，熔岩发育形成熔岩锥，锥体较小且坡度较缓；侵入方式出现的火山岩往往形成岩墙、岩床、岩盖等，火山岩分布往往与断裂分布及其活动性有关。

(2)火山岩相按照火山喷发过程分为：火山通道相、爆发相、溢流相、火山沉积岩相。火山通道相位于火山机构中部，是火山岩浆运移到地表的通道，顶部出口的地方称火山口；爆发相由火山强烈爆发形成的火山碎屑在地表堆积而成，在火山机构中靠近火山口分布；溢流相由熔浆沿着地表流动逐渐冷凝、固结形成,常靠近火山岩口分布;火山沉积岩相是火山作用和正常沉积作用掺和的产物,分布范围远大于其他火山岩相,往往远离火山口分布。

(3)在地震剖面上火成岩反射的外形不规则,呈筒状、丘状、蘑菇状、线状等形态;火成岩顶部为强反射,但连续性一般较差;火成岩体内部反射杂乱,呈断续的、强振幅的短反射段;火山口在地震切片上呈强振幅环形特征;侵入型火成岩除了反射强度较大外,与沉积围岩的反射特征没有明显差异,如图 6.3.17 所示。

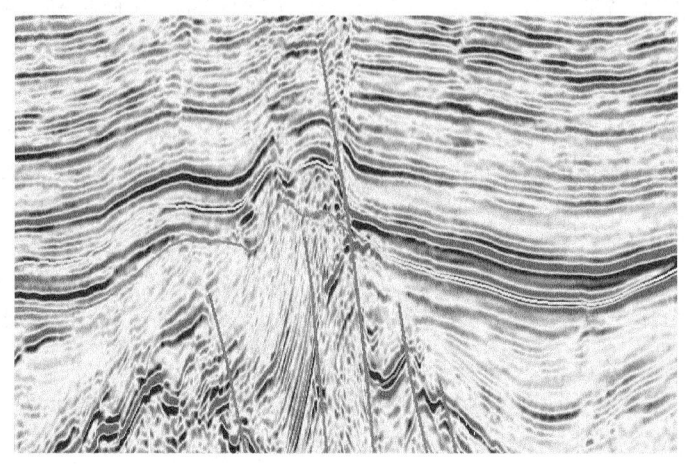

图 6.3.17 火成岩体地震反射剖面

7. 生物礁体

生物礁是碳酸盐岩沉积中的一种特殊沉积体,它是在特殊环境(浅水、温暖、透光及清水环境)下以特定的生物组分(能分泌碳酸钙物质的造礁生物)为主体的生物沉积体。生物礁也是一种特殊的油气储集体,生物礁有如下地震反射特征(图 6.3.18):

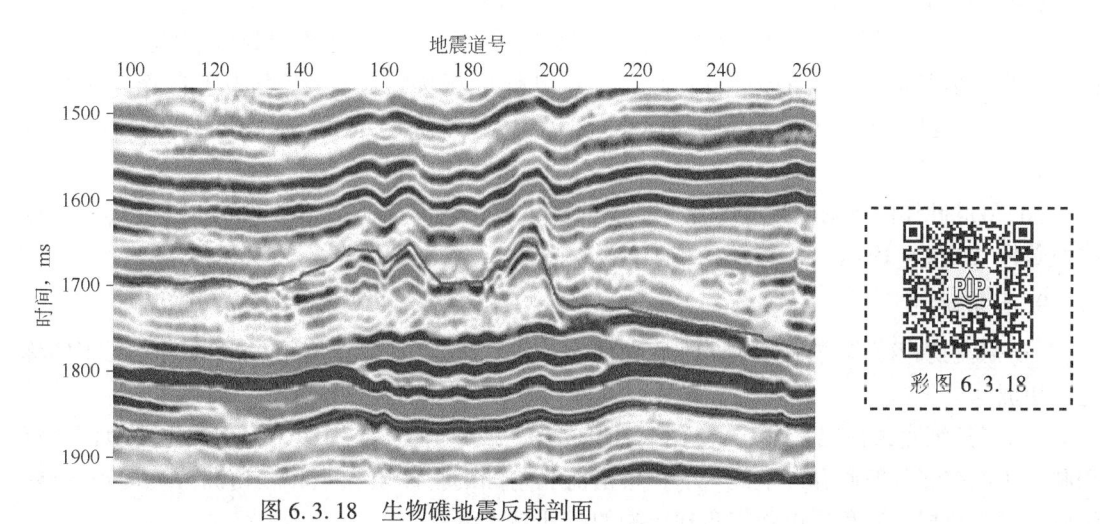

图 6.3.18 生物礁地震反射剖面

彩图 6.3.18

(1)顶、底反射界面。礁体顶面直接被泥岩覆盖,波阻抗差异较大,产生连续强振幅反射;礁体的底部多与砂岩接触,波阻抗差异较小,底部反射明显弱于顶部反射,连续性变差。

(2)外形。由于造礁生物生长速率快,生物礁厚度比同期四周沉积物明显增厚,因此在有生物礁分布的层位上沿相邻两同相轴追踪时,厚度明显增大处则可能是礁块分布的位置。生物礁在地震剖面上的形态呈丘状或透镜状凸起,规模不等,形态各异。

(3)礁体内部反射特征。生物礁是由丰富的造礁生物及附礁生物形成的块状、格架地质体,沉积层理不明显,但可以看到生物层理(如结壳状构造、缠绕状构造等),故礁体内部呈杂乱反射。但当生物礁在其生长发育过程中,伴随海水的进退而出现礁、滩互层,礁滩沉积显现出旋回性时,也可显现出层状反射结构。

(4)礁体周缘反射特征。由于礁的生长速率远比同期周缘沉积物高,两者沉积厚度相差悬殊,因而出现礁翼沉积物向礁体周缘上超的现象,在地震剖面上根据上超点的位置即可判定礁体的边缘轮廓位置。

(5)礁体上覆地层的披覆构造。由于生物礁的厚度较大,礁体与围岩存在明显速度差异时,在礁体底部就会出现上凸或下凹现象。礁体速度大于围岩时底部呈上凸状,反之则呈下凹状,上凸或下凹的程度与礁体厚度及二者波阻抗差的大小成正比。

8. 河道砂体

(1)河流将大陆隆起区的剥蚀物运送到湖(海)等沉积场所,同时它本身也是大量沉积物淤积的场所。河流沉积体系是陆相最常见的沉积体系之一。

(2)最常见、最主要的河流包括辫状河和曲流河。通常河流沉积可分为河道沉积(包括河床充填、点沙坝、边滩和心滩)、河岸沉积(包括天然堤和决口扇沉积)、泛滥平原沉积(包括漫滩和沼泽沉积)三种。

(3)地震剖面主要是根据河道充填反射来判断古河道沉积的存在。这主要是因为较大型的河道在地震资料上容易发现以及河道砂体可以作为储层这两个主要原因。

(4)规模较大的河道砂常在地震剖面上形成不同于相邻反射的充填型地震相,顶平底凹或顶凸底凹的透镜状,内部杂乱或无反射,或为上超式充填反射,边界清晰,有时见下伏层"上拉"现象(但陆相少见)。

(5)规模较小的河道砂体,由于低于地震分辨率,再加上岩性相对较纯,往往在地震剖面上表现为弱振幅背景上的强振幅异常,河道砂体的振幅强弱程度,取决于自身砂体物性以及与上下覆围岩的波阻抗差异大小。若采用高分辨率剖面,则振幅异常特征较为明显。

(6)河道砂体能否清晰地在地震剖面上显示出来主要取决于河道的规模、砂体厚度、砂体物性条件(图6.3.19)。

9. 三角洲

(1)河流携带碎屑物进入湖(海)后在河水或湖(海)水共同作用下形成的综合沉积体称为三角洲。

(2)三角洲由顶积层、前积层和底积层组成,称三角洲的三层构造。顶积层主要由沼泽沉积和三角洲前缘的粉砂和砂组成。前积层由前三角洲的粉砂质黏土和三角洲分流河道的砂、粉砂及黏土组成。底积层由受三角洲影响的滨外黏土组成。

(3)三角洲在倾向剖面上一般表现为斜交、S形、S-斜交复合前积结构。一般的特殊结构大多见于倾向剖面,走向剖面表现为丘形,内部见双向下超。

(4)顶积层一般为弱振幅、低连续性、平行—亚平行反射,岩性为粉砂、泥岩和煤层互层,代表三角洲平原相。前积层呈斜交前积状向盆地中心倾斜,具有中强振幅,连续性较好,下超

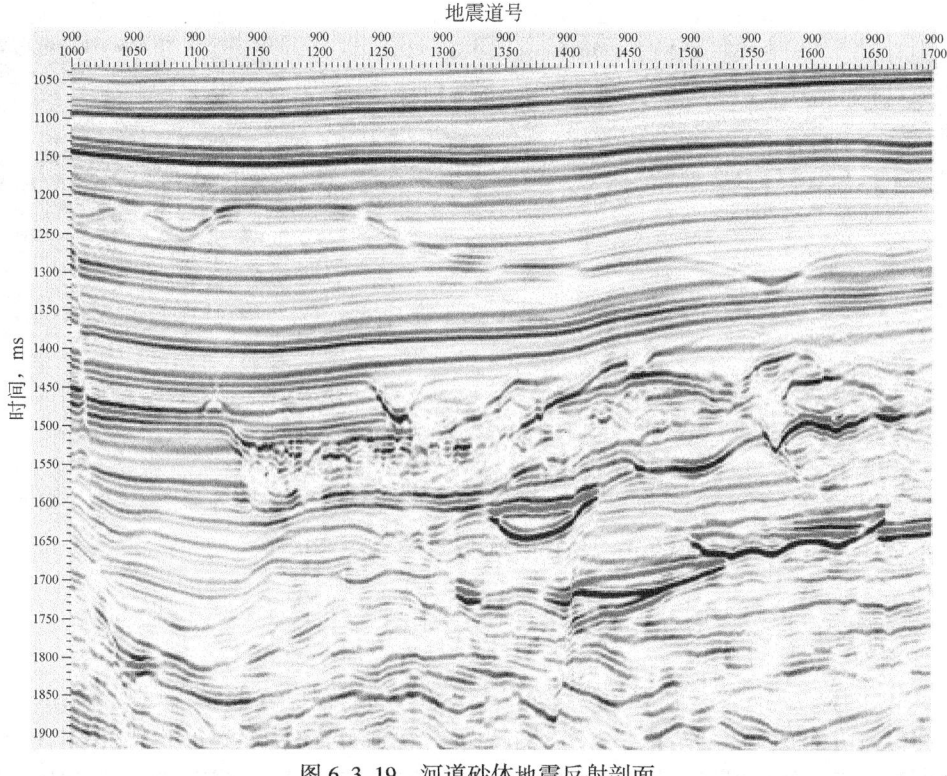

图 6.3.19 河道砂体地震反射剖面

于湖(海)底面之上,砂泥岩互层组合,代表三角洲前缘相。底积层为弱振幅、低—中连续性,主要由分选均匀的泥岩组成,代表前三角洲相。

10. 碳酸盐岩缝洞体

(1)碳酸盐岩受到岩溶作用及断裂作用影响,早期形成的孔洞型储层在后期多期次暴露溶蚀作用下,大气淡水沿孔洞型储层表层或大型裂缝对其溶蚀,形成了洞穴、孔洞、裂缝发育且相互组合的缝洞型储层。

(2)碳酸盐岩岩石致密,由于缝洞型储层本身与围岩之间的阻抗差异较大,当其规模达到地震可识别的范围时,在地震叠后数据体上常表现为以波谷—波峰或波谷—波峰—波谷组成的低频率、较强振幅反射,即所谓的"串珠"状反射,在波阻抗体上则表现为低阻抗特征,在叠加地震剖面上,缝洞型储层顶面可见明显的绕射现象。

(3)大型缝洞集合体定义为具有地质成因联系,地震反射特征表现为串珠群、串珠相+杂乱相、串珠相+片状相等地震相组成的空间集合体,地质解释为由多个空间位置相近并由裂缝或较大尺度溶蚀通道所沟通的、不同规模储集体的集合。

(4)当碳酸盐岩储集体规模较大且平面分布范围远大于纵向厚度时,在叠后偏移地震剖面上常表现为低频率、强波谷/峰反射大范围分布,即所谓的片状强反射。

(5)当数个不连续发育且规模较小的缝洞型储集体形成杂乱反射,这种杂乱反射以孔洞型和裂缝孔洞型储层为主,储层相对较差,在叠后偏移地震剖面上表现为局部地区同相轴突变、弱振幅、较为杂乱且不连续(图 6.3.20)。

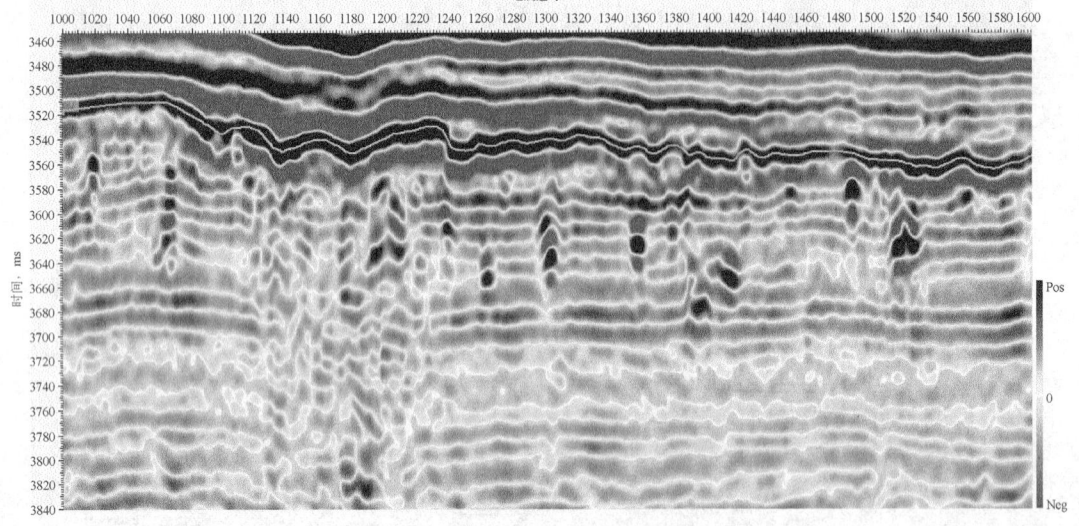

图 6.3.20　碳酸盐岩缝洞体地震反射剖面

6.3.3　沉积相解释

传统上,沉积环境是通过研究岩心或露头确定的,然而在广大的无岩心或无露头的地区,主要是利用地震剖面上的反射特征来对沉积相进行识别及预测。在 20 世纪 30 年代,地质学家利用地震剖面中的反射界面信息,了解地下地层的产状和地层的深度、断裂的位置、褶曲的形态,为石油勘探提供直接的证据。到了 60 年代后期,由于地震采集和处理技术的发展,地震剖面能够为地质学家提供更多的地质和地层信息,加之现代沉积学理论的出现,使得地质学家能够将地震信息和沉积地质结合起来,解决油气勘探中的地层和地质沉积问题,地震地层学应运而生。1977 年第 26 届美国石油地质学家协会(AAPG)召开地震地层学研讨会,确定了地震地层学的定义。地震地层学是以反射地震资料为基础,进行地层划分对比、判断沉积环境、预测岩相的地层学科分支。它是现代地震勘探技术和成因地层学理论相结合的产物,是利用反射地震资料对地下地层和沉积现象进行解释的科学。

1. 地震层序分析

地震层序分析是地震地层学的重要内容。地震层序分析是根据地震反射界面划分出地震地层学所研究的时代地层单位——地震层序。地震层序是沉积层序在地震剖面上的反映,由一套互相整合的、成因上有关联的地层所组成。

地震地层学应用反射波的终止(消失)现象划分层序。根据地质事件在地震上的响应划分为整合关系和不整合关系两种类型。整合关系相当于地质上的整合接触类型,不整合关系相当于地质上的不整合接触类型。不整合关系又根据反射终止的方式划分为削蚀、顶超、上超和下超四种类型(图 6.3.21),以下分别阐述上述四种类型的地震反射特征及其地质意义。

(1)削蚀层序的顶部反射终止,既可以是下伏倾斜地层的顶部与上覆水平地层间的反射终止,也可以是水平地层的顶部与上覆地层沉积初期侵蚀河床底面间的终止。它代表一种侵蚀作用,说明在下伏地层沉积之后,经过强烈的构造运动或者强烈的切割侵蚀。

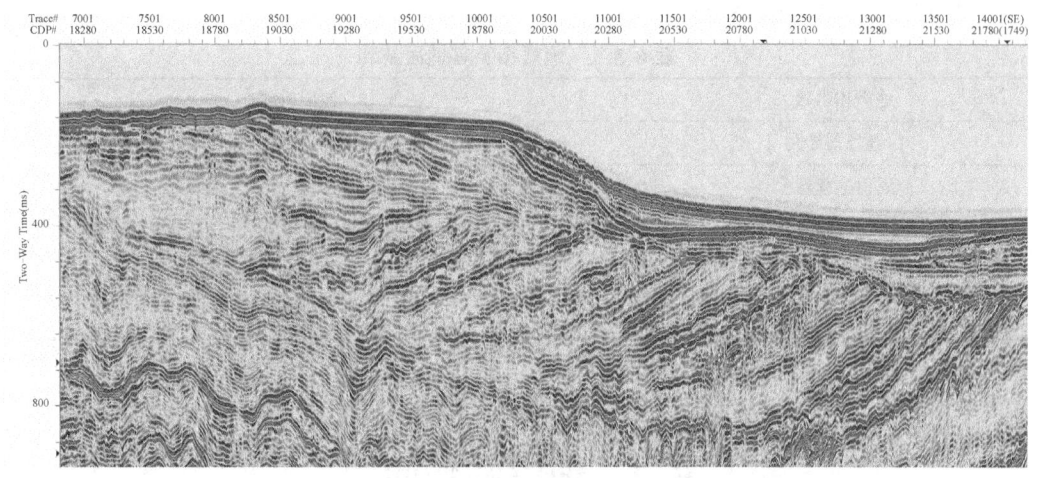

图 6.3.21　地震层序界面及反射结构示意剖面(软件截图)

(2)顶超是下伏原始倾斜层序的顶部与由无沉积作用的上界面所形成的终止现象。它通常以很小的角度,逐渐收敛于上覆地层底界面反射。这种现象在地质上代表一种时间不长、与沉积作用差不多同时发生的冲蚀现象。

(3)上超是指层序的底部逆原始倾斜面逐层终止,它表示在水域不断扩大情况下逐层超覆的沉积现象。

(4)下超是指层序的底部顺原始倾斜面向下倾方向终止,代表携带沉积物的水流在一定方向上的前积作用。

上超与下超是地层与层序下部边界的关系,当地层受后期构造运动影响而改变原始地层产状时,上超与下超往往不易区分,可统称为底超。

2.地震相解释方法

地震相是岩相的地震波或声波的响应,指有一定分布面积的三维地震反射单元内,其地震参数如反射结构、振幅、连续性、频率和层速度与相邻单元不同,它代表产生地震反射的沉积物岩性组合、层理和沉积特征。总的来说,地震相是指在一定的沉积环境中所形成的沉积物(岩石)特征在地震反射剖面上的反映,可理解为沉积相在地震信息上表现的总和,并且有一定的空间展布。根据这些特征可划分为不同的相区。

传统的地震相划分方法主要通过肉眼观测来描述,俗称"相面法"。"相面法"地震相分析类似于观察和描述岩心或露头的沉积相分析,是通过对地震剖面上反射特征的观察和描述来进行的。这些方法基本上都是运用沉积学原理并结合地震反射资料,作出沉积环境和沉积物特征的解释。一般认为传统的地震相分析基础有以下两个方面:一方面是地震相分析的沉积学基础。众所周知,沉积相是由地震相转相而确认的,因此正确划分沉积相模式是地震相分析的基础。根据地震相参数所能反映的沉积学内容来看,主要包括沉积物源区的分析、古水流分析、沉积环境恢复、沉积相模式的建立等。另一方面是用于地震相分析的地震资料,由于构成反射波的因素很多,其中沉积物、沉积环境、沉积方式以及古地理形状、水动力条件等称作"相"参数,这些参数是地震相分析的基础。传统的地震相划分标志可用各种地震相参数来表达,常用的参数有内部反射结构、外部几何形态、振幅、频率、波形排列、连续性等。所有这些参数的变化和组合能够形成多种多样的反射面貌,并反映着一定的沉积特征和差异变化,且每一种参数都有几种地质含义(表6.3.1)。

表6.3.1 地震相及其地质解释

地震相参数	地质解释
内部反射结构	层理类型、沉积过程、侵蚀作用及古地理
反射连续性	地层连续性、沉积过程
反射振幅	波阻抗差、地层间距、所含流体
反射频率	地层间距、所含流体
外部几何形态及关系	总沉积过程、沉积物源、地质背景

6.4 地震解释假象

从前文许多例子可以看出,时间剖面上的同相轴形态与地质剖面上的地质构造形态之间不一定存在一一对应关系,时间剖面上会存在地质假象。为了避免给时间剖面的地质解释造成错误,识别假象、恢复各种地质现象的真实面目,对时间剖面的解释具有重要意义。下面介绍常见的一些假象及其形成原因。

6.4.1 与速度有关的假象

因为时间剖面中的垂直坐标是法向双程旅行时间 t_0,而不是铅垂深度 H,所以必然会发生一些与速度资料有关的假象。

由于速度有随着岩层埋深增大而增大的变化趋势,因此当地下岩层倾斜时即使其厚度是稳定的,在时间剖面中也会表现出岩层厚度沿下倾方向逐渐变薄的现象。这是因为速度越高,反射波穿过相同厚度地层的旅行时间越短。例如,在穿过盆地的时间剖面中所观察到的岩层厚度向盆地内逐渐变薄的现象就是层速度向盆地内增大造成的假象。地质模型理论计算结果表明,在层速度随深度正常增大的条件下,引起时间剖面中"层厚"向盆地内减薄是系统的,在相邻层中都有表现,但减薄的程度随着深度增大而减小(图6.4.1)。因此,时间剖面中反射层间距向盆地内系统减小的现象是识别层速度变化产生假象的一种标志。

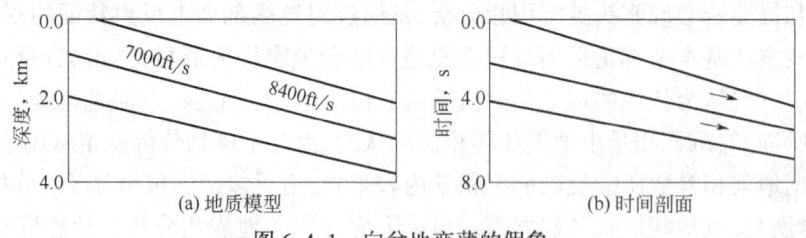

图6.4.1 向盆地变薄的假象

另一种是地质体速度异常引起地质形体出现假象。在图6.4.2中所示的例子中,盐丘的速度明显大于上覆沉积的平均速度,因而通过中部盐丘的反射旅行时间应小于通过边缘地层的反射波旅行时间,结果导致盐丘的水平底面向上隆起,形成幅度约为150ms的构造假象。

对于左侧的盐丘背斜,其水平地面也略微向上隆起。

还有一些经常遇到的存在于断层附近的假象。例如由断层引起的假挠曲(图6.4.3)。这是由于逆断层上升盘速度高,因而波的传播时间相对下降盘减小并且在断层两边逐渐变化,从而造成与逆断层引起的逆牵引褶皱相似的凹陷假象。如果不认真分析研究,将这类假象解释为油气藏,就会造成重大失误。

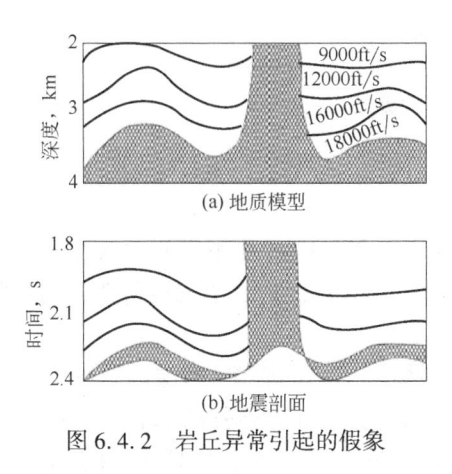

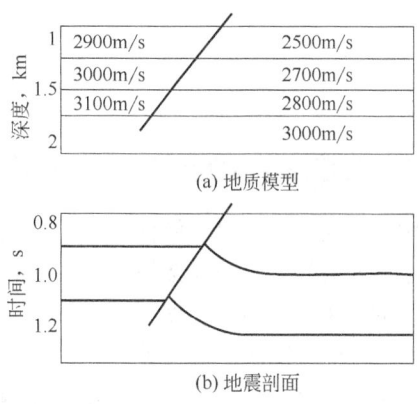

图6.4.2 岩丘异常引起的假象

图6.4.3 断层引起的假挠曲

6.4.2 与地表有关的假象

在表层条件(地形、速度等)变化较大地区,反射波同相轴受到很大破坏,动校正后不能实现同相叠加,致使叠加剖面信噪比不高,反射层连续性变差。当地形起伏较大时,还会出现假构造。例如,在时间剖面上低速层的厚度变化会出现构造假象,如图6.4.4所示。在深度剖面上的水平地层,由于上方两侧存在低速层,中间出现高速层,所以同一深度反射层的旅行时间是不同的,表现为中间小、两侧大。反映在时间剖面上,必然出现断面波弯曲,地层向上隆起,形成构造假象。

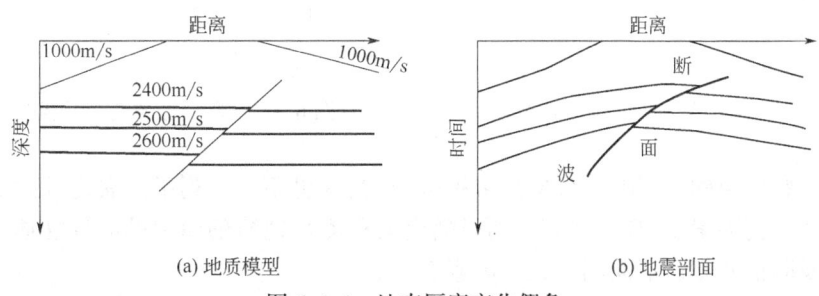

图6.4.4 地表厚度变化假象

6.4.3 与上覆地层有关的假象

来自反射界面的旅行时间受界面形状的控制,但也受到上覆沉积厚度变化的影响。如图6.4.5所示,在深度剖面上三层向斜的埋藏深度不同,第三层cd段为水平层,但由于c点正上方的低速层沉积加厚,射线的旅行时间增大,由c到d低速沉积逐渐减薄,射线的旅行时间相应减小,所以在时间剖面上表现出cd段为倾斜地层的假象。

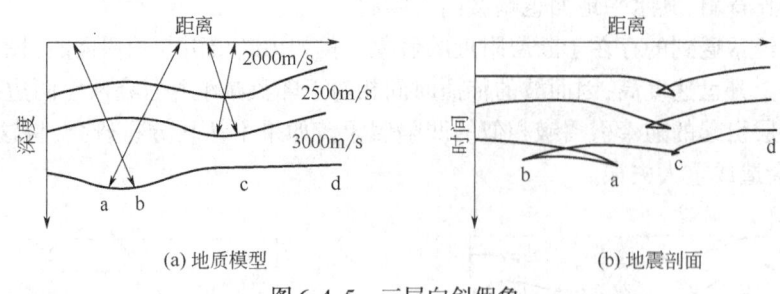

(a) 地质模型　　　　　　　　　(b) 地震剖面

图 6.4.5　三层向斜假象

6.4.4　由零偏采集方式造成的假象

由几何因素所引起的偏移与反射界面的几何形状、埋藏深度以及测线的方向有关。三维空间的偏移现象是比较复杂的,这里只讨论测线与构造走向垂直时,二维偏移所造成的一些假象,例如凹陷构造的畸变(图 6.4.6)。

现在对断裂构造的畸变进行分析。由于受到断裂构造运动的影响,断层附近的岩层产状会发生各种变化。当这种变化使断层面两侧反射层段的偏移方向不同或距离不相等时,就会形成时间剖面的断层畸变。当上下盘反射面 R 的产状与图 6.4.6 所示类似时,由于反射层段 T 分别向远离断层面的方向发生偏移,使地质剖面上断点的水平位置(a'、b')分别变化为时间剖面的(a、b)。因此,它不仅使时间剖面中的断层水平距离变大,而且使断层的倾角变小,但断层的性质不会发生畸变。当上下两盘反射面的产状如图 6.4.7 所示时,由于反射层段同时向断面方向偏移,所以在时间剖面上会形成断点水平位置的反超,即上下盘断点显示出的次序与实际情况相反。此时,不仅断层的产状发生畸变,而且断层的性质则由正断层变成逆断层。

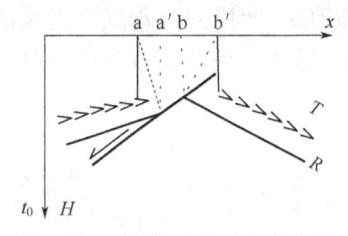

图 6.4.6　断层产状畸变示意图 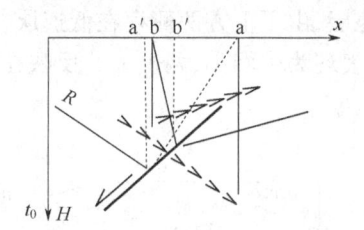　　　图 6.4.7　断层性质畸变示意图

由界面产状引起的断层畸变现象是多种多样的,这里不一一列举。总之,除水平地层外,通常会发生由几何因素所引起的畸变,而且畸变的程度与地质剖面中的断层性质、垂直断距、断裂深度以及断面两侧岩层面的产状等因素有关。

6.4.5　与资料处理有关的假象

我们知道,野外采集的原始地震资料经过室内的数字处理将得到最终的地震剖面,其中要经过校正、叠加、滤波和偏移等处理。改变任一环节的处理参数都会影响剖面的质量。例如,同一地震剖面采用不同的叠加速度进行处理,可以得出不同的结果并做出不同的解释,如图 6.4.8 所示。可以看出,用不正确的速度进行叠加处理会引起同相轴连续性变差,容易产生地层性质横向变化的假象。

在生产实践中,人们总结出下面几条经验:

(a) 使用正确的叠加速度

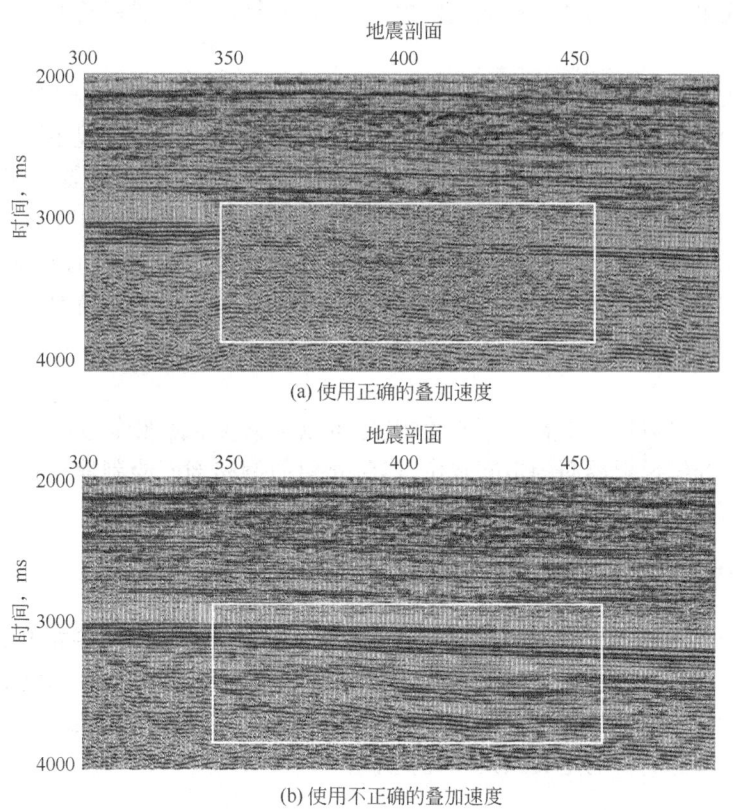

(b) 使用不正确的叠加速度

图 6.4.8 不同速度处理的地震剖面

（1）如果地震剖面上的各个记录道从浅至深所有反射都有同样的变化，则可以判定这种变化是由非地质原因引起的。如果这种变化是突然的、等量的，则可能来源于叠加后的处理参数变化。如果这种变化在横向上是渐变的，上下是等量的，则可能是表层条件变化引起的。

（2）如果在某一时间间隔内，相邻地震道的反射发生突然的变化，则可能是来源于时变处理参数的变化。

（3）如果在部分时间范围内地震特征发生逐渐变化，则可能是反射面上覆地层的反射性质发生了变化。

（4）如果在相同的记录道上发生与其他反射层无关的变化，那么这种变化是由反射面上下地层引起的，这种变化具有地质意义。

综上所述，对复杂地区的时间剖面进行对比解释时，一般不能将剖面中的构造现象直接解释为地质现象，需要用计算机或者人工进行偏移归位处理之后再进行解释。事后还需要用理论模型检验剖面中所解释的地质构造是否符合实际，并借助其他资料综合解释，否则可能会引起严重的解释错误。

6.5 地震构造图的绘制及解释

地震构造图就是地震层位的等值线平面图，它反映某个地质时代的地质构造形态，是地震勘探最终地质成果的基本图件。在油气勘探中,它是进行油气资源评价及提供钻探井位的重要依据。

根据等值线参数的不同,地震构造图又分为等t_0构造图和等深度构造图两大类。等t_0构造图是由时间剖面上的时间数据直接绘制而成,在构造比较简单的情况下可以反映构造的基本形态,但空间位置会有一定程度的偏移。至于等深度构造图,由于地震勘探中有法线深度、视深度、真深度的区别,又可分为三种深度构造图,通常用的是真深度构造图。

前述的解释工作都是针对二维地震解释剖面进行的。如果要查明地下地质构造的整体形态变化,则要把剖面和平面结合起来进行空间解释。其基本成果图件就是地震反射层构造图和等厚图,它们是为钻探提供井位的主要依据。因此,绘制地震构造图是一项十分重要的工作。

地震构造图既可以用水平叠加剖面绘制,也可以用偏移剖面制作,还可以用三维地震资料作出。本节首先介绍反射界面的空间定位,然后介绍用偏移剖面绘制地震构造图以及相关的地质解释,最后介绍由地震构造图绘制真深度构造图的方法。

6.5.1 反射界面的空间定位

反射界面的空间位置与测线的观测方位关系极大。一般情况下,界面上的反射位置都不在测线的正下方,而是随测线与地层倾向之间夹角的变化而变化。因此,就地面观测线上的任意一点而言,地下界面的空间位置可以用三种不同的深度进行定位,它与三个角度有关,所以,我们有必要理解清楚它们的定义以及相互关系。

1. 定义

图 6.5.1 是三个深度与三个角度定义的示意图,其定义如下:

(1)真深度(铅垂深度)。由测线上一点 O,沿铅垂方向至界面上 P 点的深度 $h_z=OP$,称为真厚度。h_z 垂直于地面,不垂直于倾斜的界面。

(2)视深度(视铅垂深度)。当测线与构造走向斜交时,过测线上一点 O,在射线平面内沿垂直测线的方向到界面的深度 $h_x=ON$,称为视深度。

(3)法线深度。测线上一点 O,在射线平面内,由 O 点到反射界面的法线距离 $h=OM$,称为法线深度。

(4)真倾角。当测线垂直构造走向时,过测线的铅垂面与界面相交,该交线和测线或倾向线(倾向在地面的投影线)的夹角 ψ,称为真倾角。

(5)视倾角。当测线与构造走向呈斜交时,过测线的射线平面与界面相交,该交线与测线的夹角 ϕ,称为视倾角。

(6)方向角。倾斜界面的倾向线与测线 OX 之间的夹角 α,称为测线的方向角。

2. 三个深度与三个角度的关系

如图 6.5.1(b)所示,O 为震源,O^* 为虚震源,h 为法线深度,过 O^* 作地面的垂线 O^*O_2;过 O^* 作测线的垂线 O^*O_1,这样的三角形 $O^*O_1O_2$ 决定的平面是垂直于地面的,在地面成一个以 OO_2 为弦边的直角三角形。根据三垂线定理,在直角三角形 OO_1O_2 中,有

$$OO_1=OO_2\cos\alpha \tag{6.5.1}$$

在直角三角形 O^*OO_2 中,有

$$OO_2=2h\sin\psi \tag{6.5.2}$$

(a) 三种深度之间的关系　　　　(b) 三种角度之间的关系

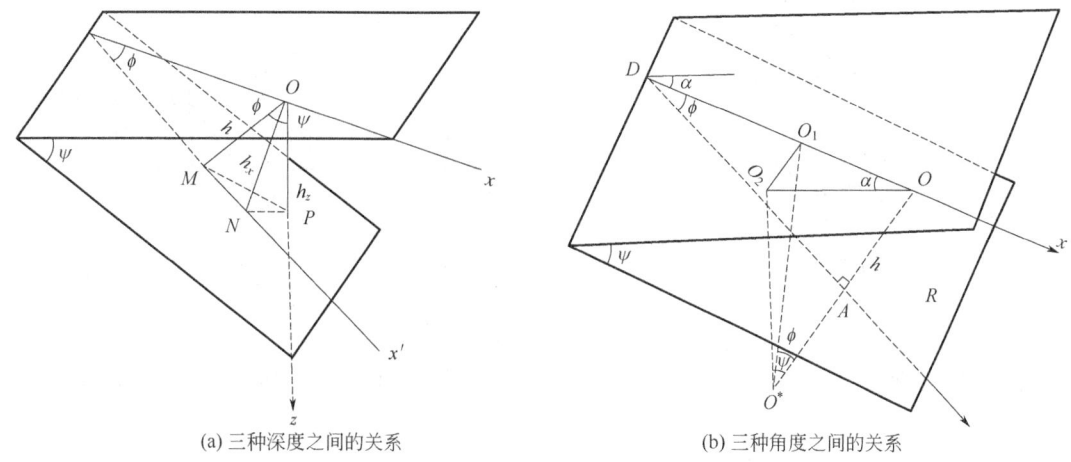

图 6.5.1　三个深度与三个角度定义示意图

在直角三角形 O^*OO_1 中，有

$$OO_1 = 2h\sin\phi \tag{6.5.3}$$

把式(6.5.3)和式(6.5.2)代入式(6.5.1)中得到

$$\sin\phi = \sin\psi\cos\alpha \tag{6.5.4}$$

这就是真倾角、视倾角、测线方向角三者之间的关系。已知其中任意两个，就可以求出第三个。

另外，从图 6.5.1(a)中，容易求得

$$h_x = \frac{h}{\cos\phi} \tag{6.5.5}$$

$$h_z = \frac{h}{\cos\psi} \tag{6.5.6}$$

根据式(6.5.4)，有

$$h_z = \frac{h}{\cos\psi} = \frac{h}{\sqrt{1 - \frac{\sin^2\phi}{\cos^2\alpha}}} \tag{6.5.7}$$

利用以上结果，可以推算出三个角和三个深度之间的关系如下：

(1) 当界面水平时，即 $\psi=0$，有 $\psi=\phi=0$，这时射线平面是铅直的。由式(6.5.5)和式(6.5.6)，有 $h_z=h_x=h$，即三者的深度完全一致。

(2) 当测线沿地层倾向时，即 $\alpha=0$，由式(6.5.4)，有 $\psi=\phi$，且射线平面铅直，根据式(6.5.5)和式(6.5.6)，有 $h_z=h_x>h$，真深度与视深度一致(图 6.5.2)。

(3) 当测线平行地层走向时，即 $\alpha=90°$，由式(6.5.4)有 $\phi=0$，相当于视倾角为零的水平地层。但 $\psi\neq0$，射线平面倾斜，且垂直于界面，与地层斜交。因此在沿地层走向的时间剖面上只有法线深度 h，而真深度 h_z 并不在这个射线平面内。由式(6.5.5)和式(6.5.6)有 $h_z>h_x=h$，视深度与法线深度一致，而真深度位于射线面之外(图 6.5.3)。

(4) 当测线沿任意方向时，即 α 由 0°变到 90°，相应的视倾角 ϕ 在 ψ 到 0°之间变化。这时，时间剖面所反映的反射界面倾角只是视倾角。射线平面是倾斜的，且垂直于界面而不垂直于地面。根据式(6.5.4)、式(6.5.5)和式(6.5.6)，有 $h_z>h_x>h$，三者之间的深度各不相同，视深度和法线深度位于射线面内，而真深度位于射线面之外[图 6.5.1(a)]。

· 193 ·

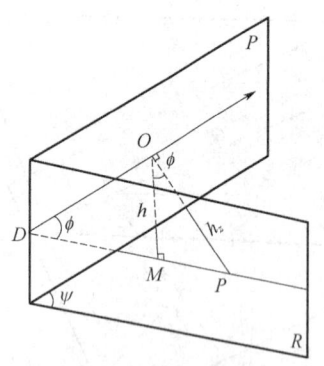

图 6.5.2 真深度与法线深度的关系 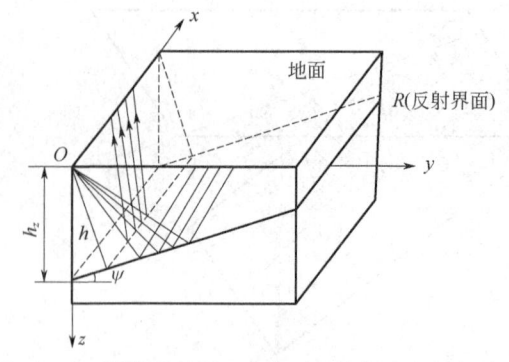　　　图 6.5.3 测线平行界面走向时几个深度之间的关系

3. 真倾角 ψ 的求取

为了求取界面的真倾角 ψ，需要知道界面沿一条测线的视倾角 ϕ 以及测线的方向角 α。实际上，ϕ 和 α 的值常常不能直接观测到，还需要进行一些换算才能得到，因此为了使计算界面真倾角的办法切实可行，还要解决两个问题。

第一个问题是根据时间剖面上同相轴的斜率计算界面的视倾角。

在均匀介质情况下，设有时间剖面如图 6.5.4(a) 所示，有一条倾斜同相轴在 x_1、x_2 两点的 t_0 时间是 t_{01} 和 t_{02}，对应的深度剖面见图 6.5.4(b)，界面视倾角为 ϕ_1，界面上覆介质波速为 v，其他符号如图所示。从图 6.5.4 可以看出

$$\sin\phi_1 = \frac{\Delta h}{\Delta x}$$

$$\Delta h = h_1 - h_2 = \frac{vt_{01} - vt_{02}}{2} = \frac{v\Delta t_0}{2}$$

所以

$$\sin\phi_1 = \frac{v\Delta t_0}{2\Delta x} \tag{6.5.8}$$

应当指出，当所讨论的介质模型是用平均速度来描述时，vt_{01} 与 vt_{02} 是不相等的，这时式(6.5.8)可以看作一个近似的公式。因为在实际工作中，常常取定 $\Delta t_0 = 25\text{ms}$，当 Δt_0 非常小时，vt_{01} 与 vt_{02} 的差别是很小的。

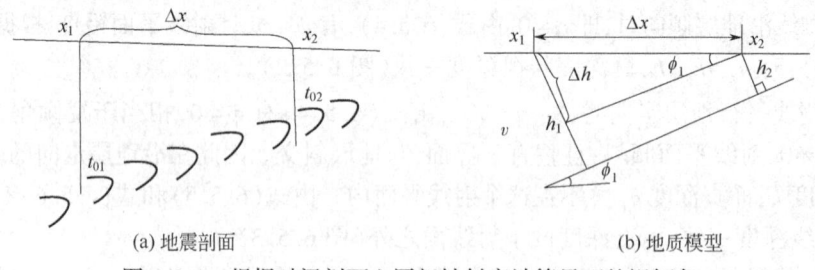

(a) 地震剖面　　　　　　　(b) 地质模型

图 6.5.4 根据时间剖面上同相轴斜率计算界面的视倾角

第二个问题是根据两条相交测线的视倾角，计算界面的真倾角。

如果已知在 O 点相交的测线Ⅰ和测线Ⅱ(图 6.5.5)，并已计算出沿这两条测线界面的视

倾角分别为 ϕ_1 和 ϕ_2，则界面的真倾角可用作图方法求出。首先在平面图上画出这两条测线的位置(它们之间相交的角度必须准确)。过 O 点作直线，以此表示界面的倾斜方向。在该直线上取 B 点，并从 B 点沿着两条测线作垂线，其交点分别为 A_1 和 A_2。OB 的长度(按所选的比例尺)等于 $\sin\psi$，便可求得界面真倾角 ψ。

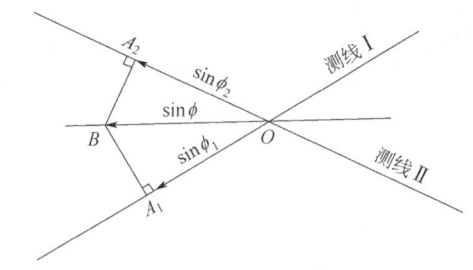

图 6.5.5　根据两条相交测线所得的视倾角求真倾角示意图

当两条测线正交时，则两条测线上的视倾角与真倾角之间有如下简单关系：设测线Ⅰ与界面倾向线的夹角为 α，则有

$$\sin\phi_1 = \sin\psi\cos\alpha \tag{6.5.9}$$

因为测线Ⅱ与测线Ⅰ垂直，所以测线Ⅱ与界面倾向线的夹角为 $90°-\alpha$，所以有

$$\sin\phi_2 = \sin\psi\sin\alpha \tag{6.5.10}$$

由式(6.5.9)与式(6.5.10)可得

$$\sin^2\phi_2 + \sin^2\phi_1 = \sin^2\psi \tag{6.5.11}$$

由于三角函数值计算不方便，而且空间校正中需要的只是地层倾向，因而类似这种利用剖面上其他量(如偏移分量等)进行图解是较为方便的。

应该指出，应用作图方法和通过公式计算地层的真厚度是相当费时的，所以在生产实际中，往往是预先绘制各种量板和诺谟图供作图时使用，这样既可以提高工作效率，也可以避免计算中的传递误差，从而有利于提高作图的精度。

6.5.2　地震构造图的绘制

1. 地震构造图的概念

地震构造图是用等深线(或等时线)及其他地质符号表示地下某一层面起伏形态的一种平面图件。它反映了某一地质时代的地质构造特征。图 6.5.6 为地下有穹窿顶界面的地震构造图。

一条深度(或时间)剖面只能表示沿剖面的地下构造形态，要想知道地质构造的空间形态，必须把测网中的各测线深度(或时间)剖面都利用起来。如图 6.5.7 所示，把四条剖面上的同一反射层的深度，按一定间距展布在测线平面上，然后根据所标注的深度值绘出等深线，就得到了构造图。

2. 构造图层位的选择

一张构造图只反映某一层面的形态，即只能反映某一地质时代的地质构造特征，所以对编图层位要认真选择。选择构造图层位的原则是：

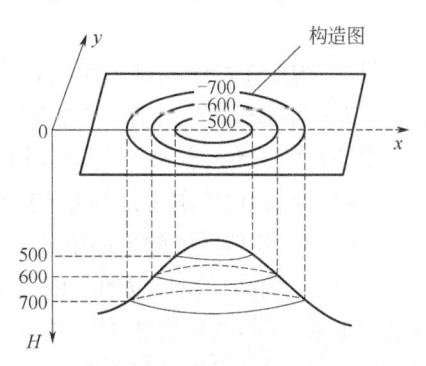

图 6.5.6　地下构造与等值线关系示意图

(a) 深度剖面 (b) 构造图

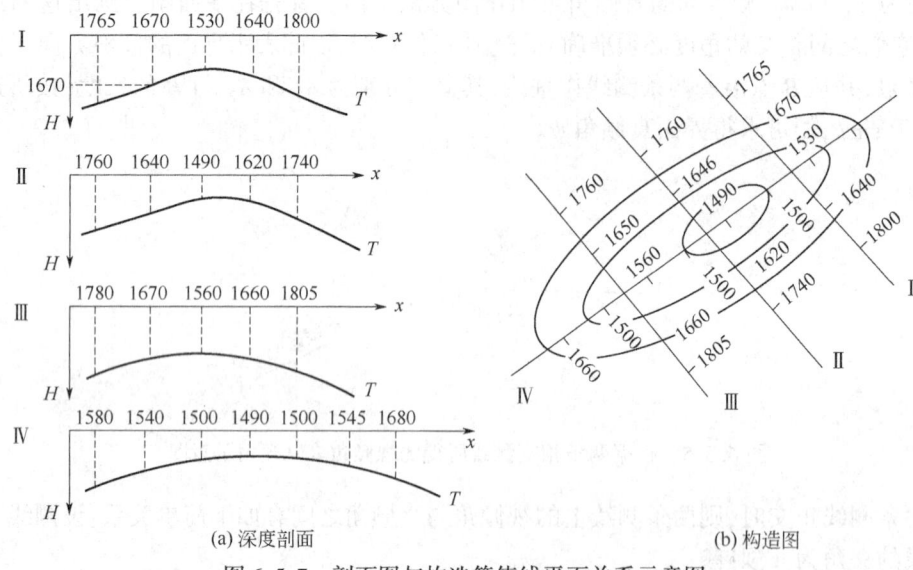

图 6.5.7　剖面图与构造等值线平面关系示意图

(1)紧密围绕找油气的地质任务,最好选择能够严格控制含油气地层地质构造特征的层位;

(2)能够代表某一地质时代的主要地质构造特征;

(3)具有良好的地震反射特征,可以连续追踪对比的标准层。

研究工区编图层位的多少应由工区分层情况、地震界面分布情况以及地震勘探的地质任务等确定。例如在整合沉积情况下,即使有几个明显的地质界面和地震标准层,也没有必要分别编制多层的构造图,一般只要选取对勘探工作最有意义的层位编制一层构造图即可。如果存在地质上的不整合层位,则要在不整合面上、下分别选取层位来编制相应的构造图。

3. 构造图绘制方法与步骤

构造图包括等 t_0 构造图和深度构造图两类。等 t_0 构造图可由常规的逐条制线的解释方法得到,也可用水平切片的解释方法得到,利用解释好的同一层位 t_0 时间,由人工或计算机直接勾绘而成。它能近似地反映出地下地质构造的空间形态变化。深度构造图通常利用解释好的同一层位的 t_0 时间,采用探区内的平均速度实现时深转换,再由人工或计算机绘制而成。它是地震资料构造解释的基本成果,通常用于含油气远景评价和钻探井位的部署等。

目前,构造图的绘制都采用人机交互解释系统来完成。将工作站解释好的层位数据(大量等间距的解释层位 t_0 时间或深度数据、断点数据等)直接传输到计算机的绘图系统,解释人员利用工作站的专业绘图软件得到构造图,如图 6.5.8 所示。

无论是深度构造图还是等 t_0 构造图,绘制的基本步骤都类似,主要包括绘制测线平面位置图、取数据、断裂系统的平面组合、勾绘等值线等。具体步骤如下:

(1)绘制测网平面位置图。根据探区内的测量数据(二维情形是指各条测线位置,三维情形是指工区范围)按绘图比例尺展布在底图上,要求详细标明测线的起止桩号、测线号、测线拐点桩号、测线交点桩号和重要的地名、地物、已钻井的井位及经纬度等。

(2)反复检查地震剖面解释的可靠性。检查内容包括:所追踪的标准层层位及其数目是

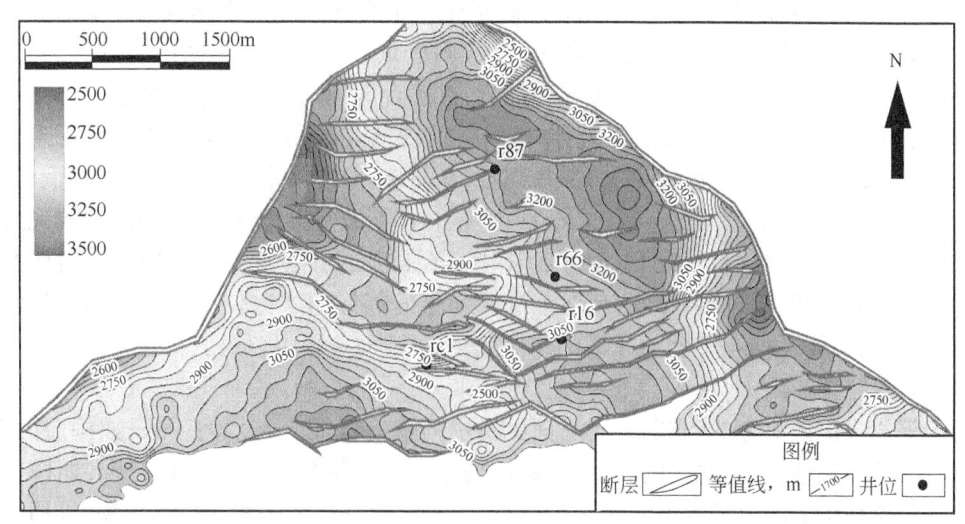

图 6.5.8 某探区的构造图

否符合地质任务的要求;追踪对比的各解释层位是否合理可靠、是否闭合(通常要求闭合误差小于半个相位);断层是否准确,断点和断层面的确定是否有充分的依据,断层标志是否清楚;反射层、超覆、尖灭点的确定是否合理可靠;深浅层之间及相邻测线之间的解释结果有无矛盾等。使用交互解释系统进行地震资料解释时,剖面闭合可以通过显示屏幕上的测网底图所标示的色彩是否一致来控制。同一层位对比追踪完成后,检查交点闭合与否可以借助于解释系统的简易绘图软件,对彩色背景下的等 t_0 图进行检查,出现不闭合的测线则返回其相应的剖面进行修改,如此反复,直到所有交点闭合为止。

彩图 6.5.8

(3)取数据。按构造图的比例尺确定取数据点的间距,读取或从工作站输出相应的数据,包括层位数据、断点数据、尖灭或超覆点数据等,并标注在测网底图的相应位置上。

(4)断裂系统图的勾绘。这也是为绘制构造图的等值线"搭框架"。断点平面组合不准确将会影响构造形态的正确性。为了使断点平面组合准确合理,在勾绘断裂系统图时应遵循的原则是:同一断层在相同方向的测线上,断点性质、落差及断层面产状应该基本一致或者有规律的变化;当断层面倾角较陡时,在相同方向的测线上断层面的视倾角应该基本一致或者有规律的变化,不同方向测线上相邻断点、断层面产状有较大差别;在时间剖面的解释中,同一断层的断层面也可用断面闭合方法来检查断面或断层线是否属于同一断层;同一断层断开的层位应该相同或有规律地沿某一方向变化;同一断块内,地层产状具有一定的规律性;如果是利用水平叠加剖面解释的断点,当地层倾角较陡或测线与构造走向斜交时,还要考虑断点的偏移。

断裂或断层是分级别的。区域大断裂一般从基底断裂,它们在重磁电资料上具有明显的反应,表现为等值线的密集带。此外,大断裂的走向通常与区域构造走向一致。在进行手工断点平面组合时,可将具有断点的平面位置图与重磁电资料的平面图叠合在一起,参考区域构造走向或等值线的密集带位置将断裂组合起来。如果使用工作站的专用绘图软件实现断点平面组合,可以参考作图层位的相干切片图所展示的断层分布趋势来完成。

按照断点平面组合的一般原则完成断点组合后应该认真检查,如连接后的断裂系统是否具有一定的规律性、相同断裂在不同测线上能否闭合,并分析平面图上出现的孤立断点数量及落差大小。如果孤立断点较多,断点的落差较大,则应重新考虑断点平面组合方案。总之,要做到平面—剖面—平面相结合,各种资料相配合,准确合理地勾绘断裂系统图。

(5)等值线的勾绘。在断裂系统组合好后,等值线的勾绘是在标注齐全的平面图上进行的。勾绘等值线所遵循的一般原则是:从易到难,从简单到复杂,由低到高或由高到低,先勾出大概轮廓,再考虑构造的细节,逐渐使之丰富、完整。在断裂复杂地区,应以断块为单元进行勾绘,最好是把剖面上的高(低)点标注到平面图上,再将相同的高(低)点连接起来,组成背斜或向斜的轴线,利用轴线位置再勾绘等值线。这样勾绘的等值线才比较合理。勾绘等值线时既要从数据出发,又要不拘泥于个别数据,需要考虑一般地质规律,将数据、构造特点密切结合起来,反复认识,合理勾绘。

勾绘等值线应该注意的问题是:①平面上所示的构造特征应与剖面一致,如构造的形态、范围、高点位置、幅度、构造之间的相互关系等;构造图应与地质构造规律相符合,如构造或地层的缓陡反映在构造图上的等值线表现为疏密;单斜不允许出现多线或少线现象,地质上的单斜深度向一个方向逐渐增大或减小,构造图上的等值线应该平行排列。②两个正向构造(如背斜)之间的鞍部或两个负向构造(如向斜)之间的背部不能勾绘单线,而应有两条数值相等的等值线并列出现在轴线两侧。在没有断层的情况下,正负向构造应该是相间出现,正负向过渡地带的等值线走向应是渐变的。③走向截然变化的勾法是不合理的,这是因为构造的轴向反映了地层受力方向,当地层受不同方向的作用力时,必然存在两种作用力的过渡地带,因此相邻构造的轴向应该是基本一致或渐变的。④一般情况下,地层两侧等值线的勾绘应该保持一定的联系,断层异常发育地区,特别是断层有平推作用时,往往使断块产生畸变,严重破坏断层两侧的相互关系,导致断层两侧的等值线差异较大,此时要有严密的数据控制。⑤断层两侧的等值线必须满足断层上升盘等值线数值加上该点的落差等于断层下降盘等值线数值,即断层两侧对应点等值线的数值不应相同。⑥每条等值线都应有"来龙去脉",在没有断层的情况下能自成回路或延伸到工区以外,在有断层的情况下则与断层相遇形成回路。⑦作多层构造图时还要处理好多层构造图之间的相互关系,应将各层构造图按深浅顺序叠合检查,同一断层在上下层构造图上的位置不能相交,当断层面直立时深浅层构造图上的断层位置应重合,当断层面倾斜时深层构造图的断层位置应相对浅层构造图向断面下倾方向偏移。⑧最后还必须进行检查。检查内容除上述应注意的事项外,还应该检查数据及符号有无标错、高点有无遗漏、勾线平滑与否等。

(6)构造成图基本规范与要求。在实际工作中,为便于对最终构造图的分析、对比、解释以及资料的保存与查询,提交的构造图必须具有统一的规范和要求。具体包括以下内容:

① 图名、比例尺、图例及说明、制图单位、制图时间等要求齐全。

② 构造图四边的经纬度、图中钻井井位、重要地物等要标注齐全。

③ 对于二维探区要标明测线号、测线端点、交点、转折点的桩号,新老测线要用不同的颜色或符号区分开。

④ 标明断裂系统的各个断层名称、断层的升降盘方向、断点的落差、尖灭、超覆点的位置等。

⑤ 为使构造图清楚明了、读图方便,要求等值线每隔若干条加粗一条。

构造图上常用的符号如图6.5.9所示,实际中常用的构造图比例尺、等值线距见表6.5.1。

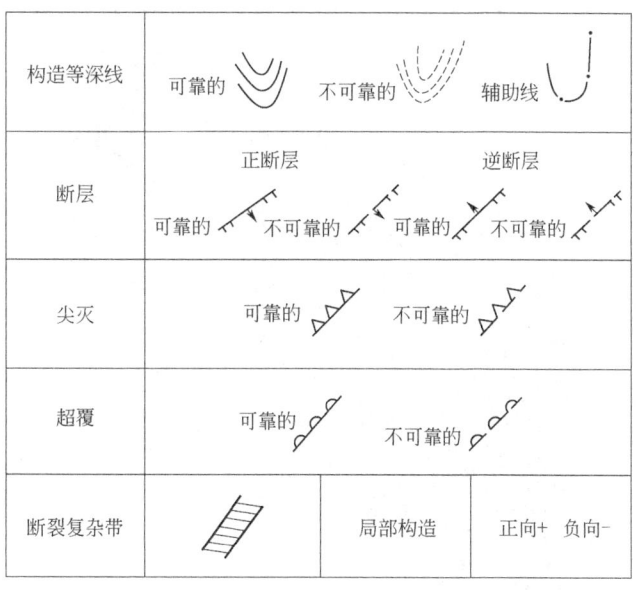

图 6.5.9　构造图上常用的符号

表 6.5.1　构造图比例尺及等值线间距

勘探阶段	比例尺	等值线距，m
区域普查	1∶20万	100,200
面积详查	1∶10万或1∶5万	50,100
构造细测	1∶5万或1∶2.5万	

4. 等厚图的绘制

表示两个地震层位之间的沉积厚度图称为等厚图。作等厚图时要把画在透明纸上的两个层位的真深度构造图叠合在一起，在一系列等值线交点上计算它们的深度差值，然后把差值写在另一张平面图的对应位置上，再绘制等值线，其结果就是等厚图。图 6.5.10 所示为某油田的储层等厚图。

等厚图的绘制也可采用下述方法实现。对于较厚的储层或特殊地质体（如砂岩体、碳酸岩体、火山岩储层等），首先认真做好标定工作、确定目标层的顶底；然后根据它们在探区内地震剖面上的特点，在标定结果的基础上，分别解释顶底目标层位；最后输出解释好的顶底目标层的 t_0 时间，利用工区内的速度关系进行时深转换，计算厚度值，绘图后即得到该目标层的等厚图及其空间分布。

利用等厚图和其他已知资料，可进行有理有据的地质解释。例如在等厚图上如果某个方向或区域存在厚度值明显增大的趋势，则可推断该方向或区域是沉积物来源的方向或为沉积中心。如果发生褶曲的地层厚度一致，则说明该褶曲发生于沉积之后；如果离开背斜顶部地层厚度增大，则可推断沉积可能与构造发育同时发生，即在沉积期间有构造活动，这种情况一般对石油聚集更为有利。等厚图是根据地层沉积的厚度变化来研究工区构造发育演化史的一种重要资料。

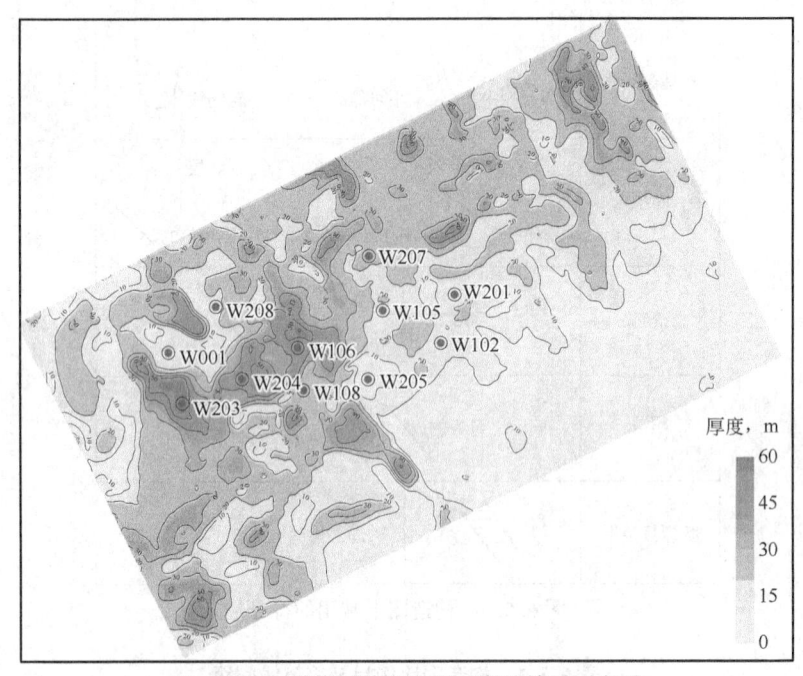

图 6.5.10 某探区特定沉积时期的储层厚度图

6.5.3 地震构造图的解释

构造图上等值线的延伸方向就是界面的走向,垂直走向由浅到深的方向则是界面的倾向。等值线之间的相对疏密程度标志着界面倾角的大小。相邻等值线距较密,反映界面真倾角较大,反之相邻等值线距较稀则说明界面真倾角较小。例如图 6.5.11 所示的背斜构造图,东北翼构造等值线密而西翼稀疏,反映东北翼倾角陡而西翼平缓。

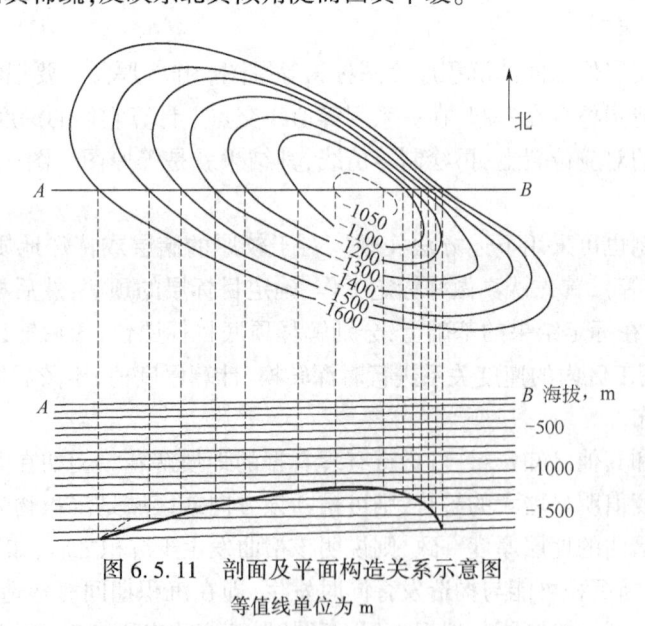

图 6.5.11 剖面及平面构造关系示意图
等值线单位为 m

在构造图上,背斜或向斜表现为环状圈闭的等值线。若深度小的等值线位于环状圈闭的中心,则为背斜构造;若深度大的等值线位于环状圈闭的中心,则为向斜构造。最外一根等值线圈出构造的闭合面积。三面下倾、一面敞开的等值线是鼻状构造的反映,如图 6.5.12 所示。单斜表现为一系列近于平行的直线,等值线由高到低的方向为单斜的倾向。

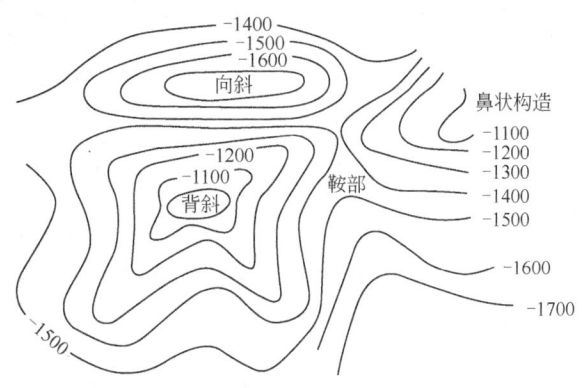

图 6.5.12 几种主要构造的等值线特点
等值线单位为 m

构造等值线不连续的部位是断层的反映,并且可以从构造等值线间的关系和断层两盘投影之间的关系来分析断层的性质。具体讨论如下:

(1)断面倾角。断面倾角 θ 取决于落差 Δh 和断层两盘投影距离 Δr,且有 $\tan\theta = \Delta h/\Delta r$。当落差一定时,$\Delta r$ 越大则倾角越小,断层越缓;Δr 越小则倾角越大,断层越陡。由此可见,直立断层在构造图上为一条断层线,而倾斜断层在构造图上表现为两条互相平行的断层线,如图 6.5.13 所示。

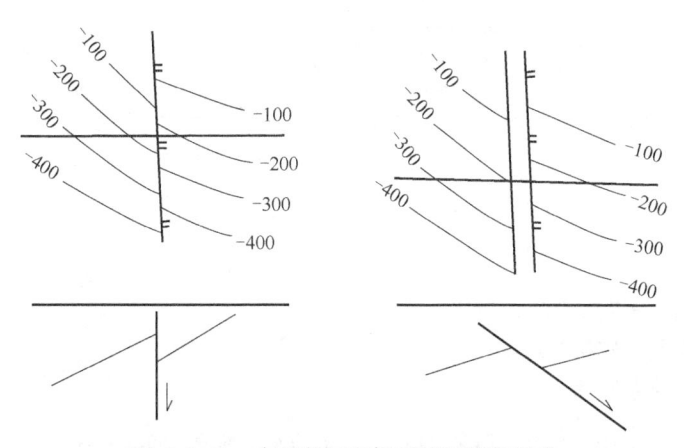

图 6.5.13 直立断层和倾斜断层的断层线
等值线单位为 m

(2)断层性质。上下两盘断层线间出现空白的为正断层;上下两盘断层线间等值线重叠的为逆断层,如图 6.5.14 所示。

(3)断层间的相互关系。构造图上如果出现两组以上不同方向的断层,可根据断层的相互关系判断断层形成的先后次序。其中,被切割的断层为早期形成的断层,被限制的断层往往为晚期的新断层。若两条断层同时形成,则被限制的一般是小断层,如图 6.5.15 所示。

(4)断层与地层间的关系。超覆和尖灭在构造图上都表现为标准层在某方向的缺失,一

(a) 逆断层 　　　　　　　　　　　　　(b) 正断层

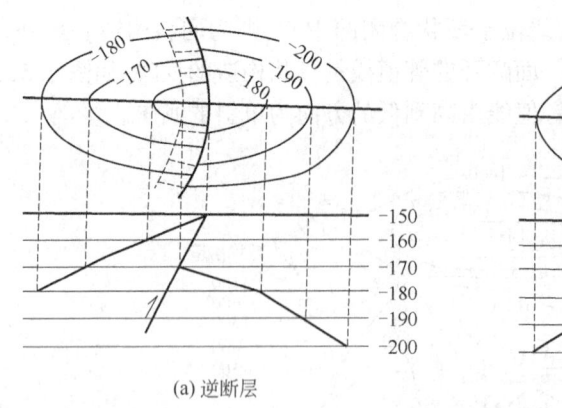

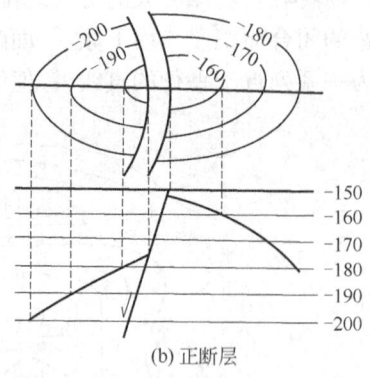

图 6.5.14　正断层与逆断层的断层线

等值线单位为 m

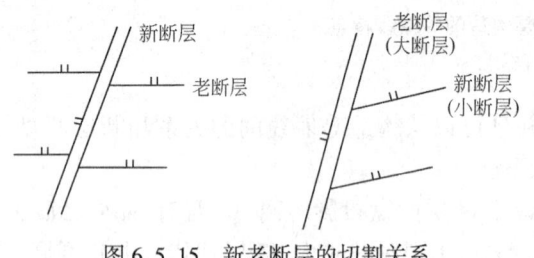

图 6.5.15　新老断层的切割关系

一般用特殊符号标出它们的性质(图 6.5.16)。超覆符号或尖灭符号中的小圆弧及小三角所指的方向就是标准层缺失的方向。当有多层构造图时,可以用多层构造图的闭合来判断地层间的关系。图 6.5.16 所示为相邻两层构造图的叠合。从图上可以明显看出两个界面之间为角度不整合关系,而且第二层往北不整合尖灭。

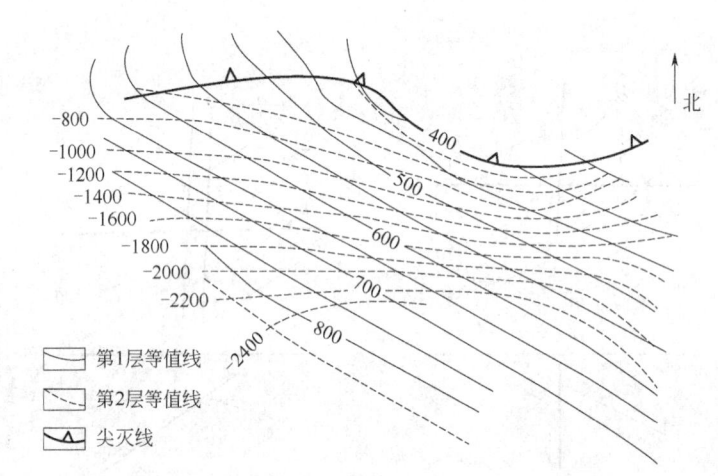

图 6.5.16　用多层构造图的叠合分析地层之间的关系

等值线单位为 m

6.5.4　由等 t_0 构造图绘制真深度构造图

完成层位和断层的追踪对比并达到闭合精度要求后,可以按作图要求输出层位和断层数据,由工作站专用绘图软件绘制等 t_0 构造图。具体来说,获取等 t_0 构造图的途径主要有两种:一是利用水平叠加资料经构造解释得到的 t_0 构造图,简称叠加 t_0 图;二是利用偏移资料(二维偏移剖面或三维偏移数据体)经构造解释得到的 t_0 构造图,简称偏移 t_0 图。由于目前进行地震构造解释的资料基本都为偏移数据,所以只对第二种方法进行介绍。

当速度横向变化不大时,等t_0构造图能代表地下的构造形态;当速度横向变化较大时,在进行时深转换时必须考虑速度的空间变化,否则得到的深度构造图有较大的误差。

1. 由偏移资料的t_0构造图绘制真深度构造图

利用三维偏移资料的t_0构造图经时深转换后绘制真深度构造图是目前常用的方法。该方法适用于构造相对比较简单、速度空间变化不大的地区。对于复杂构造或速度空间变化剧烈的地区,应该采用后面介绍的变速构造成图方法。如果探区内只有二维偏移剖面,经构造解释后得到二维偏移资料的t_0构造图,在构造复杂地区也可以用来绘制真深度构造图,并能取得较好效果。

二维偏移资料的t_0构造图通常采用同一方向测线的二维偏移剖面,如采用主测线方向的偏移剖面。由于主测线方向的测线间距较小,控制点密集,并且主测线方向通常垂直于构造走向或平行于地层倾向,二维偏移量较其他方向大,归位程度高,能反映构造形态较真实、清楚,因此进行空间校正时只需进行垂直主测线方向上的校正就可以完成全部空间校正工作。

利用二维偏移资料的t_0构造图绘制真深度构造图的方法,其前提是所使用的二维偏移剖面质量较高,追踪对比同一层位的相位要一致,最好是交点闭合。该方法的优点能充分利用二维探区的偏移剖面。二维偏移剖面相对水平叠加剖面有许多突出优点,如绕射波基本收敛、各种反射波基本归位、干涉带被分解,因而剖面反映的构造形态和层位特征比较真实、清楚,断层及其特征也比较明显,有利于地质解释。

2. 变速构造成图

以上讨论的方法在实现时深转换时没有考虑速度的空间变化,故称为常速构造成图方法。在构造复杂或速度空间变化剧烈的地区,如我国西部地区压扭性盆地传播介质的非均质性和构造形态的复杂多变,速度在纵、横方向上变化剧烈,常速构造成图方法显然不能满足精细构造解释的要求。由生产实践可知:速度场横向变化可导致构造圈闭面积变化、高点移位、淹没高点或者出现假高点。

为了提高复杂地区构造成图的精度,变速构造成图方法应运而生。变速构造成图的关键是建立空间速度场并获取层速度和平均速度场,其主要工作流程如图6.5.17所示。

考虑速度空间变化的时深转换方法通常有以下两种方式:

(1)叠加速度场时深转换方法。利用叠加速度形成的速度场进行时深转换的优点是平面上的速度变化可得到较好的体现,缺点是叠加速度受多种因素的影响。速度分析是基于传统的水平层状介质和CMP道集反射波时距曲线为双曲线的假设条件的。当速度横向变化较大时,叠加速度的误差也比较大,此时直接使用叠加速度进行时深转换往往造成较大的深度误差。为了尽可能地减小这种误差,把制作合成记录得到的速度与叠加速度分析相结合,可以取得较好的效果。

(2)选用合成记录速度进行时深转换。当工区内不同构造位置有多口井的速度资料时,最好不要用多口井进行回归拟合求取平均速度。因为用这种速度进行时深转换得到的构造图,其各个部位有较大的误差。做好选取构造主体或构造高部位的速度进行时深转换,这样构造主体和高部位的深度比较准确。同时还要分析构造翼部和底部速度是变高还是变低,以此了解时深转换后构造翼部深度的变化。

图6.5.18所示为某区块的等t_0构造图。使用图6.5.19中平均速度场进行时深转换,得到图6.5.20所示的深度构造图。

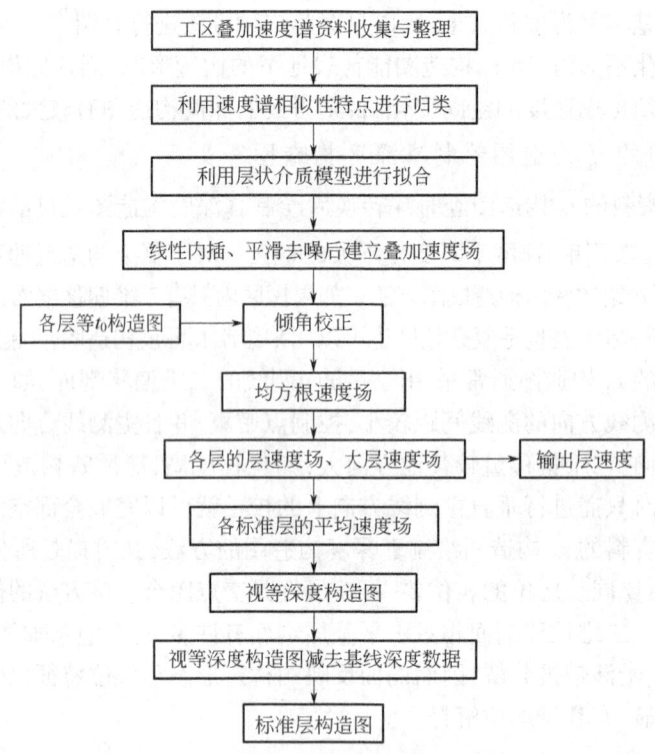

```
┌─────────────────────────────┐
│  工区叠加速度谱资料收集与整理  │
└──────────────┬──────────────┘
               ↓
┌─────────────────────────────┐
│  利用速度谱相似性特点进行归类  │
└──────────────┬──────────────┘
               ↓
┌─────────────────────────────┐
│     利用层状介质模型进行拟合    │
└──────────────┬──────────────┘
               ↓
┌─────────────────────────────┐
│ 线性内插、平滑去噪后建立叠加速度场 │
└──────────────┬──────────────┘
                ↓
┌──────────────┐   ┌──────────┐
│ 各层等t₀构造图 │→ │  倾角校正  │
└──────────────┘   └─────┬────┘
                         ↓
                  ┌──────────────┐
                  │  均方根速度场  │
                  └──────┬───────┘
                         ↓
           ┌──────────────────────┐   ┌──────────┐
           │ 各层的层速度场、大层速度场 │→ │ 输出层速度 │
           └──────────┬───────────┘   └──────────┘
                      ↓
           ┌──────────────────┐
           │  各标准层的平均速度场 │
           └──────────┬───────┘
                      ↓
           ┌──────────────┐
           │  视等深度构造图 │
           └──────┬───────┘
                  ↓
   ┌──────────────────────────────┐
   │ 视等深度构造图减去基线深度数据 │
   └──────────────┬───────────────┘
                  ↓
           ┌──────────────┐
           │  标准层构造图  │
           └──────────────┘
```

图 6.5.17　速度场的建立及变速构造成图流程

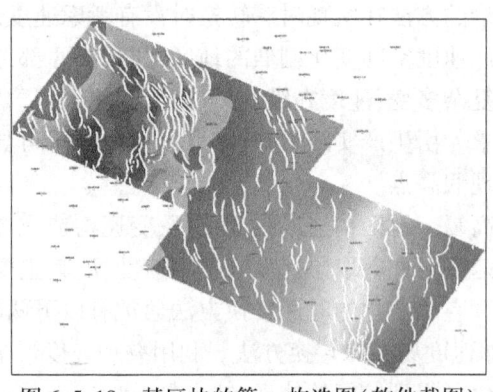

彩图 6.5.18

图 6.5.18　某区块的等 t_0 构造图（软件截图）

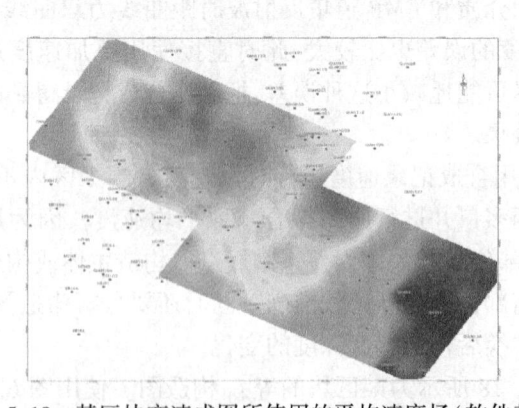

彩图 6.5.19

图 6.5.19　某区块变速成图所使用的平均速度场（软件截图）

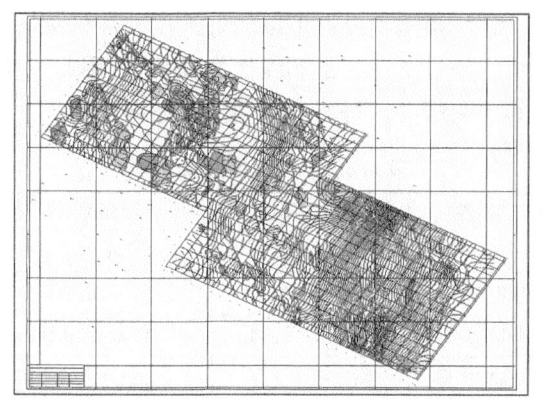

图 6.5.20 某区块变速成图后的深度构造图(软件截图)

6.6 地震属性解释及储层预测

6.6.1 地震属性概念及分类

"地震属性"一词于 20 世纪 70 年代开始引入地球物理界,它是指那些由叠前或叠后地震数据经过数学变换而导出的表征地震波几何形态、运动学特征、动力学特征以及统计特征的一些参数(Chen,1997)。它是表征和研究地震数据内部所包含的时间、振幅、频率、相位以及衰减特征的指标,是刻画和描述地层结构、岩性以及物性等地质信息的地震特征量。实际上,这些参数一般被统称为地震参数、地震特征或地震信息。自从 1997 年 SEG 年会对地震属性进行了专题讨论之后,国内外学者才开始统一使用地震属性一词。

目前,地震属性的分类方法有很多,概括起来主要有以下五种:

(1)我国学术界较为流行的分类方法是从运动学与动力学的角度,将地震属性分为振幅、频率、相位、能量、波形和比率等几大类。

(2)按属性拾取的方法可以将地震属性分为剖面属性、时窗属性和体积属性三类方法。剖面属性主要是指由特殊处理得到剖面(如三瞬剖面、波阻抗剖面等)上的整体属性。

(3)由 Taner 等(2001)提出的将地震属性分为几何属性和物理属性两大类。几何属性通常与地震层位的几何形态(如倾角、方位和曲率)有关,其提取可以通过网格上的数学运算来完成。物理属性包括运动学和动力学属性,主要指振幅、波形、频率及衰减等。

(4)由 Brown(1996)提出的将地震属性分为时间、振幅、频率和衰减四类的分类方法,Brown 还强调了地震属性在叠前和叠后的分类。

(5)由 Chen 等(1998)提出的基于储层特征分类方法,这种分类方法根据地震属性对储层特征,如亮点与暗点、不整合圈闭/断块脊、含油气异常、薄储层、地层不连续性、石灰岩储层与碎屑岩储层的差异、构造不连续性和岩性尖灭的预测或识别,将地震属性分为八类。

随着信号处理技术以及计算机技术的不断发展,地震属性的拾取和分类也将逐渐完善和成熟。此处,根据尹成等人的观点将地震属性主要分为五大类:振幅类属性、瞬时类属性、频谱类属性、层序类属性和非线性类属性。各类属性详细的分类见表 6.6.1。其中,振幅类属性、瞬时类属性都是最常见的属性;频谱类属性可以较好地反映油气地质特征;层序类属性可以识别不同的岩性层序;由于地震信号本身就是非线性的,所以应用非线性类属性可以挖掘更多的地下信息,提高储层特征的预测精度。每一类属性的具体内容如下。

表 6.6.1 地震属性的分类

振幅类属性	瞬时类属性	频谱类属性	层序类属性	非线性类属性
复合振幅	平均反射强度	有效带宽	大于门槛值的百分比	小波系数 c_1
最大绝对值振幅	平均瞬时频率	波形长度	小于门槛值的百分比	小波系数 c_2
最大峰值振幅	平均瞬时相位	平均零交叉点数	能量半值时间	小波系数 c_3
最大谷值振幅	反射强度的斜率	最大峰值频率	正负样点数之比	小波系数 c_4
均方根振幅	瞬时频率的斜率	平均频率	波峰数	小波系数 c_5
总的绝对值振幅		谱峰斜率	波谷数	小波系数的平方和
平均绝对值振幅		20Hz 谱分解	峰谷面积比	小波系数的均方根
平均峰值振幅			顶底振幅比	最大李雅普诺夫指数
平均谷值振幅			复合包络差	关联维数
总能量				间歇性指数
平均能量				突变幅度
振幅的方差				高阶谱的最大峰值
振幅的峰度				高阶谱能量
总振幅				
平均振幅				
振幅的斜度				

1. 振幅类属性

地震振幅是地震数据中最基本的也是最重要和最常用的属性,其他很多属性都是由振幅变换而来。地震振幅属性反映了波阻抗差、地层厚度、岩石成分、地层压力、孔隙度及含流体成分的变化,既可用来识别振幅异常或层序特征,也可用来追踪地层学特征(如三角洲河道或砂岩)。在地震剖面上,振幅的突然增强或减弱通常与储层的含油气情况相关。利用反射振幅可以提取与其相关的多种信息,这些信息从不同的侧面反映储层的含油气性。例如,反射波振幅出现"亮点"或"暗点"的振幅异常可能预示着储层含油气性。振幅类的属性异常有正异常属性和负异常属性:"亮点"型振幅异常属于正异常属性,"暗点"型振幅异常属于负异常属性。另外,振幅类属性还可用于识别岩性变化、不整合以及流体的聚集等。

2. 瞬时类属性

瞬时剖面上包含有大量岩性、油气特征的振幅、频率和相位信息。振幅信息也叫瞬时振幅,它是某一道的能量在给定时刻的稳定性、平滑性和极性变化的一种度量;角度信息一般为瞬时相位或瞬时频率。瞬时相位是指地震道内某一瞬间的相位,它与时窗内傅里叶分析所确定的相位不同,它同时也是同一时刻子波真实相位的度量。瞬时频率由地震道的主频逐点估算,它与某一时窗的平均频率不同,它是在给定时刻对信号的能量密度函数的初始瞬间中心频率的一种度量,对地球物理学者来说,这意味着零相位地震子波的波峰瞬时频率等于子波振幅的平均频率,它反映了储层的吸收、裂缝和厚度变化。地震波的瞬时频率信息可用来判断岩性变化及流体属性,反映在频率类属性上为负异常属性。这种频率在空间上的变化是指示油气藏聚集的重要地震属性。

瞬时特征计算基本上是一种变换,它将振幅和角度信息进行分解。这种分解并不改变基本信息,只是产生不同的剖面,它们有时可以揭示出在常规剖面上被掩盖了的某些地球物理现象。因此,瞬时属性一直是地震属性技术中必须选取的属性参数。对于常规复地震道分析的基本方法(如 Hilbert 变换)来说,对地震噪声是十分敏感的。因此,若不对地震信号先作去噪处理,一般就无法得到正确的属性剖面。为此,可以选用小波变换来提取瞬时特征,即利用小波变换的去噪功能和分频处理地震信号的特点,以保证所提取的瞬时特征信号的可靠性。

3. 频谱类属性

对地震数据作频谱分析可以提取地震数据在频率域中的属性参数。这类属性参数可以用来描述隐蔽型油气藏中储层岩性的变化、裂缝分布范围、油气水的分布及变化特征、储层厚度的变化、调谐现象以及储层上覆地层对地震波的吸收衰减等。例如地震波的频率是反映油气的一个重要标志。由于地层的吸收作用,地震波的频谱随着传播距离的增加,低频成分相对加强。储层孔隙中充填流体或气体会增大地层的衰减系数。因此当地震波通过含油气储层后,地震波主频往往会有明显的降低。波形长度有时能较好地反映油气地质特征。

4. 层序类属性

针对某一套层序或在一套储层之内从垂向上提取能量的构造、极性的对比、振幅的门限值等属性参数。这类属性参数可以用来刻画层序地层的变化特征,识别不同的岩性层序,突出某种振幅异常以及储层内流体成分随时间的变化特征。

5. 非线性类属性

地震信号从本质上说是一个典型的非线性时间序列,对于复杂的断块构造以及古潜山油气藏的油储特征,如果用一些非线性时间序列的分析方法进行地震道的属性提取,将有利于地震信息的合理应用,改善油储特征的预测精度。在实际应用中,可以从小波变换、高阶统计量、分形、混沌和突变理论出发,研究提取一些非线性的属性参数,包括基于小波变换的分尺度信号能量,基于高阶统计量压制高斯噪声的高阶谱能量,基于油气藏特征复杂程度表征的分形维数、混沌的李雅普诺夫指数和突变幅度等。小波系数可以反映储层中砂体的纵横向分布变化。高阶谱属性可以反映地层、岩性和流体的分布特征。分形维数、间歇性指数、李雅普诺夫指数和突变幅度可以反映隐蔽型油气藏的复杂程度,如砂体储层的不均质性、流体饱和度的变化以及油气水边界的分布范围等。

表 6.6.2~表 6.6.6 给出上述五大类 50 种地震属性的定义,对于常规的沿层属性提取在备注中给出了建议的时窗选取范围。

表 6.6.2 振幅类属性

属性	定义	用法	备注
复合振幅	时窗内最大峰值振幅与最大谷值振幅的绝对值之和	表征在有意义区段上由于岩性和烃类聚集的变化引起的横向变化	时窗选取:50~100ms
最大绝对值振幅	$A = \underset{0 \leq i \leq N}{\text{Max}}(|X_i|)$	识别岩性变化和含气砂岩,检测具体反射层内的振幅异常	选取较小的时窗:20~100ms
最大峰值振幅	时窗内峰值振幅的最大值	确定由于岩性和烃类聚集的变化引起的振幅异常	
最大谷值振幅	时窗内谷值振幅的最大值	确定由于岩性和烃类聚集的变化引起的振幅异常	

续表

属性	定义	用法	备注
均方根振幅	$A_{\mathrm{RMS}} = \frac{1}{N}\sqrt{\sum_{i=1}^{N} x_i^2}$	指示孤立的或极值振幅异常,追踪三角洲河道和含气砂岩等	一般情况时窗选取为:50~100ms
总的绝对值振幅	$A_{\mathrm{Tot}} = \sum_{i=1}^{N} |x_i|$	表征层序和确定由于岩性和烃类聚集的变化引起的振幅异常	
平均绝对值振幅	$A_{\mathrm{Avg}} = \frac{1}{N}\sum_{i=1}^{N} |x_i|$	识别层序地层内整合的、丘状的或杂乱堆积的地层间差异	
平均峰值振幅	时窗内峰值振幅的平均值	识别层序地层内整合的、丘状的或杂乱堆积的地层间差异	
平均谷值振幅	时窗内谷值振幅的平均值	识别层序地层内整合的、丘状的或杂乱堆积的地层间差异	
总能量	$E_{\mathrm{Tot}} = \sum_{i=1}^{N} x_i^2$	适于描述层序地层内岩性变化和含油气砂岩的变化	
平均能量	$E_{\mathrm{Avg}} = \frac{1}{N}\sum_{i=1}^{N} x_i^2$	分析有意义的区段或层位的振幅异常,是一个检测亮点或暗点的关键属性	
振幅的方差	$A_{\mathrm{Var}} = \frac{1}{N}\sum (x_i - \bar{x})^2$	它是振幅相对摆动量的量度	
振幅的峰度	$A_{\mathrm{Kurt}} = \frac{1}{N}\sum (x_i - \bar{x})^4$	它是振幅相对摆动量的量度,用来确定记录相对平稳(波的到达相当少)的数据部分	选取较小的时窗:20~100ms
总振幅	$A_{\mathrm{Tot}} = \sum_{i=1}^{N} x_i$	适于描述层序地层内岩性变化和含油气砂岩的变化	
平均振幅	$A_{\mathrm{Avg}} = \frac{1}{N}\sum_{i=1}^{N} x_i$	它是振幅在某个时窗内的平均	
振幅的斜度	$A_{\mathrm{Skew}} = \frac{1}{N}\sum (x_i - \bar{x})^3$	它是振幅相对摆动量的变化率	

表6.6.3 瞬时类属性

属性	定义	用法	备注
平均反射强度	时窗内瞬时振幅(或振幅包络)的平均	与均方根振幅、平均绝对值振幅特征类似,可用于描述储层的流体、岩性和地层的横向分布特征,可用于识别亮点和暗点	检测横向岩性变化:50~200ms;检测亮点异常:30~100ms
平均瞬时频率	时窗内瞬时频率的平均	可以反映地震波主频的变化特征,相对于地层、岩性、孔隙裂缝、含油气饱和度等的变化	选取较小时窗:30~100ms 有噪声时是一种不稳定的属性
平均瞬时相位	时窗内瞬时相位的平均	一般与其他属性一起用于油气显示,可以识别薄层调谐现象所形成的振幅异常	选取时窗:30~60ms
反射强度的斜率	反射强度随时间的变化率	可用于描述时移地震监测中流体成分的垂向变化	检测横向岩性变化:50~200ms;检测亮点异常:20~60ms
瞬时频率的斜率	瞬时频率的变化率	显示地震波的衰减率和吸收率,显示流体的边界,在时移地震监测中可用于描述流体的横向变化	选取较小时窗:30~100ms

表 6.6.4 频谱类属性

属性	定义	用法	备注
有效带宽	自相关函数的极值与双边自相关函数值的总和之比： $EB = r(0) / \left[T \sum_{n=-M}^{M} r(n) \right]$	反映地层的横向相似性，宽的带宽反映非均质复杂地层，窄的带宽反映简单圆滑的反射特征，可用于指示沉积环境的变化	时窗应大于2倍主波长；50~200ms
波形长度	时窗内地震波振动曲线的长度： $AL = \frac{1}{NT} \sum_{i=1}^{N} \sqrt{[x(i+1) - x(i)]^2 + T^2}$	反映强振幅（或弱振幅）中高低频率之间的差异，类似于反映反射层的均质性	选取较大的时窗：50~100ms
平均零交叉点数	$AZC = \frac{N_{ZC} - 1}{2(t_2 - t_1)}$	也称为平均零交叉点频率，相对于平均瞬时频率更稳定、更灵敏，是测量频率成分的另一种方法	时窗应大于2倍主波长；50~200ms
最大峰值频率	采用Burg的最大熵谱估计法估计信号的频谱，其频谱的最大峰值处频率	反映地震波的主频，与地层、岩性、孔隙裂缝、含油气饱和度等的变化有关	
平均频率（中心频率）	采用Burg的最大熵谱估计法估计信号的频谱，其频谱的面积中心处频率	这个属性的变化主要是由于岩性和流体变化引起的。烃类常引起高频成分的衰减。优势频率的降低，表示存在含气砂体。这个属性常用来表征有意义区段的横向变化	时窗选取为：40~100ms
谱峰斜率	频谱的最大峰值与给定高截止频率处谱峰的变化率	反映频率的吸收影响，可以反映地层、岩性、孔隙裂缝、含油气饱和度等的变化	最大频率选取：70~100Hz；时窗选取为：40~100ms
20Hz谱分解	时窗内地震信号短时变换后，取频率为20Hz的复振幅数据	反映含油气储层在对地震波高频的吸收，可以反映储层的含油气性	时窗选取为：40~100ms

表 6.6.5 层序类属性

属性	定义	用法	备注
大于门槛值的百分比	$PGT = \frac{大于门槛值的样点数}{总的样点数} \times 100\%$	分析储层内的同相轴，如由很高的值集中于数据引起的振幅异常	(1)一般选用储层的顶底界面为属性计算的时窗； (2)振幅的门槛值可以通过试验来确定，或确定为振幅峰值（谷值）的一半
小于门槛值的百分比	$PLT = \frac{小于门槛值的样点数}{总的样点数} \times 100\%$	分析储层内的同相轴，如由很低的值集中于数据引起的振幅异常	
能量半值时间	把能量增加到总能量一半所需选择时窗间隔的部分	检测储层中砂体的垂向分布，沿有意义区段确定不均匀的储层性质	
正负样点数之比	正负样点个数的比值	检测层序内薄、厚储层的分布特征	
波峰数	正样点个数	检测层序内薄、厚储层的分布特征	
波谷数	负样点个数	检测层序内薄、厚储层的分布特征	
峰谷面积比	正振幅面积与负振幅面积之比	确定在时窗内地震波到达的平衡状态，例如确定储层内部的由于高声阻抗对比度而使地震波记录加厚	
顶底振幅比	上下半时窗的平均振幅之比	反映储层内地震子波的衰减	
复合包络差	顶、底同相轴之间振幅包络差值	用于预测横向岩性变化和流体变化	

· 209 ·

表 6.6.6 非线形类属性

属性	定义	用法	备注
小波系数 c_1	提取储层主频段内对应层位时段的中间及上、下三个小波系数	反映时窗内同相轴上部砂体变化特征	
小波系数 c_2		反映时窗内界面同相轴的砂体变化特征	
小波系数 c_3		反映时窗内同相轴下部砂体变化特征	
小波系数 c_4		反映时窗内界面同相轴的砂体变化特征	
小波系数 c_5		反映时窗内同相轴下部砂体变化特征	
小波系数的平方和	上述小波系数的统计参数	反映时窗内储层砂体累积变化特征	
小波系数的均方根			计算时间较长,一般选取较大的时窗:60~200ms
最大李雅谱诺夫指数	度量地震序列的混沌特性,采用 Kants 的小数据量计算方法		
关联维数	$D_2 = \lim_{\delta \to 0} \dfrac{\lg c(\delta)}{\lg \delta}$,系统所有点中距离小于 δ 的点对数的概率	可用于时移地震中,检测油藏特征的变化,检测油藏开采中注水的强弱和范围变化	
间歇性指数	Hurst 维数		
突变幅度	采用 Thom 尖点突变模型中的突跳势,度量系统积蓄的突变能量		
高阶谱的最大峰值	地震信号双谱的最大峰值	识别岩性变化、含油气砂体,特别是时移地震中流体性质变化的检测	
高阶谱能量	地震信号双谱的能量(即平方和)		

6.6.2 地震属性应用

在地震属性的应用中,解释人员应用不同的观点,从不同的角度分析各种地震属性的变化,进行细致的解释和推断,进而定性或定量地得出有关沉积环境、岩性和油气藏在纵向、横向上的变化,以揭示出原始地震剖面中不易被发现的地质异常现象及含油气情况。目前,地震属性技术已被广泛应用于地震构造解释、地层分析、储层砂层厚度预测、油藏特征描述以及油藏动态检测等各个领域(图 6.6.1~图 6.6.5)。此外,在地震相划分中通常会选用波形聚类属性,以及利用相干属性进行

彩图 6.6.1

断层及裂缝识别(图6.6.6),显然地震属性在油气勘探与开发中所发挥的作用越来越大。

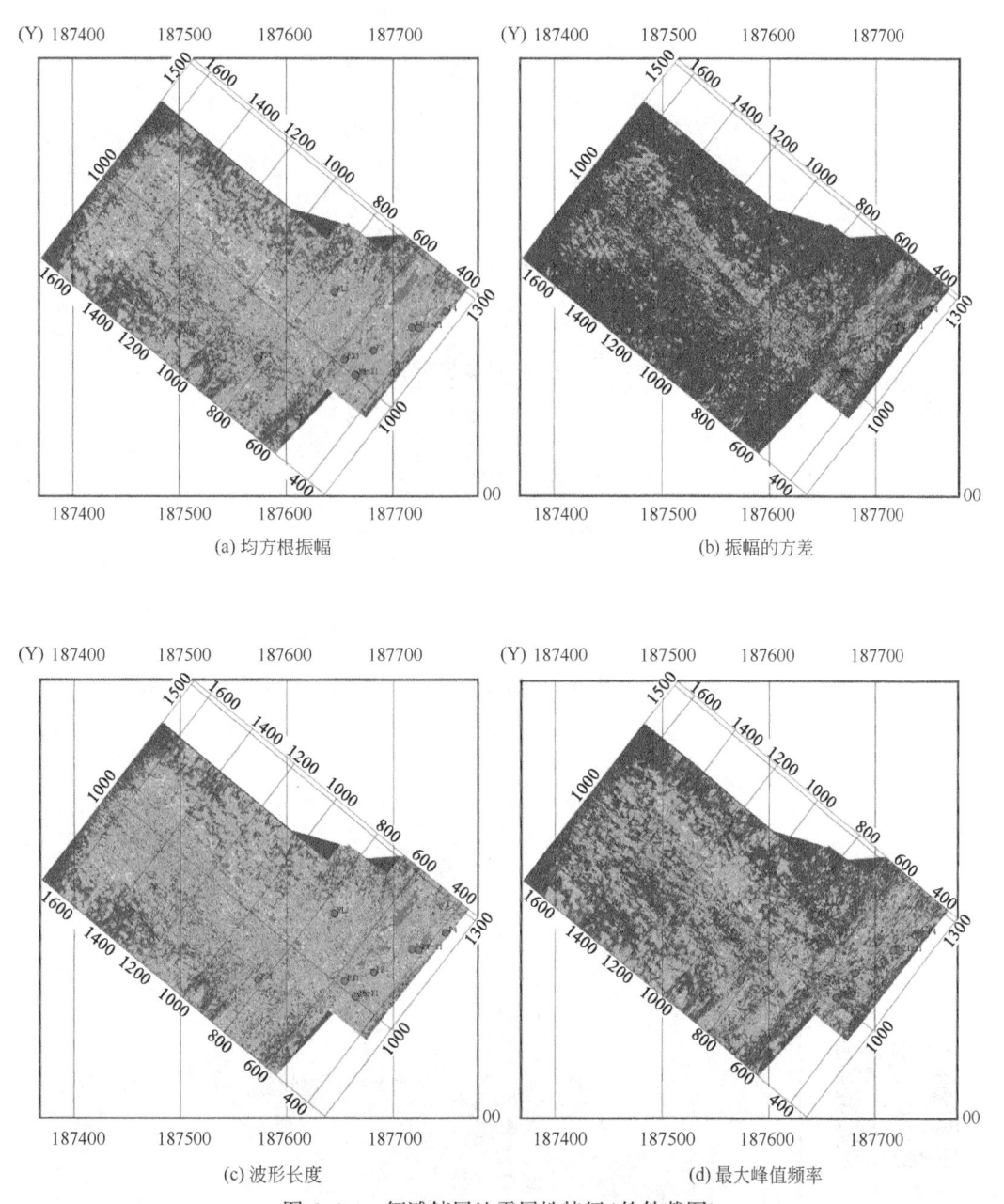

(a) 均方根振幅

(b) 振幅的方差

(c) 波形长度

(d) 最大峰值频率

图6.6.1 鲕滩储层地震属性特征(软件截图)

图6.6.7为东部某油田Y184区块利用多属性融合方法进行的砂体厚度预测实例。图6.6.8为东部某油田某区块利用地震属性体,结合光线穿透不同性质的物体产生不同的阻光效果,开展的基于阻光体素成像方法的砂砾岩储层空间雕刻研究实例。

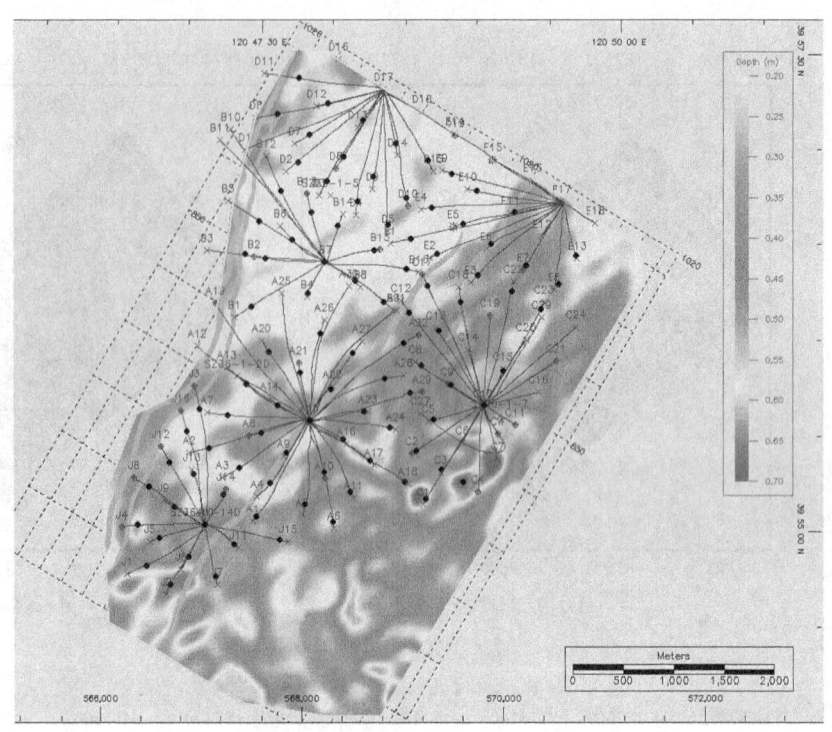

彩图 6.6.2

图 6.6.2　地震属性应用于砂层百分比预测（软件截图）

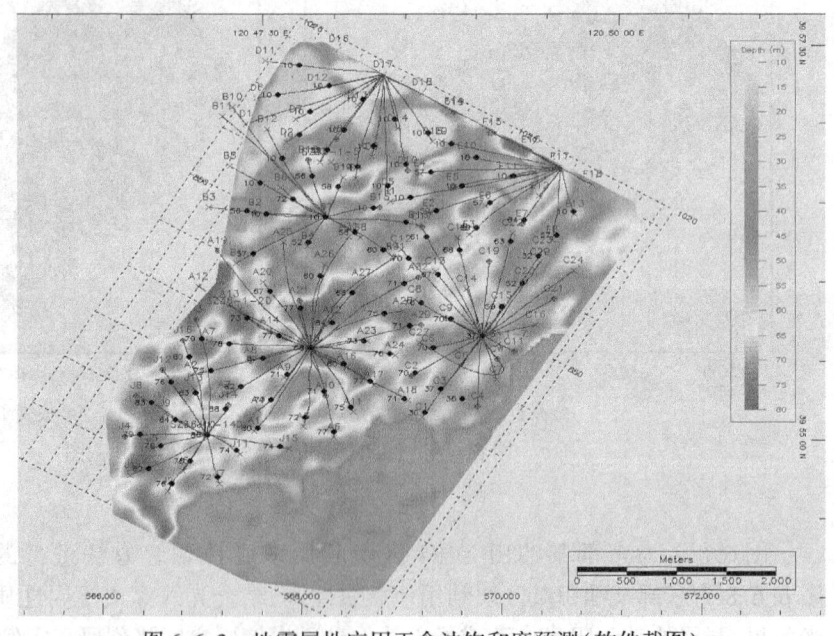

彩图 6.6.3

图 6.6.3　地震属性应用于含油饱和度预测（软件截图）

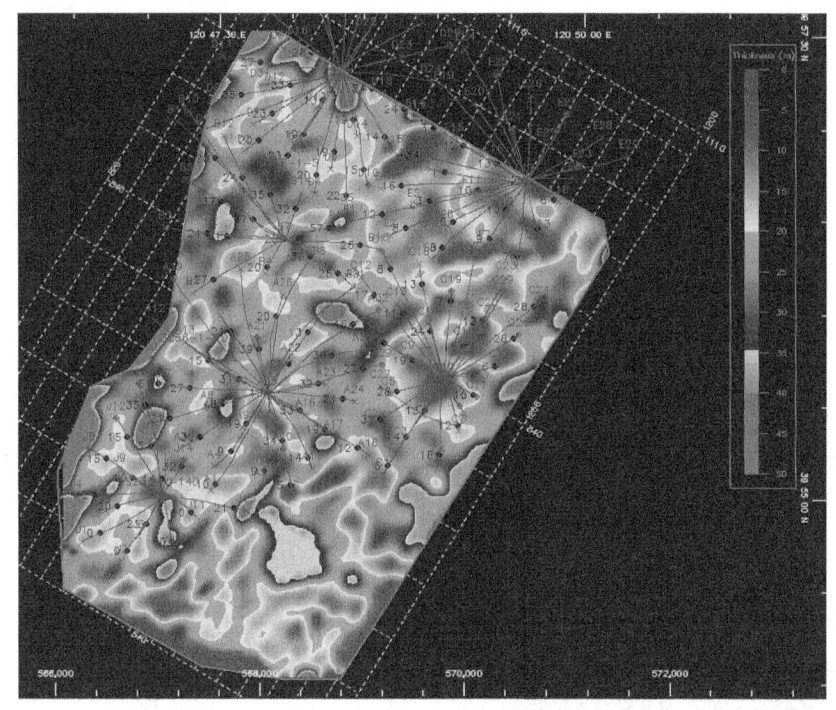

图 6.6.4　地震属性应用于剩余油分布预测(软件截图)

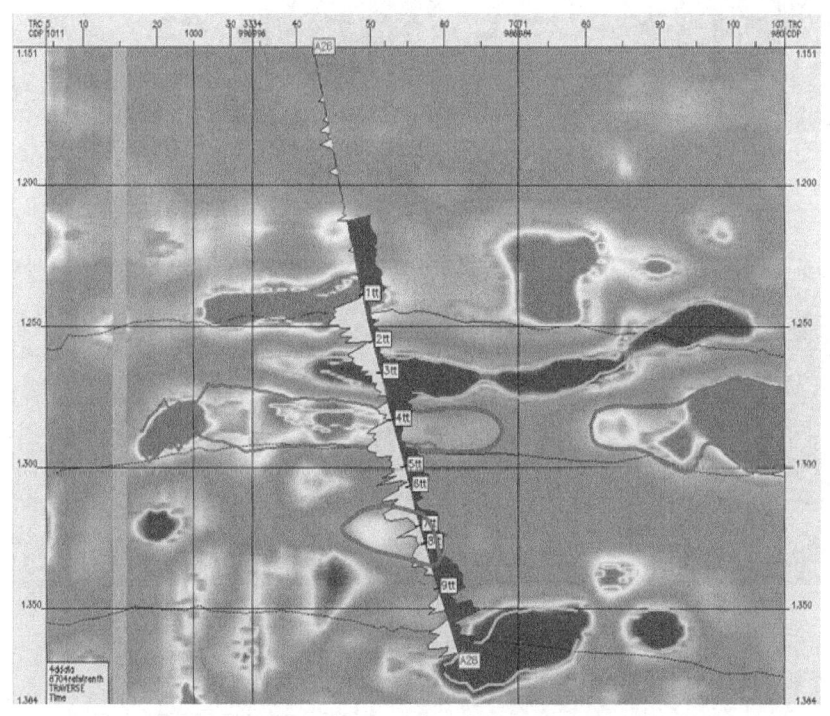

图 6.6.5　振幅类属性差异剖面在剩余油分布预测中的应用(软件截图)

· 213 ·

彩图 6.6.6

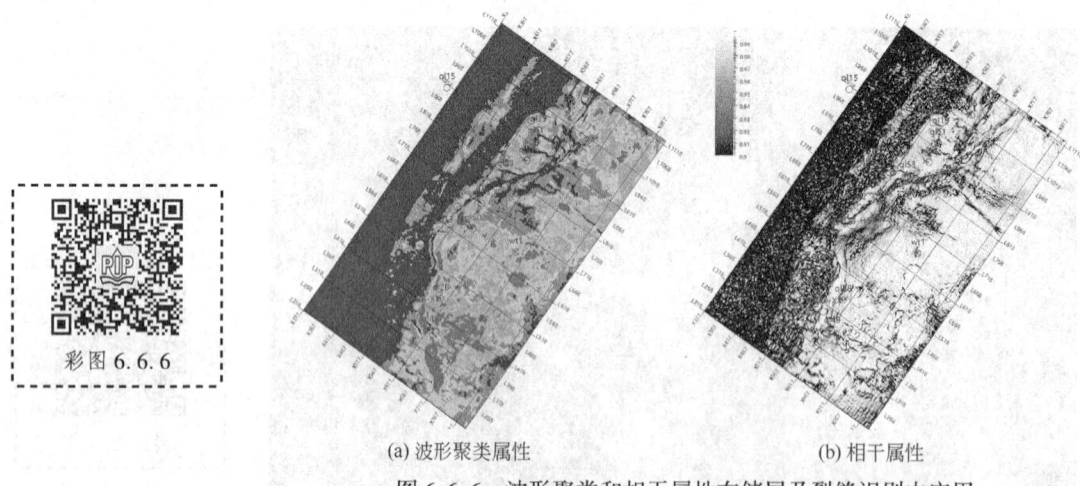

(a) 波形聚类属性　　　　　　　　　　(b) 相干属性

图 6.6.6　波形聚类和相干属性在储层及裂缝识别中应用
（西部某气田）（软件截图）

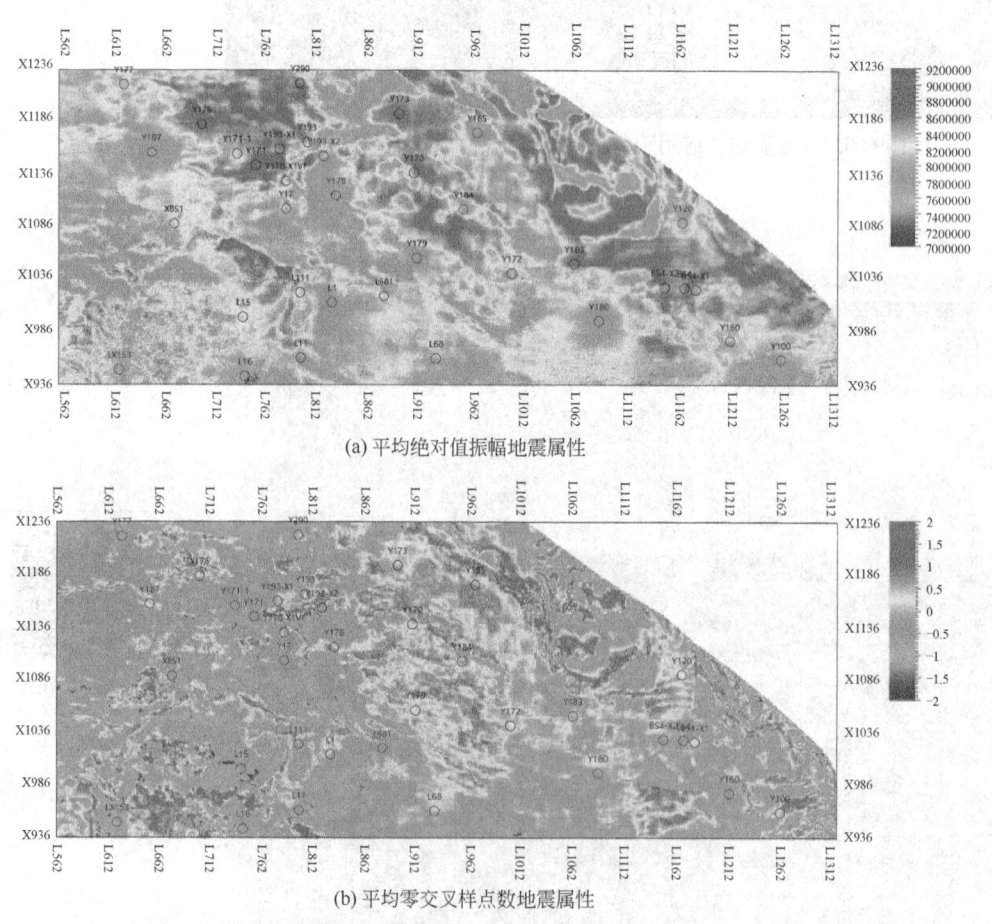

(a) 平均绝对值振幅地震属性

(b) 平均零交叉样点数地震属性

图 6.6.7　地震属性在砂体厚度预测中的应用（东部某油田）（软件截图）

· 214 ·

(c) 平均能量地震属性

(d) 能量半时间地震属性

(e) 多属性融合方法的砂体厚度预测

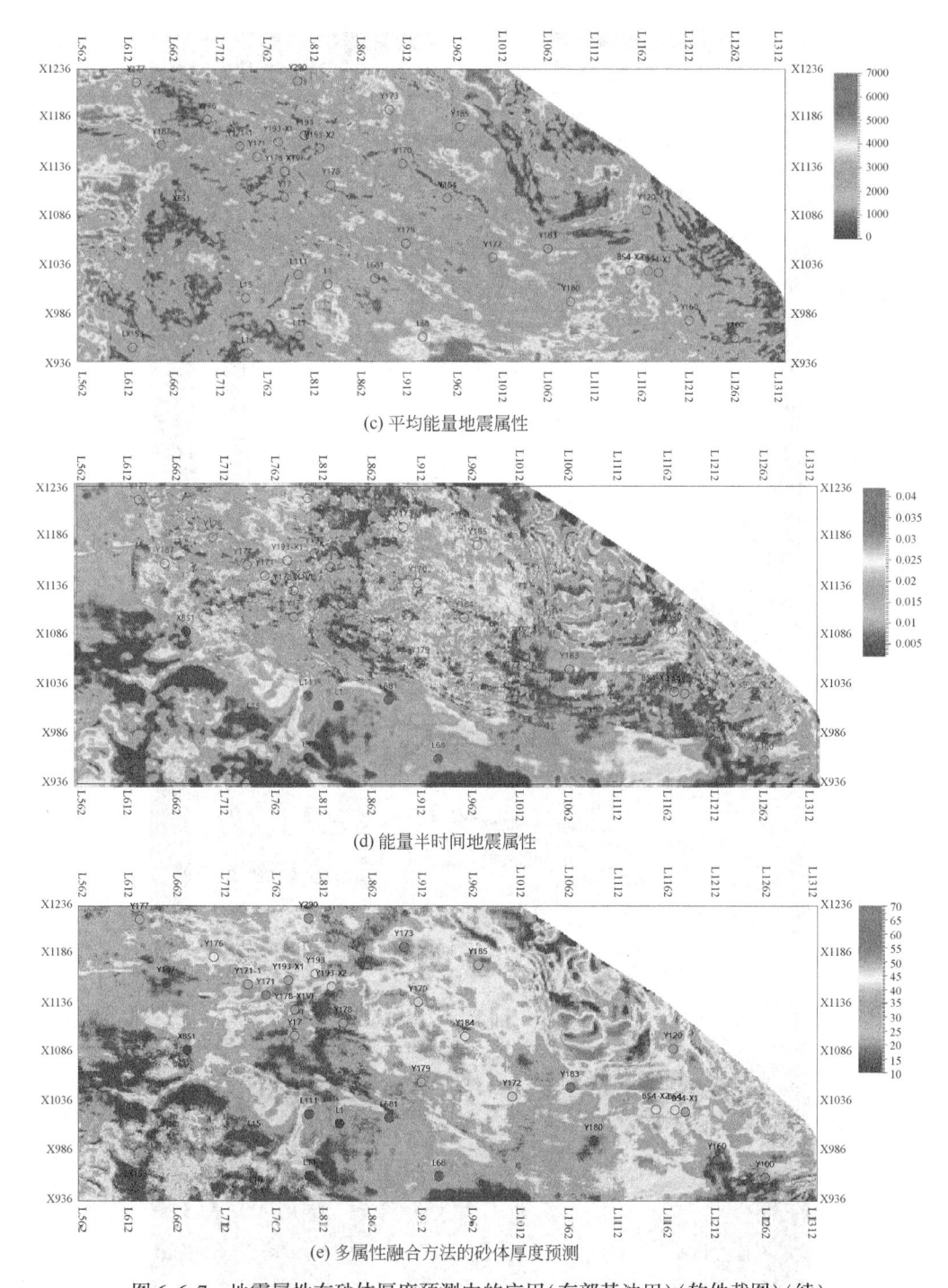

图 6.6.7 地震属性在砂体厚度预测中的应用(东部某油田)(软件截图)(续)

彩图 6.6.7

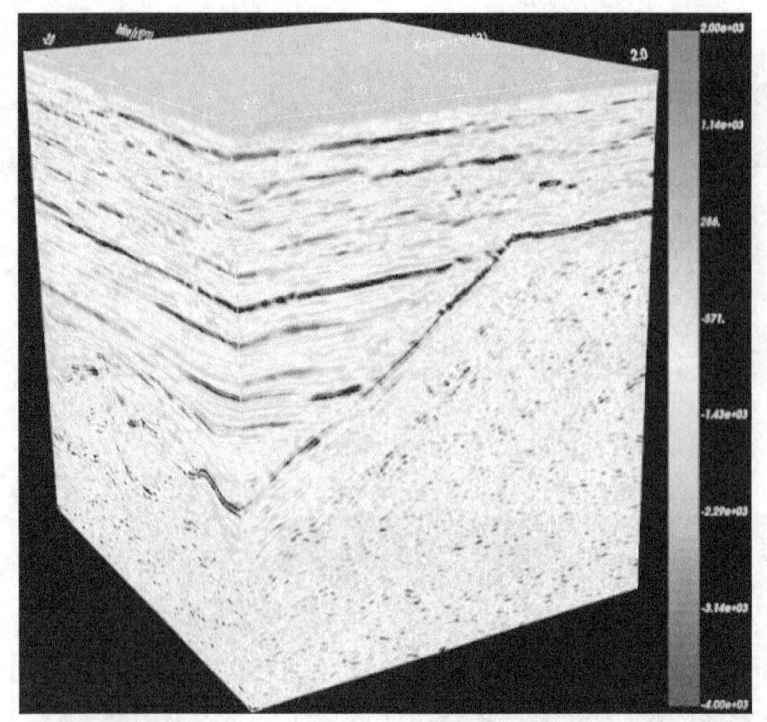

(a) 融合后的地震属性体

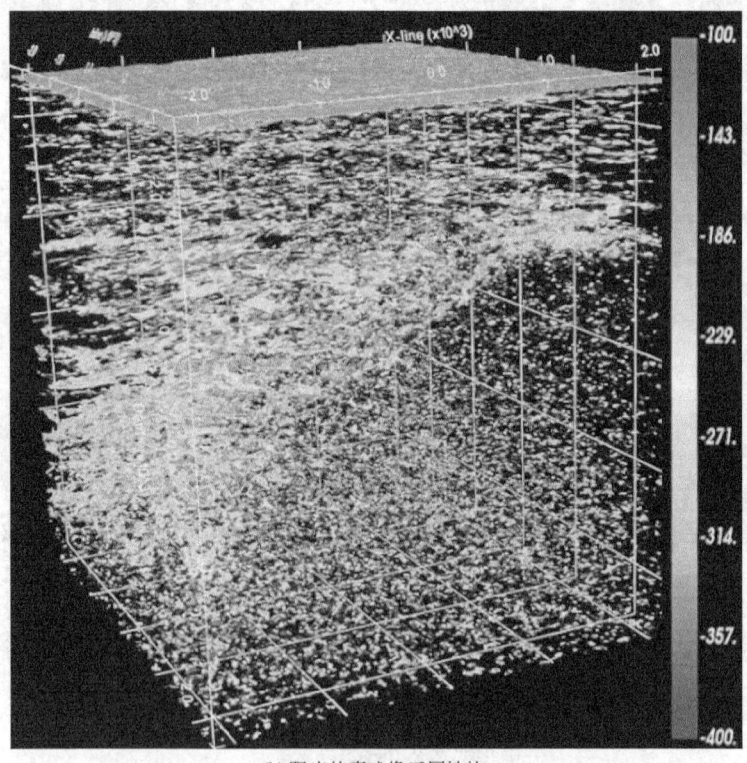

(b) 阻光体素成像后属性体

图 6.6.8　基于阻光体素成像方法的砂砾岩储层空间雕刻(东部某油田)(软件截图)

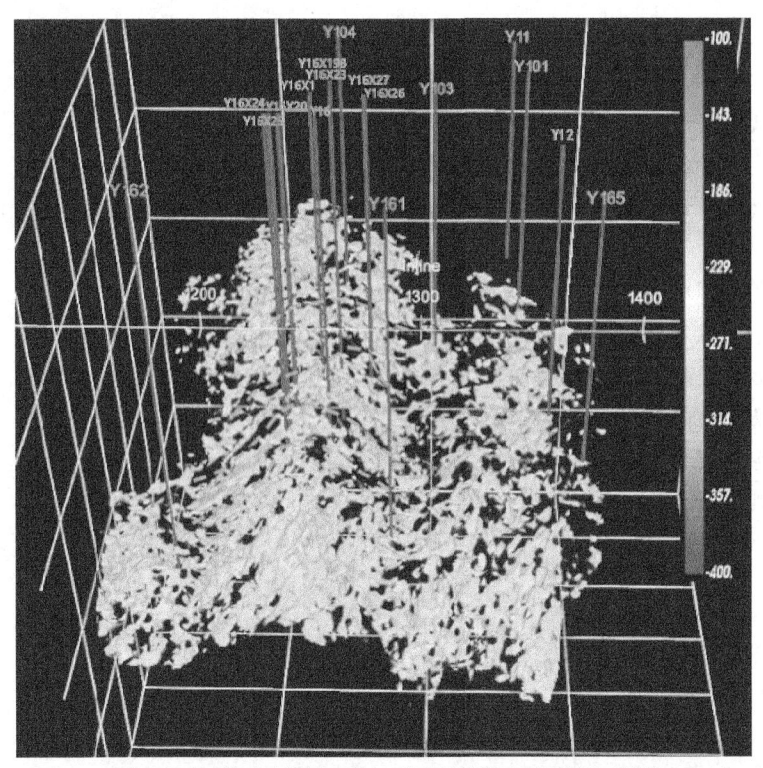

(c) 阻光体素成像+目标层曲面裁切+体空间渲染后储层特征(正视图)

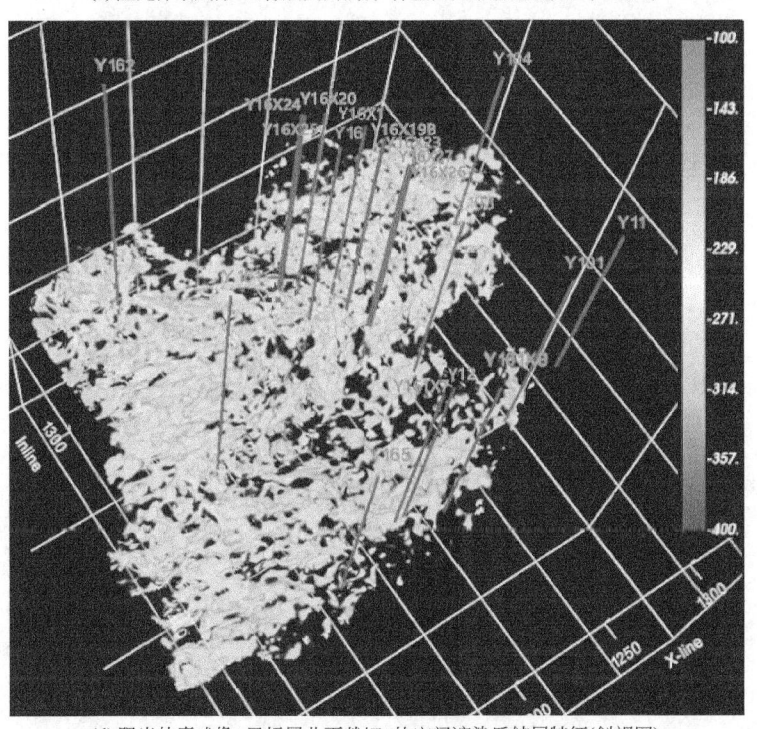

(d) 阻光体素成像+目标层曲面裁切+体空间渲染后储层特征(斜视图)

图 6.6.8 基于阻光体素成像方法的砂砾岩储层空间雕刻
（东部某油田）（软件截图）（续）

彩图 6.6.8

思 考 题

1. 简述地震标准层的识别、标定方法及地质含义。
2. 背斜、向斜、不整合及古潜山地质现象在水平叠加时间剖面上有什么特征?
3. 什么是正断层和逆断层?请画出它们在水平叠加时间剖面上的几何形态(理论自激自收地震记录)。
4. 水平叠加剖面解释存在哪些问题?可以采用什么方法来解决这些问题?
5. 地震相的含义是什么?地震相解释的要点有哪些?
6. 在水平叠加时间剖面上绕射波具有哪些特征?
7. 对于地震解释中的假象,哪些是人为造成的?
8. 在储层预测中振幅类地震属性可以解决哪些问题?
9. 如果进行剩余油预测,应使用哪些地震属性?

参 考 文 献

阿伍赛斯,穆科尔基,梅维科,2009.定量地震解释.李来林,译.北京:石油工业出版社.
布朗 A R,1996.三维地震资料解释.张孚善,译.北京:石油工业出版社.
陈传仁,李国发,2011.勘探地震学教程.北京:石油工业出版社.
Chen Q,Sidney S,张翠兰,1998.用于储层预测和监测的地震属性技术.国外油气勘探,10:220-231.
何樵登,1986.地震勘探原理和方法.北京:地质出版社.
贺振华,王才经,何樵登,等,1989.反射地震资料偏移处理与反演方法.重庆:重庆大学出版社.
李录明,李正文,2007.地震勘探原理、方法和解释.北京:地质出版社.
刘文革,贺振华,2015.地震波形反演.北京:科学出版社.
陆邦干,1989.中国典型地震剖面图集.北京:石油工业出版社.
陆基孟,2001.地震勘探原理.2版.东营:石油大学出版社.
陆基孟,2009.地震勘探原理.东营:中国石油大学出版社.
聂荔,周洁玲,2001.地震勘探:原理和构造解释方法.北京:石油工业出版社.
王树华,2004.变速成图方法及应用研究.中国海洋大学学报,34(1):139-146.
王永刚,2007.地震资料综合解释方法.东营:中国石油大学出版社.
王云专,王润秋,2006.信号分析与处理.北京:石油工业出版社.
渥·伊尔马滋,2006.地震资料分析:地震资料处理、反演和解释.刘怀山,王克斌,童思友,译.北京:石油工业出版社.
谢里夫,吉尔达特,1999.勘探地震学.北京:石油工业出版社.
徐怀大,王石凤,陈开远,1990.地震地层学解释基础.武汉:中国地质大学出版社.
姚长纲,1989.地震地层学.北京:石油工业出版社.
朱广生,陈传仁,桂志先,2005.勘探地震学教程.武汉:武汉大学出版社.
Bancroft J C,2007. A practical understanding of pre-and poststack migrations. Tulsa: Society of Exploration Geophysicists.
Biondi B L,2006. 3D Seismic Imaging. Tulsa: Society of Exploration Geophysicists.
Brown A R,1996. Seismic attributes and their classification. The Leading Edge,15:1090-1090.
Chen Q,Sidney S,1997. Seismic attribute technology for reservoir forecasting and monitoring. The Leading Edge,16:445-458.
Claerbout J F,1985. Imaging the earth's interior. London: BlackWell Scientific Publications.
Cook E E,Taner M T,1969. Velocity spectra and their use in stratigraphic and lithologic differentiation. Geophysical prospecting,17:433-448.
Dix C H,1955. Seismic velocities from surface measurements. Geophysics,20:68-86.
Dobrin M B,1976. Introduction to Geophysical Prospecting. 3rd ed. New York: McGraw Hill Book Company.
Etgen J T,O'Brien M J,2007. Computational methods for large-scale 3D acoustic finite-difference modeling. Geophysics,72:SM223-SM230.
Gazdag J,1978. Wave equation migration with the phase-shift method. Geophysics,43:1342-1351.
Huygens C,1990. Verhandeling over het licht. Epsilon.

Ikelle L T, Amundsen L, 2005. Introduction to petroleum seismology. Tulsa: Society of Exploration Geophysicists.

Liu W G, Zhao B, Zhou H W, et al, 2011. Wave-equation global datuming based on the double square root operator. Geophysics, 76: 35-43.

Loewenthal D, Lu L, Roberson R, 1976. The wave equation applied to migration. Geophysical Prospecting, 24: 380-399.

Sengbush R L, 1983. Seismic exploration methods. Boston: International Human Resources Development Corporation.

Stolt R H, 1978. Migration by Fourier transform. Geophysics, 43: 23-48.

Taner M T, 2001. Seismic attributes. The CSEG Record, 26: 48-56.

Vigh D, Starr E W, 2008. Comparisons for waveform inversion, time domain or frequency domain?. 78th Annual International Meeting, SEG, Expanded Abstracts: 1890-1894.

Zhou H W, 2006. Multiscale deformable-layer tomography. Geophysics, 71: 11-19.